ÖKOLOGIE DER BIOSPHÄRE

BIOGEOGRAPHICA

Editor-in-Chief

J. SCHMITHÜSEN

VOLUME I

DR. W. JUNK N.V., PUBLISHERS, THE HAGUE 1972

ÖKOLOGIE DER BIOSPHÄRE

Vorträge einer Arbeitssitzung des 38. Deutschen Geographentages
Erlangen – Nürnberg 1971.

VERLAG DR. W. JUNK N.V., THE HAGUE 1972

Additional material to this book can be downloaded from http://extras.springer.com.

ISBN 978-94-010-2931-5 ISBN 978-94-010-2930-8 (eBook)
DOI 10.1007/978-94-010-2930-8

Cover design Enno Velthuijs, The Hague
Softcover reprint of the hardcover 1st edition 1972
by Koninklijke Drukkerij Van de Garde, Zaltbommel

INHALT

VORWORT

Bei dem 38. Deutschen Geographentag Erlangen-Nürnberg 1971 (Präsident: Prof. Dr. PETER SCHÖLLER, Bochum) wurden in der Arbeitssitzung 1 am 4.6.1971 Themen zur 'Ökologie der Biosphäre' behandelt. Sitzungsleiter waren die Herren Professoren Dr. H. LESER, Dr. J. SCHMITHÜSEN, Dr. H. SIOLI und Dr. F. TICHY. Diese hatten auch in der vorbereitenden Kommission bei der Programmgestaltung mitgewirkt.

In dem vorliegenden Band werden alle bei dieser Sitzung gehaltenen Vorträge veröffentlicht sowie ein Teil der Diskussionsbemerkungen, soweit dafür Manuskripte vorgelegt sind. Die drei ersten Vorträge behandeln das Gesamtthema unter allgemeinen Gesichtspunkten. Die übrigen stellen an konkreten Beispielen Ergebnisse regionaler Untersuchungen dar und bringen z.T. spezielle Anregungen zur Weiterentwicklung der Forschungsmethoden. Sowohl die Beiträge als auch manche Diskussionsbemerkungen lassen deutlich erkennen, daß für diesen noch in den Anfängen stehenden Forschungsbereich eine möglichst enge Zusammenarbeit aller beteiligten Fachrichtungen angestrebt werden muß. Denn um die regionale und weltweite Forschung auf diesem so wichtigen Arbeitsfeld wirkungsvoll weiter zu fördern, müssen nicht nur alle verfügbaren Methoden angewandt werden, sondern es dürfte vor allem auch notwendig sein, eine bessere Verständigung über die methodologischen Grundlagen herbeizuführen. Den Veranstaltern des 38. Deutschen Geographentages Erlangen-Nürnberg 1971 darf man dankbar sein, daß sie dazu mit der Arbeitssitzung 'Ökologie der Biosphäre' eine weitere Anregung gegeben haben.

J. SCHMITHÜSEN

ÖKOLOGISCHE ASPEKTE DER TECHNISCH-KOMMERZIELLEN ZIVILISATION UND IHRER LEBENSFORM

HARALD SIOLI

Abstract

Human ways of living (culture circles, civilizations) are ecosystems by their structure and dynamics, i.e. structures of interactions between organisms (or communities of organisms) and their environment with which they have to deal (or better: to 'compose-' themselves) actively and passively to gain their lives. In this interplay, the organism influences and shapes its environment and is, at the same time, influenced and formed by it. For man, such ecological correlations are true not only in the purely material reaches but also in the spiritual ones, with respect to a spiritual environment which likewise represents a 'vis-à-vis'.

Human economic systems can also be understood as such ecosystems in which ecological principles similar to those in nature are realized. Two extremes, in material regard, are circulation and flow-through systems; they are illustrated by examples chosen from nature. Our present economic system is a flow-through system with steadily increasing speeds of the flow-through and quantities of matter and energy. The inevitable development of such a system leads to the present level of the so-called 'environmental crisis' which is recognized to be life-threatening. The key to the solution of this critical situation cannot lie in a perfection of the existing system but rather in a change of man's basic attitude towards environment and with it in a change of the economic system from flow-through to circulation.

Um die derzeitige, fast weltbeherrschende Lebensform des größten Teiles der Menschheit in ihrem Inhalt und ihren Auswirkungen auf die Umwelt, bzw. in ihren Rückwirkungen auf die Menschen, zu verstehen, dürfen wir sie nicht als einmaliges Sonderphänomen auffassen, sondern wir müssen versuchen, sie im Zusammenhang mit geschichtlichen Vorläufern und den Ökosystemen der Biosphäre zu sehen und zu besprechen.

Beginnen wir damit, daß wohl seit sehr frühen Zeiten ihrer Existenz auf Erden die Menschheit nicht als voneinander isolierte Einzelindividuen gelebt hat, sondern in Gemeinschaften. Doch wurden solche Gemeinschaften als übergeordnete Formen des Daseins der Menschen durchaus nicht immer von der gemeinsamen Rasse solcher Gruppen bestimmt. Im Gegenteil, mit zunehmendem Kontakt zwischen verschiedenen Gruppen im Laufe der Menschheitsgeschichte wurde die Rassenzugehörigkeit immer weniger bedeutend. Auch die politischen Staaten können wir nicht als letzte Stufe auffassen, in der die Menschen ein Gruppenleben führten. Sondern die Gruppen wurden zusammengehalten und gegen andere Gruppen abgegrenzt durch eine gemeinsame Lebensform, die für alle Mitglieder der betreffenden Gruppe verbindlich war. Solche abgegrenzte, höhere Lebenseinheiten der Menschen können vielleicht am besten mit dem Wort 'Kulturkreise' bezeichnet werden: sie gehen sehr oft über die ursprüngliche biologische Gegebenheit einer einheitlichen Rasse wie über den ausschließlichen Familienverband, aus dem sie sich, über den Hordenzustand, vielleicht entwickelt haben, hinaus und sind meist auch nicht auf die Grenzen von politischen Staatsgebilden beschränkt, bzw. umgekehrt, ein Staat kann mehrere verschiedene Kulturkreise innerhalb seines Machtbereiches vereinigen. Die Kulturkreise, in denen die Menschen zu einer übergeordneten Lebenseinheit zusammengeschlossen sind, kommen dadurch zustande, daß ihre Mitglieder ein gleiches Verständnis der Welt und eine gleiche Haltung der Welt gegenüber besitzen.

Wenn wir hier von einer übergeordneten *Lebens*einheit sprechen, so benutzen wir darin das Wort 'Leben' für ein Phänomen, über das wir uns zunächst klar werden müssen.

Schon bei jedem lebenden Einzelorganismus, sei er Tier oder Mensch, ist es so, daß 'Leben' nicht nur im Ablauf gewisser höchstkomplizierter chemischer und physikalischer Prozesse besteht, die eine Substanz erst zu einer lebenden machen. Diese chemisch-physikalischen Vorgänge gehören selbstverständlich auch zum Leben, sind seine unerläßliche Grundlage. Aber wenn wir uns die Lebewesen auf der Erde ansehen, so finden wir sie nur in Verbindung mit einer Umwelt. Losgelöst von jeder Umwelt, in absoluter Isolation, kann kein Lebewesen bestehen, ist es auch überhaupt nicht denkbar: es ist in seinem Stoff- und Energiewechsel, in der Betätigung seiner morphologischen Strukturen und seiner physiologischen Dynamik stets auf eine außerorganismische Umwelt angewiesen. Und somit besteht das, was ich hier als 'Leben' bezeichnen möchte, in einer Auseinandersetzung—richtiger müßte man sagen: 'Zusammen'setzung—eines lebenden Organismus mit seiner Umwelt.

Nun besitzt aber jeder Organismus seine eigene innere Gesetzlichkeit, nach der er agiert und reagiert (z.B. Physiologie, Ethologie, Psychologie, usw.), während der Umwelt eine andere Gesetzlichkeit innewohnt, nach der sie strukturiert ist und funktioniert. Zwischen diesen beiden Gesetzlichkeiten, Organismus und Umwelt, besteht ein Spannungsfeld, welches vom Organismus aktiv *und* passiv überwunden werden muß, damit er sein 'Leben' gewinnt.

Eine solche Definition von 'Leben' stellt den ökologischen Aspekt der Dynamik des Lebens auf der Erde dar. In ihm wird das Spannungsfeld zwischen Organismus und Umwelt somit zur Bühne, auf der das Spiel des Lebens geschieht als ein Spiel zwischen Partnern gleicher Rechte und füreinander gleicher Existenznotwendigkeit.

Bei diesem Spiel des Lebens beeinflussen sich Organismus und Umwelt gegenseitig, verändern und formen sich gegenseitig und werden wiederum voneinander beeinflußt, geändert und geformt. Auch Rückkopplungen sind die Regel in diesem Spiel, sodaß jegliche Änderung, die einer der Partner auf den anderen bewirkt, auf den ersten wiederum zurückwirkt, usw. Das Resultat dieses Spieles ist eine neue funktionelle Lebenseinheit auf der Erde, für die wir heutzutage das etwas farblose Wort 'Ökosystem' gebrauchen.

Das Gesagte trifft auch für den Menschen zu. Durch die 'Überwindung' des Spannungsfeldes zwischen ihm und seiner Umwelt gewinnt er sein Leben, und zwar nicht nur sein materielles, sondern auch sein geistiges Leben, sein Erleben.

Der Umstand, daß die Gesetzlichkeit der Umwelt von der des Organismus, in unserem Falle also des Menschen, verschieden ist und daß der Mensch die der Umwelt noch längst nicht ganz durchschaut und versteht, bringt es mit sich, daß immer wieder neue Situationen auftreten, die vom Menschen nicht vorhergesehen werden konnten und daher Überraschungen bedeuten. Überraschungen gehören somit zum Leben und sind für das Leben notwendig.

Auch für den Menschen gilt, daß Organismus und Umwelt zwei Pole sind, zwischen denen sich die Bühne für das Spiel des Lebens spannt, nicht als ein einseitiger 'Kampf ums Dasein' sondern als ständiges Gespräch, als Dialog zwischen Partnern gleichen Wertes und gleichen Rechtes, zwischen dem Organismus und seinem 'Gegenüber'.

Als einfache Beispiele aus dem äußeren Leben für solches Spiel zwischen Mensch und Gegenüber soll nur die 'Auseinandersetzung' des Seemannes mit dem Ozean genannt werden, oder die des Bauern mit seinem Land. Gerade bei dem letzten Beispiel wird besonders deutlich, wie aus dem Zusammenspiel zwischen Mensch und Umwelt, Bauer und Land, eine neue funktionelle, ökologische Einheit wird, nämlich eine Kultur-Landschaft.

Wenn jedoch das ständige Gespräch zu einem rücksichtslosen Kampf ausarten und das Spannungsfeld durch den endgültigen, bedingungslosen Sieg des einen über den anderen Partner und durch die Ausmerzung des letzten zum Verschwinden gebracht sein sollte—was man vielleicht als 'ökologische Entropie' bezeichnen könnte—, dann wäre damit auch das Spiel des Lebens beendet.—

Ähnlich wie auf dem materiellen Gebiet bewegt sich auch, wie schon erwähnt, das geistige Leben des Menschen auf solchem Spannungsfeld zwischen ihm und einem geistigen Gegenüber. Und gerade die vielerlei verschiedenen menschlichen Kulturkreise zeugen davon, wie der Mensch in ihnen zu einem aktiv und passiv angestrebten Gegenüber in einer Spannungsbeziehung steht, nämlich zu den, letzten Endes geglaubten, Idealen und Zielen des jeweiligen Kulturkreises, die mit den Begriffen 'Paideuma' (nach FROBENIUS) oder, was im Prinzip dasselbe beinhaltet, 'Culture pattern' (nach RUTH BENEDICT) zusammengefaßt werden können. In den verschiedenen Religionen ist es z.B. die jeweilige spezifische Gottesvorstellung, die solch ein geistiges Gegenüber darstellt. Und wie dieses geistige Gegenüber von Menschen aktiv *und* passiv angestrebt wird, geht einerseits daraus hervor, daß das spezifische Gottesbild allgemein sehr menschliche Züge trägt und, entsprechend dem menschlichen oder gar allzu menschlichen Verständnis von IHM, dem Unerfaßbaren, geformt und in Bildern und Skulpturen dargestellt ist. Das ist die aktive Seite der Spannungsbeziehung. Diese, aber noch klarer und in geradezu ergreifender Weise ist die andere, die passive Seite zwischen dem Menschen und seinem geistigen Gegenüber 'Gott' in ihrer völligen und vertrauenden Hingabe durch CONRAD FERDINAND MEYER in seinem Gedicht 'In der Sistina' dargestellt mit den Worten, die er MICHELANGELO in den Mund legt, nachdem dieser Gott gemalt hat: 'Bildhauer Gott, schlag zu! Ich bin der Stein.'

Unter diesen, nämlich de facto rein ökologischen Gesichtspunkten möchte ich auch die heutige technisch-kommerzielle Zivilisation und die Lebensform ihrer menschlichen Mitglieder betrachten. Jedoch bestehen Unterschiede zwischen ihr und den früheren zahlreichen verschiedenen Kulturkreisen, und ein Unterschied ist bereits der, daß die moderne Zivilisation keine regionalen Grenzen mehr kennt, sondern weltweit geworden ist und von San Francisco bis Wladiwostok reicht und auch die dazwischen liegenden Tokio und Hawai in sich einbezogen hat.

Aber daß gerade dieser modernen technisch-kommerziellen Zivilisation eine solche weltumspannende Ausbreitung gelungen ist, die vorher allen anderen Kulturkreisen versagt geblieben war, muß einen besonderen Grund gehabt haben. Und dieser Grund dürfte meines Erachtens vor allem in der einseitig-konsequenten Anwendung des Kausalprinzips bestehen, welches der Mensch vor rund 2000 Jahren entdeckt und seither entwickelt hat. Es waren bekanntlich die alten Griechen, die als erste die Urheber (die Götter) durch Ursachen ersetzten, und diese Errungenschaft ist seitdem zur alleinigen Grundlage der gesamten naturwissenschaftlich-technischen Zivilisation geworden.

Wir sollten uns jedoch vor Augen halten, daß das Kausalprinzip eine Funktion des menschlichen Gehirns ist, durch welches der Mensch sein Leben in dem Spiel mit der Umwelt gewinnt und den Mangel an Raubtierzähnen und -krallen, an Schnellfüßigkeit, an thermischem und mechanischem Schutz der Haut mehr als kompensiert. Dieses Kausalprinzip liegt *im Menschen*, nicht notwendigerweise in der Umwelt, und es ist keinerlei objektiver Grund vorhanden, daß es das *einzige* Prinzip sein müsse, das die gesamte Welt beherrscht und ihr Geschehen regelt! Das Kausalprinzip ist vielmehr ein Werkzeug des Menschen, das ihm seine spezifische ökologische Nische auf der Erde öffnet, aber es ist kein Mittel zu einer höheren Einsicht oder ein Weg zur Erkenntnis!

Die Anwendung dieses Werkzeuges auf den ihm zugeordneten Sektor unserer Umwelt hat die Macht des Menschen über denselben aber so vervielfacht, daß die moderne Menschheit durch ihre Erfolge und ihr Kraftgefühl geblendet ist. Des Menschen Geist erkennt nur noch eine Richtung, und der allgemeine Glaube kam auf, daß die gesamte Welt *nur* aus Kausalbeziehungen bestehen *müsse*, und damit für ihn, als den Kenner der Kausalgesetze, manipulierbar sei! Es ist nicht nötig, hier näher auf die Problematik der Gültigkeit des in uns liegenden Kausalitätsprinzips einzugehen, denn schon der, der kausalen Behandlung zugängliche Bereich unserer Umwelt besteht aus einem außerordentlich komplexen und komplizierten System einer praktisch unendlichen Anzahl unbelebter und belebter Faktoren, die alle gegenseitig aufeinander einwirken, sich formen, verändern, und wieder geformt und verändert werden, usw. Das bedeutet, daß wir in der Tat noch nicht einmal alle kausalen Folgen voraussehen können, die unsere Eingriffe in das System unserer Umwelt über lang oder kurz auslösen. So ist es schon aus solchem Grunde eine zweifelhafte Rolle, die der Mensch zu spielen sucht, wenn er sich durch unkritische skrupellose Anwendung des Kausalitätsprinzips und ohne in der Lage zu sein, das Wirkungsgefüge um ihn herum zu durchschauen, aus einem sich mühenden *Homo sapiens* zu einem ausübenden *Homo gubernator* machen will.

Nun hat sich der Mensch mit Hilfe seines Kausalitätsprinzips seiner Umwelt gegenüber in eine Lage gebracht, die es ihm ermöglicht, die Umwelt mit ihrer

Eigengesetzlichkeit immer mehr zu 'vermenschlichen'. Das Endziel seines so ausgerichteten Strebens wird also eine Umwelt sein, welche zum Schluß nur noch entsprechend der ihr vom Menschen aufgezwungenen, menschlichen Gesetzlichkeit funktioniert. Das ständige Gespräch, der Dialog, wird damit zu einem Monolog, zu einem einseitigen Diktat, und *Homo gubernator* schließlich zu einem *Homo dictator*, der alles um ihn herum nur noch auf sich selbst bezieht und nur noch seine eigenen Wünsche und Willen kennt und anerkennt.

Der Mensch, bzw. seine eigene Vorstellung von sich selbst, wird damit zum Paideuma seiner Lebensform, und das Spannungsfeld als die Bühne des Lebens ist vernichtet; anstelle eines Partners von gleichem Wert und Recht, eines Subjektes mit eigener innerer Gesetzlichkeit, hat der Mensch es nur noch mit einer von ihm geschaffenen Kreatur zu tun, einem beliebig manipulierbaren Objekt. Anstelle eines 'Gegenüber' hat der Mensch nurmehr einen Spiegel vor sich, aus dem ihm ein Teilbild seiner selbst, seiner inneren Gesetzlichkeit, entgegenblickt, nur ein Teilbild, da es sich ja nur auf das im Menschen liegende Kausalprinzip beschränkt. Auch die Möglichkeit von Überraschungen, die notwendigerweise zum Leben gehören, wie wir gesehen haben, wird dann 'überwunden' sein—ein Ziel, das nunmehr bewußt auch von der neuen Richtung Futurologie angestrebt wird.

Unsere technisch-kommerzielle Zivilisation ist diesem Wege gefolgt und ihn ganz konsequent erstaunlich weit gegangen. Das Kausalprinzip kennt aber nur quantitative Beziehungen—rein qualitative Werte wie Glück und Schmerz, Schönheit und Häßlichkeit, Liebe und Einsamkeit können mit ihm nicht erfaßt werden und werden deshalb notwendigerweise als nicht existent behandelt. Damit ist nicht nur die materielle Umwelt des modernen Menschen vermenschlicht und quantifiziert worden und ersetzt durch immer perfektioniertere, vom Menschen erfundene Technik, durch ebenso vom Menschen erdachte Verkehrsregeln, durchorganisierte Städte usw. usw., sondern auch in seinem geistigen Leben erkennt der Mensch ein gleichberechtigtes eigengesetzliches Gegenüber nicht mehr an, mit dem er jenes bunte Lebensspiel des Auf und Ab von Erfolg und Frustration, von Glück und Leid aktiv und passiv spielen kann. Auch im geistigen Bereich kennt er in seinem Gegenüber nur sich selbst in seiner eigenen Gesetzlichkeit, seinem quantifizierbaren Streben nach sofortiger Befriedigung aller Wünsche und nach konstantem Glück, und setzt sich selbst an die Stelle, an der früher ein Gott sein Gegenüber war. Vielleicht ist es nur eine weitere notwendige Konsequenz, wenn er nunmehr den sich schenkenden Eros durch den quantitativ manipulierbaren Sexus ersetzt, oder das Erleben einer überraschungsvollen Umwelt durch den beliebig auszulösenden Rausch von Narkotika. Vielleicht sind diese Symptome der aktuellen Situation in der Hochzivilisation aber nur der Ausdruck der tötlichen Langeweile, die entsteht, wenn man ständig in einen Spiegel blickt, aus dem einem ein Teilbild, um nicht zu sagen Zerrbild, seiner selbst entgegenschaut.

Aber zurück zum materiellen Bereich der Beziehungen des modernen Menschen zu seiner selbstgemachten Umwelt in der technisch-kommerziellen Zivilisation. Auch dieses Beziehungssystem stellt ein Wirkungsgefüge dar, vergleichbar mit jenen in 'natürlichen' Ökosystemen, d.h. solchen, die nicht vom Menschen gemacht und nicht allein auf seine Bedürfnisse zugeschnitten sind.

Wenn wir uns in der Natur um uns herum umschauen, so finden wir verschiedene Arten von Ökosystemen in Funktion, die in ihren extremsten Formen geschlossene beziehungsweise offene Systeme darstellen, d.h. mit anderen Worten ausgedrückt: Kreislaufsysteme und Durchlaufsysteme. Völlig, 100%ig geschlossene, und völlig, 100%ig offene Systeme, das sei schon vorausgeschickt, sind jedoch sicher nicht allzu häufig, fast stets handelt es sich in der Natur um Zwischentypen, die teilweise, mehr oder weniger, geschlossen und teilweise, mehr oder weniger, offen sind.

In einem idealen, 100%ig geschlossenen Kreislaufsystem werden die einmal eingeführten oder in früheren Zeiten aufgehäuften Rohstoffe innerhalb des Systems durch dessen 'Produktivität' zur Bildung von Leben, von lebenden Organismen, verarbeitet und, in der weiteren Folge, zu den Seiten- und Endprodukten der Lebensprozesse, nämlich den sog. Metaboliten, Stoffwechselendprodukten und Leichen; aber diese Seiten- und Endprodukte werden nicht aus dem System eliminiert sondern, im Gegenteil, in ihm festgehalten und ebenfalls in ihm selbst durch Remineralisation erneut zu Rohstoffen aufgearbeitet, die wieder aufgenommen werden. So brauchen keine neuen Stoffe von außen eingeführt zu werden, und ebenso werden auch keine Abfallstoffe aufgehäuft oder an andere, benachbarte Ökosysteme ausgeworfen. Immer aufs Neue kreisen dieselben Rohstoffe durch das geschlossene System, sodaß solche Kreislaufsysteme sich selbst genügen und auf lange Zeit stabil sind, theoretisch sogar ad infinitum, d.h., solange die nicht zum Kreislauf gehörige Energie und ihre Übermittler Kohlenstoff und Wasser von außen zur Verfügung gestellt werden. Innerhalb gewisser Grenzen, die durch den quantitativen und qualitativen Stoffgehalt des jeweiligen Ökosystems und damit durch dessen spezifische Eigenschaften gezogen werden, bestimmen dann nur die Menge der einströmenden Energie und deren Ausnutzung, ebenso wie die Höhe des Nachschubes von Kohlenstoff und Wasser, die ja nicht im System zirkulieren, die Produktionshöhe und die Kreislaufgeschwindigkeit, die sog. turn-over-Rate.

Das ideale, 100%ig offene Durchlaufsystem hingegen baut seine organische Produktion auf der ständigen Zufuhr immer neuer Rohstoffe auf. Und die Seiten- und Endprodukte werden nicht innerhalb des Systems erneut zu Rohmaterial aufgearbeitet und wiederverwendet, sondern sie werden nicht mehr für die weiteren Lebensprozesse des Systems benutzt. Entweder werden sie in andere, benachbarte Ökosysteme oder andere Bereiche der Erde ausgeschieden—zum Schluß erreichen sie zumeist den Ozean—, oder sie häufen sich sogar innerhalb des Systems an. Dieses wird dadurch in kürzerer oder längerer Zeit jedoch so verändert, das es nicht mehr weiter existieren kann und durch ein anderes abgelöst wird. Die Höhe der Produktion eines Durchlaufsystems und die Geschwindigkeit, mit der die gebildete organische Substanz durch andere, neue ersetzt wird, hängt nun nicht nur von den angelieferten Energie, Kohlenstoff und Wasser ab, sondern auch von Quantität und Qualität der ständig neu zur Verfügung stehen müssenden Rohstoffe und deren Nutzbarkeit, ebenso aber auch von der Eliminierung der Stoffumsatz-Endprodukte aus dem System, die bei Anhäufung in demselben die Produktionsprozesse blockieren würden.

Die Lebenszeit eines offenen Durchlauf-Systems ist daher begrenzt, wenn die Nachlieferung neuer Rohstoffe knapp wird oder die Endprodukte sich aufhäufen, oder auch durch beide Umstände. Es kann nur solange funktionieren und bestehen, als der notwendige Nachschub von Rohstoffen und die gleichzeitige Eliminierung der Endprodukte garantiert sind.

Man kann es auch so ausdrücken, daß das 100%ig geschlossene System nach einem vollkommenen, strengen Sparprogramm operiert, durch welches es sich von seiner Umgebung weitgehend unabhängig gemacht hat, während das 100%ig offene System ein System des Überflusses ist, in welchem keinerlei Sparprinzip eingebaut ist und alle Stoffe verbraucht werden, soweit sie nur in das System aufgenommen und dort umgesetzt und 'verdaut' werden können.

Wie schon gesagt, ist es zweifelhaft, ob überhaupt jemals in der Natur ein 100%ig geschlossenes oder ein 100%ig offenes Ökosystem verwirklicht worden ist. Wir finden überall mehr oder weniger geschlossene und mehr oder weniger offene Systeme. Für manche Stoffe mögen Sparprinzipien gelten, nach denen sie in internen Teilkreisläufen immer wieder benutzt werden, mit anderen Stoffen hingegen, wie z.B. stets mit dem Kohlenstoff, wird nach dem Durchflußprinzip verfahren. Und selbst im geschlossensten System werden immer irgendwelche 'Löcher' in unvermeidlicher Weise vorhanden sein, durch die gewisse, wenn auch nur geringe Stoffmengen aus dem Kreislauf verloren gehen, die dann durch neue ersetzt werden müssen.

Als Beispiel für ein möglichst geschlossenes System möchte ich den äquatorialen Regenwald nennen, der sehr häufig auf allerärmsten ausgewaschensten Böden stockt. Aber die Vegetation hat seit sehr langer Zeit in ihrer Biomasse so viele Nährstoffe angesammelt, daß sie damit sozusagen gesättigt ist, und in seinem ganzen Aufbau ist dieser Regenwald so strukturiert, daß diese selben Stoffe mit einem Minimum an Verlusten immer wieder in ihm zirkulieren. So erzielt dieses Ökosystem nicht nur eine hohe Produktivität und ein rasches turn-over, eine große Umsatzgeschwindigkeit, sondern es hat auch eine zeitlich praktisch unbegrenzte Stabilität und Dauerhaftigkeit erreicht. Die Stabilität bedeutet gleichzeitig aber auch, daß Biomasse und Produktion, ebenso wie Remineralisation, sich in einem Klimaxzustand befinden und keinen Zuwachs pro Fläche aufweisen.

Das Gegenbeispiel eines möglichst offenen Durchlaufsystems ist ein Fluß, soweit ein solcher überhaupt ein eigenes Ökosystem darstellt und nicht nur ein Organ eines anderen, größeren Ökosystems, nämlich einer Landschaft oder, mit neueren terminis technicis, einer Geosynergie oder Biogeozönose ist. Vom terrestrischen Bezirk seines Einzugsgebietes werden ihm alle Stoffe zugeführt, die er für den Aufbau sein erLebensgesellschaft benötigt. Und seine Stoffwechselendprodukte werden fortlaufend und vollständig eliminiert durch den Abfluß in den Ozean, jenes große Sammelbecken für alle Endprodukte der Kontinente. Ein Fluß kann solange lebendig bleiben, wie die Verwitterung der Kontinente, mit Auslaugung und Einebnung usw., ihm ständig neue Rohstoffe zuführt und er seine Endprodukte an ein anderes Ökosystem, das des Ozeans, loswerden kann.

Interessanter für uns als diese Extremfälle von Ökosystemen sind aber die viel häufiger in der Natur vorkommenden Zwischenstufen. Nehmen wir einen Binnensee als Beispiel für ein Ökosystem, welches, abgesehen von seinen inneren Teilkreisläufen, ein unvollkommenes Durchlaufsystem darstellt. Unvollkommen ist es deshalb, weil zwar ständig aus der terrestrischen Umgebung dem See neue Rohstoffe zugeführt werden, während die Elimination seiner Stoffwechselendprodukte aber mangels genügenden Abflusses mehr oder weniger blockiert ist. Diese Eigenschaft führt zwangsläufig über eine Stufe der Eutrophierung, bei der schon die Remineralisation immer ungenügender wird, schließlich zur Verlandung des Sees. Durch die Anhäufung der Produkte der Tätigkeit der Lebensgemeinschaft des Sees wird der Biotop so verändert, daß diese Lebensgesellschaft nicht mehr existieren kann und durch eine andere, terrestrische, ersetzt wird. Das Leben des Ökosystems Binnensee ist damit begrenzt.

Aus besonderem Grunde habe ich gerade den Binnensee als Beispiel gewählt, nicht nur, weil er mir als Limnologen natürlich nahe liegt, sondern vielmehr deshalb, weil er uns am anschaulichsten einem Verständnis der Situation unseres heutigen wirtschaftlichen, technisch-kommerziellen Ökosystems, in der sog. Hochzivilisation, mit seiner industriellen Lebensgesellschaft, der 'Industriegesellschaft'', näherbringen kann. Auch in unserem industriellen Wirtschaftssystem folgen wir klar dem Prinzip des Durchlauf-Systems, nur daß der Durchlauf künstlich, mit Hilfe von immer perfektionierterer Technik der Massenproduktion immer rascher zu verbrauchender Industriewaren und von kommerzieller Propaganda zwecks Steigerung des Absatzes, der Elimination der Endprodukte, immer mehr intensiviert und beschleunigt wird. Es geht bekanntlich längst nicht mehr darum, mehr Güter für die wirklichen biologischen Bedürfnisse entsprechend der Menschenzahl und ihrer Zunahme zu erzeugen, denn dann würde ja die Produktionsrate in Proportion zur Größe der Lebensgemeinschaft des Ökosystems konstant bleiben. Es ist jedoch ein Glaubenssatz der Wirtschaft, daß diese wachsen muß, um gesund zu bleiben. D.h., man produziert nicht mehr nur für die Menschen, um ihre echten Bedürfnisse zu befriedigen, sondern man produziert immer mehr für die Wirtschaft selbst. Diese aber führt kein Eigenleben auf der Erde, sondern ist in den Händen von lenkenden Menschen, seien sie einzelne Individuen oder seien sie zusammengefaßt zu Lenkungsgremien: Konzernen oder Staatsregierungen, je nach der politischen Ideologie. Ein Anwachsen der Wirtschaft und ihrer Produktion bedeutet aber in jedem Falle einen Zuwachs an Geld-für-Macht oder an direkter Macht in den Händen der Lenkenden, ein Mittel, um die wachsenden Menschenmassen besser zu organisieren und zu steuern, mit all der dazu notwendigen Maschinerie ....

Die höhere Geschwindigkeit des Durchlaufes läßt den Bedarf an Rohstoffen, einschließlich Energie, immer mehr ansteigen. Was die Biosphäre—jenes größte, alles Leben umfassende Ökosystem der Erde—daran zur Verfügung stellen konnte als 'renewable resources', genügt schon längst nicht mehr. So ist man gezwungen, auf die außerhalb der Biosphäre befindlichen Rohstoffe und Energiequellen zurückzugreifen, und die Einfuhr dieser Fremdstoffe in unser Wirtschaftssystem hat man bestens und höchst effektiv organisiert, sodaß dieses mit ständig weiter gesteigerter Produktionsrate arbeitet. Diese ließe sich mit neuen Rohstoffen, vor allem neuen Energiequellen, und weiterhin vervollkommneter Technik sicherlich sogar noch weiter steigern.

Ein Problem aber ist der Absatz der Endprodukte. Bleiben wir zunächst innerhalb unseres Wirtschaftssystems im engeren Sinne. In ihm sind die Fabriken den Produzenten in einem natürlichen Ökosystem zu vergleichen, der Markt entspricht dem Biotop, während das kaufende Publikum die Konsumenten darstellt.

Aber die Produktion ist nicht mehr auf den Bedarf und die Aufnahmekapazität der Konsumenten, der 'Ver'braucher, abgestimmt sondern weit größer und steigert sich nicht nach ökologischen Gesetzen sondern nach vom Menschen erdachten—und häufig genug im Laufe der Geschichte wechselnden—Wirtschaftsgesetzen. Beim See haben wir gesehen, daß, wenn die Produktion seiner Lebensgesellschaft im Biotop See aufgehäuft wird, der Biotop so verändert wird, daß diese Gesellschaft nicht mehr existieren kann und schließlich durch eine andere ersetzt wird. Vergleichen wir damit die Lage der Industriegesellschaft. Wenn ihre Produktion in ihrem Biotop, dem Markt, aufgehäuft und nicht aus ihm eliminiert, hinausgeschafft wird, wird der Markt sehr bald gesättigt sein, der Absatz stocken, und die Industriegesellschaft wird in ihren eigenen Produkten ersticken und notwendigerweise durch eine andere ersetzt werden. Durch welche? Diese Frage ist z. Zt. noch nicht zu beantworten, wir haben keine Vergleichsbeispiele aus anderen Ökosystemen. Aber es wird aus dem Gesagten verständlich, daß in der Wirtschaft alles getan wird, um den Absatz zu fördern und die Aufhäufung der Produkte auf den Märkten zu vermeiden. So ist die Geschäfts-Reklame für den Konsum zu verstehen, in der den Konsumenten die unnützesten Dinge aufgeredet werden, so sind die Heere der Welt zu begreifen, die alle 6–8 Jahre total umgerüstet werden, obwohl die Menschheit weiß, daß ein Krieg mit Einsatz der in den Heeren vorhandenen Waffen Selbstmord bedeuten würde, und so ist auch die sog. Entwicklungshilfe aufzufassen als Bemühung, die 'Entwicklungs'völker als Konsumenten an unser Wirtschaftssystem anzuschließen, für welches erst der Verbraucher ein 'Mensch' ist und auch die letzten, noch überlebenden, anderen Kulturkreise bedeutungslos sind.

Eine weitere Problematik der Überproduktion in unserem überheizten Wirtschaftssystem liegt in der Beseitigung der Abfälle und Endprodukte, deren Eliminierung aus der Biosphäre bisher nicht gelungen ist, während, wie gesagt, die Einfuhr fremder Stoffe bestens funktioniert. Doch das ist die sattsam bekannte Problematik der Umweltverschmutzung und dergleichen. Die Remineralisationskapazität der Biosphäre, die pro Zeit nur eine bestimmte Menge von Endprodukten der Lebenstätigkeit, auch der menschlichen Wirtschaft, 'verdauen' kann, ist weit überschritten, und sowohl im Verbrauch der Rohstoffe der Erde als auch in der Anlieferung von Endprodukten haben wir eine Anleihe auf die Zukunft aufgenommen, von deren Höhe wir uns einen Begriff machen können, wenn wir erfahren, daß die Kosten, allein den Erie-See in den USA wieder zu einem sauberen Gewässer zu machen, 40 Milliarden US-Dollars betragen würden.

Um die immer bedrohlicher werdenden Mißstände zu überwinden, wird nur zu gern vorgeschlagen, die bisherige Technik durch eine perfektioniertere zu ersetzen. Mir klingt noch ein Satz im Ohr, den ich bereits vor 13 Jahren aus sehr kompetentem Munde hörte: 'Das alles ist nicht Schuld der Technik, wir haben noch zu wenig Technik'. Aber was bedeutet der Einsatz noch weiterer Technik in einem sich im Prinzip gleich bleibenden und dadurch nur noch gesteigerten Durchlaufsystem der Wirtschaft? Es würden noch mehr Rohstoffe und noch mehr Energie notwendig werden, und die gefährlichen Endprodukte könnten vielleicht lokal beseitigt, an anderen Stellen aber desto mehr angehäuft werden. Wir würden, entsprechend dem 'Gesetz' vom notwendigen Wachstum der Wirtschaft, weiterhin in einer geometrischen Reihe mit einem Faktor größer als 1 bleiben, und diese führt bekanntlich nach unendlich—während unsere Erde und die Biosphäre auf ihr endlich sind.

Vielleicht sollte man eher daran denken, das gegenwärtige übersteigerte Durchflußsystem, bei dem wir die Eliminierung der Endprodukte (einschließlich der Wärme als Endzustand der immer größeren gebrauchten Energiemengen) aus der Biosphäre doch nicht ganz erreichen können, in ein geschlosseneres Kreislaufsystem zu wandeln. Wir haben ja erfahren, wie abhängig ein Durchlaufsystem von außerhalb desselben liegenden Prozessen ist und wie die Lebensdauer eines unvollkommenen Durchlaufsystems zwangsläufig begrenzt ist, während ein Kreislaufsystem die größte Stabilität und Dauerhaftigkeit besitzt. Eine solche Wandlung würde nicht leicht sein und würde von den Menschen viele und große Verzichte und dafür eigenen Einsatz verlangen, Verzichte letzten Endes auf die Bequemlichkeiten weiterer Anleihen auf die Zukunft durch mehr technische Hilfsmittel mit mehr Energieverbrauch, und Einsatz von mehr Menschenarbeit, um die Rohstoffe aus dem unheilvollen Durchlauf in einen Kreislauf zu bringen. Wie wäre es, um nur ein ganz kleines und nebensächliches Beispiel für größere, allgemeinere Möglichkeiten zu nennen, wenn anstelle von Heeresdienst an sinnlosen Waffen, die nie benutzt werden dürfen, Gruppen von jungen Menschen zeitweilig angesetzt würden, um die Autowracks, die sich an den Rändern der Großstädte türmen, auseinanderzuschrauben und Eisen und Aluminium und Kupfer usw. zu trennen, sodaß diese Rohstoffe getrennt wieder in die Hochöfen wandern können?—Aber diese Umwandlung von einem Durchlaufsystem, von einer geometrischen Reihe mit dem Faktor größer als 1, in ein Kreislaufsystem, eine geometrische Reihe mit einem Faktor, der bis zur Abtragung der Anleihe auf unter 1 zurückgeschraubt werden muß, würde ebenso einen anderen Verzicht bedeuten, einen Verzicht auf mehr Geld-für-Macht bzw. auf mehr direkte Macht seitens der Lenker des Wirtschaftssystems in unserer technisch-kommerziellen Zivilisation, von San Franzisco bis Wladiwostok, Tokio und Hawai. An sie und ihre Einsicht sei der dringendste Appell gerichtet.

Diskussion

CZAJKA:

Die Ausführungen bemühten sich um eine endgültige, letzte Formel, die das Verhältnis der menschlichen Gemeinschaften zur Umwelt theoretisch zu fassen sucht. In anderer Form könnte man wohl auch sagen, es soll die Auflösung des Problems gefunden werden, das früher im Rahmen der Geographie als das des Determinismus umschrieben wurde und heute angesichts der modernen Technik für die Zukunft relevant wird. Die Formel soll einsichtig machen, daß wir in einer endlichen Welt leben und daher die Planung der Umwelt sich so einzurichten habe, daß nicht das Wachstum der Menschheit und ihrer technischen Werke eine Auflösung der ökologisch geordneten Lebensformen zur Folge hat. Für die Ableitung der Endformel wurde der Begriff der Kausalität benötigt. Diese erschien aber nicht in der normalen, rein physikalisch konzipierten Form sondern in einem erweiterten Sinne, der auch das Biologische einschließt, so wie LAUTENSACH im KLUTEschen Handbuch der Geographie von einer physikalischen, biologischen und psychologischen Kausalität gesprochen hat.

Diese der Klarheit wegen unerwünschte Erweiterung des Begriffssinnes gestattet erst die Beweisführung des Redners. Die Ableitung der Formel hängt also von einer Voraussetzung ab, die das Ergebnis vorgreifend zu beeinflussen scheint.

Daher meine Frage, wie würde die Beweisführung aussehen, wenn man den erweiterten Sinnbereich der Kausalität nicht heranzöge, sondern einen rein physikalischen Inhalt zu Grunde legen würde. Ist dann diese Ableitung überhaupt noch nach Art und dem genannten Ergebnis möglich?

Die Geographie sollte eigentlich ein Interesse daran haben, daß bei ihren vielseitigen methodischen Bezügen die Termini nicht allegorienhaft von einem Arbeitsfeld auf ein anderes übertragen werden, das nach seiner Struktur als abweichend bewertet werden muß.

JÄGER:

Ihre Auffassung, daß die Kausalität ein Prinzip des Menschen sei, kommt SCHOPENHAUERS Denken in 'Die Welt als Wille und Vorstellung' nahe. Können Sie beweisen, daß das Kausalitätsprinzip im Menschen liegt?

MÜLLER:

Sicherlich wird man den Menschen zu einem wesentlichen Teil als Reaktionsform auf ein spezifisch vorinterpretiertes Milieu, 'auf eine gruppenspezifische Wirklichkeit' (HARD 1970) definieren können, und es ist weitgehend richtig, daß jeder einzelne Mensch eine spezifisch-subjektive Vorstellung von seiner Umwelt besitzt. Aber deshalb ist das noch lange nicht die menschliche Umwelt. SCHULTZE wies 1970 darauf hin, daß die Menschen in vielen Erdgegenden handeln aus einer angenommenen, idealisierten Vorstellung des betreffenden Raumes, woraus sich Erfolge wie Fehlschläge in einer Region ergeben konnten. Das von Ihnen dargestellte 'Kausalitätsprinzip' (spez. im technischen Bereich) hatte immer die Doppelfunktion, das Leben zu erhalten und zu vernichten. Die Entwicklung des biologischen 'Mängelwesen' (HERDER) Mensch kann man auch als eskalierte Veränderung urwüchsiger Bedingungen auffassen, mit dem Ziel menschenschutzbietende Umwelt in die Natur hineinzubauen. Die Umweltprobleme in den technisch-kommerziellen Industrienationen zeigen, daß eine Emanzipation von den naturgegebenen Grundlagen eine bestimmte Stufe nicht übersteigen kann, ohne sich selbst in Frage zu stellen. Bedarf es deshalb einer 'Änderung unserer Grundhaltung' um zu überleben oder letztlich nur einer 'umweltfreundlichen' Technik im Sinne Ihres Kreislaufsystems?

SIOLI:

Das Kausalitätsprinzip liegt im Menschen und ist nicht notwendigerweise das *einzige* Prinzip, nach dem die gesamte Welt abläuft, und zwar aus folgendem Grunde: Die Welt selbst können wir nicht erkennen; falls es außerhalb unseres punktuellen Ego eine Welt gibt—die wir schon nicht beweisen können—,so sendet sie Reize aus, die erst nach doppelter Filterung unsere Wahrnehmung erreichen, nämlich nach Filterung durch unsere Aufnahmeorgane, die Sinne, und dann durch den Computer unseres Gehirns, den wir auf Kausalität programmiert haben. Nur ein doppelt gefiltertes Bild nehmen wir also wahr—nach dem wir nun unsere neue Umwelt, d.h. nach unserer menschlichen, inneren Gesetzlichkeit konstruieren.

Die erweiterte, z.B. biologische, psychologische usw. Kausalität ist in dem noch nicht durchschaubaren Netzwerk des höchst komplizierten Wirkungsgefüges der Umwelt inbegriffen.

WARRLICH:

Es ist zu fragen, ob die einseitige Anwendung des Kausalprinzips als Ursache für Störungen des ökologischen Gleichgewichts hinreichend nachgewiesen ist. Das Kausalprinzip stellt doch zunächst nur einen Erkenntnisansatz dar. Ist nicht eher das Dogma des Wachstums in der Wirtschaft und in Bezug auf die Bevölkerungszahl in Frage zu stellen, wenn die technisch-kommerzielle Zivilisation von einem offenen Durchlaufsystem in ein geschlossenes Kreislaufsystem überführt werden soll? Dieses Dogma läßt sich aber nicht als Folge der Anwendung des Kausalprinzips erklären.

DREES:

Daß unsere Wahrnehmungen ein doppeltes Filter passieren müssen, hat bereits KANT gesagt. Daß die ganze Vorstellungswelt unserer technisch-kommerziellen Zivilisation auf sehr speziellen philosophischen und religiösen Grundlagen beruht, hat neben vielen anderen Forschern der Marburger Religionswissenschaftler ERNST BENZ dargelegt. Darum ging ALBERT SCHWEITZER aus seinem theologischen Lehramt und wurde Urwaldarzt, um aus dem Abstand mahnen zu können, daß eine neue geistige Haltung, die Ehrfurcht vor dem Leben, die notwendige Voraussetzung für das Weiterleben ist. Wie sehr wir geradezu durch Scheuklappen gehindert sind, wesentliche Dinge zu sehen, erkennt man an der Schwierigkeit, Verständnis dafür zu wecken, daß wir die wesentlichen Probleme des Landbaus biologisch sehen und den Menschen in den biologischen Kreislauf einordnen müssen. H. P. RUSCH hat gezeigt, daß die bakteriologischen Probleme der Erforschung der Bodenfruchtbarkeit so umfangreich sind, daß man bei analytischer Einzelforschung nach den Kausalketten in der verfügbaren Zeit nicht durchkommt und nur in der geistigen Haltung der Ehrfurcht vor dem Leben zum Erfolg kommen kann.

HASSENPFLUG:
Habe ich Sie richtig verstanden, daß Sie eine Parallelisierung des Systems der Wirtschaft mit einem Ökosystem vorgenommen haben? Wenn das der Fall war, möchte ich weiterfragen, ob die Aussagen aus dieser Parallelisierung wissenschaftlich stichhaltig und ertragreich sind?

SOBOTHA-FRANKENBERG:
Die Bedeutung der Anreicherung—und damit z.B. bei Herbiziden, Insektiziden usw. Einsatzspätfolgen und Spätvergiftungen—sollte unbedingt gewürdigt werden.

SIOLI:
Ich habe betont, daß das 'Gesetz' vom notwendigen Wachstum der Wirtschaft ein Glaubenssatz ist, der geändert werden muß und nicht kausal begründet ist. Das Kausalprinzip ist nicht notwendigerweise das einzige Prinzip, nach dem die Welt abläuft; es *kann* zwar das einzige Prinzip sein, es können aber noch weitere Prinzipien wirksam sein, die wir mit unserem Kausalprogramm im Gehirn aber nicht wahrnehmen können.

Was Sie als Folge unserer christlich beeinflußten Behandlung unserer Umwelt nennen, oder wenn Sie die Haltung Albert SCHWEITZERS zitieren, so liegt das außerhalb der Kausalität, deren Gültigkeit ich ja als begrenzt herausgestellt habe; als Naturwissenschaftler kann ich aber über alles außerhalb Liegende nichts aussagen.

Anschrift des Verfassers:
Prof. Dr. HARALD SIOLI, Max-Planck-Institut für Limnologie, Abt. Tropenökologie, 232 Plön, West-Germany.

DIE AUFGABEN DER ÖKOLOGIE IN DER KULTURLANDSCHAFTSFORSCHUNG

FRANZ TICHY

Abstract:

The investigation of cultural landscapes should not be restricted to forms and processes directly produced by man. The problems of protecting and conserving human environment necessitates the examination of nature-man-correlations ('anthropo-ecosystems'), too. By individual examples, the tasks of the ecologically working geographer are outlined. Engaged in the History of Cultural Landscapes he has to reconstruct the ecosystems of different epochs and the dimensions of transformation, to which they were subject. In Agricultural Geography man himself has to be taken into account with his physiology and his living and nourishing habits. In Urban Geography a close cooperation with all biological disciplines is indispensable in order to contribute to an ecologically satisfying town-planning, which has to form urban ecosystems more suitable for man. Apart from research work a major task is to mediate the knowledge of the close connection of mankind with the biosphere in lessons at school and university as a contribution of geography to environmental consciousness.

Der Zweck der folgenden Ausführungen ist es, zu zeigen, daß die Kulturlandschaftsforschung der biogeographischen und ökologischen Denkweisen, Gesichtspunkte, Forschungsmethoden und Erkenntnisse bedarf. Davon ausgehend will ich auf einige Aufgabengebiete hinweisen, die dringend bearbeitet werden müssen. Dabei verstehe ich unter Ökologie im Bereich der Kulturlandschaftsforschung angelehnt an TROLL (1966 S. 11) das Studium des gesamten in einem bestimmten Kulturlandschaftsausschnitt herrschenden komplexen Wirkungsgefüges zwischen den Menschen, den Lebensgemeinschaften und ihren Umweltbedingungen, d.h. das Studium des gesamten, für den Menschen und die Kulturlandschaft relevanten Ökosystems. Nach MANFRED HOFFMANN (1970 S. 3) ist dann entsprechend die Ökologie in der Kulturlandschaft das Studium der Wechselbeziehungen der Lebewesen in der Kulturlandschaft einschließlich des Menschen mit ihrer leblosen und lebenden Umwelt. Ein zweiter Aufgabenbereich ergibt sich, wenn man die Ökologie als Naturhaushaltslehre auffaßt, nämlich die Aufstellung der Haushaltsbilanzen nach NEEF (1970). Diese sehr wesentlichen Aufgaben kann ich heute nicht ansprechen, sondern will mich auf jene Aufgaben beschränken, die sich aus den erstgenannten Definitionen ableiten lassen.

Die ökologische Forschung in den Kulturlandschaften ist deswegen notwendig, weil die vom Menschen gestaltete Landschaft in allen ihren vielfältigen Varianten, in Forst und Flur, Dorf und Stadt, Arbeits- und Erholungsraum, in Industrie- und Bergbaugebieten, dazu in allen Klima- und Vegetationszonen und allen Höhenstufen der Erde nur unter Berücksichtigung der Ökologie oder einfacher gesagt der biologischen oder biogeographischen Umweltforschung richtig verstanden werden kann. Immer stärker ist uns bewußt geworden, wie kompliziert das Zusammenspiel der wirkenden Kräfte und Faktoren im Geflecht der Prozesse ist, die selbsttätig oder gesteuert, erwünscht, geduldet oder gefürchtet ablaufen, oft genug seit langen Zeiten oder seit einem plötzlichen Ereignis oder sogar bestimmt durch einen einzigen Minimumfaktor, z.B. einen Krankheitserreger, oder durch mehrere voneinander abhängige Biofaktoren.

Ich kann mich bei meiner Themenstellung derjenigen von JOSEF SCHMITHÜSEN vom Jahre 1942 anschließen, die lautete: 'Vegetationsforschung und ökologische Standortslehre in ihrer Bedeutung für die Geographie der Kulturlandschaft'. Ich muß aber heute über diese Themenstellung hinausgehen, weil wir wissen, daß wir ohne eine ganzheitliche Betrachtung innerhalb der Biosphäre nicht mehr auskommen. Dennoch wird die Vegetationsforschung mit ihren erprobten Methoden meistens der Forschungsschwerpunkt und erste Ansatz sein. Seit diesem programmatischen Vortrag und Aufsatz JOSEF SCHMITHÜSEN's sind zahlreiche einschlägige Arbeiten veröffentlicht worden, unter denen ich diejenigen CARL TROLL's hervorheben darf, die zu einer Gesamterfassung der Ökologie der Hochgebirge geführt haben. Auf dieser sicheren Grundlage wird eine entsprechende vergleichende Kulturlandschaftslehre der Hochgebirge erst möglich, die sehr dringlich ist. Zahlreiche Ansätze dazu stammen von TROLL selbst und vielen anderen Hochgebirgsforschern.

Heute ist die Beteiligung der Ökologen an der Kulturlandschaftsforschung noch dringlicher geworden, als sie vor 30 Jahren schon war, trotz der rasch wachsenden Zahl von Arbeiten von Seiten der Biologen, Bodenkundler, Hydrologen und Geographen vieler Länder, vor allem auch in Gemeinschaftsprojekten der FAO und der UNESCO, über die MANSHARD (1970) soeben berichtet hat und die z.T. im Rahmen der Biologischen Dekade stattgefunden haben oder noch im Gange sind (vgl. dazu *Soviet Geography* 1971 Nr. 1). Ich muß es mir versagen, den Versuch eines Berichtes über den Forschungsstand zu geben, so reizvoll und notwendig dies auch wäre, nicht nur aus Zeitmangel, sondern auch deshalb, weil ich mich wegen der Vielfalt der Themen und Forschungsrichtungen noch nicht dazu in der Lage sehe. Ich glaube jedoch behaupten zu dürfen, daß eines der faszinierendsten Arbeitsgebiete von höchst aktueller Bedeutung von deutschen Geographen noch viel zu wenig beachtet worden ist. Einige der im Rahmen der heutigen Arbeitssitzung folgenden Vorträge werden diese Behauptung hoffentlich widerlegen.

Wo Kulturlandschaften mit den Boden- und Klimabedingungen im Einklang stehen, wo an der Stelle der potentiellen natürlichen Vegetation eine Vergesellschaftung (Biozönose) von Nutzpflanzen und Haustieren mit allen ihren Kulturfolgern besteht, die in sich (in ihrem Ökosystem) genügend Möglichkeiten zur Selbsterhaltung, etwa zur Abwehr von Schädlingen, besitzt, dort liegen geringe Probleme vor. Aber dieses kulturgeographisch bestimmte Ökosystem muß erforscht und bekannt sein, damit Störungen und deren Ursachen erkannt und beseitigt werden können. Immer mehr geht aber z.B. die Landwirtschaft dazu über, unter hohem Aufwand an Kapital, Energie und Arbeitsleistung künstliche

Ökosysteme aufzubauen und aufrechtzuerhalten. Derartige Systeme sind durch eine 'ökologische Bombe', z.B. die Massenvermehrung eines Schädlings, sehr leicht zu stören. Es gibt genügend Beispiele solcher Katastrophen, ich nenne nur eine kürzlich gemeldete, die von der aus Zentralafrika nach Florida verschleppten Achatschnecke in Wohngebieten und Monokulturen ausgelöst worden ist. (*Natw. Rundsch.* 1970, 113).

Die unmittelbar vom Menschen geschaffenen oder durch Umformung naturgegebener Elemente gestalteten Formen und Vorgänge werden heute immer deutlicher als Bestandteile einer sich mit ungeheurer Beschleunigung ausdehnenden 'Zweiten Welt' angesehen, die ihre eigenen Ökosysteme besitzt. Jedes dieser Ökosysteme hat seinen charakteristischen Naturhaushalt, der sich von dem der potentiellen natürlichen Landschaft oft so weitgehend unterscheidet, daß kaum noch ein Vergleich möglich zu sein scheint. Diese 'Zweite Welt' oder die sekundären Naturlandschaften und ihre Varianten mit ihrem gesamten anorganischen und organischen Inventar sind nichts anderes als der vereinfacht als 'Umwelt' bezeichnete Wohn- und Wirtschaftsraum der Menschheit, den wir immer besser kennenlernen müssen, damit wir mithelfen können, ihn gesund und produktionsfähig, vor allem aber lebenswert für uns und unsere Nachkommen zu erhalten. In dieser Beziehung hat CARL RITTER's Wort, daß die Erde nicht nur der Boden, die Wiege, der Wohnort, sondern auch die Erziehungsanstalt des Menschengeschlechtes ist, eine neue Bedeutung erhalten.

Da es sich um gleitende Übergänge zwischen wenig umgestalteten naturnahen Wirtschaftslandschaften und fast völlig unbelebten Industrie- und Stadträumen handelt, ist es zuerst einmal notwendig, Maßstäbe zu bestimmen für den Grad der Umformung und für den Anteil und die Funktionen, die der Vegetation und Tierwelt an dem neuen Ökosystem geblieben sind. Sobald dies erreicht ist, sollten sich der Gang der Degradierung und die Grenzwerte für die Erhaltungsmöglichkeiten bestimmen lassen.

So sehe ich eine der wichtigsten Aufgaben der Ökologie in der Kulturlandschaftsforschung der Gegenwart in der Erforschung und Darstellung des *Ausmaßes der ökologischen Umgestaltung* der Erde durch den Menschen unmittelbar und mittelbar. Wir brauchen immer bessere Kenntnisse von der Art der räumlichen Verbreitung und der Folgen einzelner Vorgänge. Alle diese einzelnen Erkenntnisse, die sich heute oft nur in kurzen Notizen in Fachzeitschriften und auch Tageszeitungen finden, verlangen Interpretation, Wertung und Zusammenfassung. Sie erfordern rasche Veröffentlichung in einprägsamen, überzeugenden Darstellungen, vor allem auch als Grundlage für den Unterricht in Schule und Hochschule. Daß ein Bedürfnis danach besteht, das zeigt sehr deutlich der Erfolg des Buches von G. R. TAYLOR 'Das Selbstmordprogramm'. Einige Kapitel daraus gehören auch in unser heutiges Thema der Ökologie der Biosphäre. Es dürfte jedem Geographen bekannt sein, daß in unserer Fachliteratur seit langem derartige Materialien leicht greifbar und gut aufbereitet sind. Ich darf dabei auf das Werk von EDWIN FELS 'Der wirtschaftende Mensch als Gestalter der Erde' (1935, 1954, 1967) hinweisen.

Das Ausmaß der Umgestaltung der Ökosysteme auf der Erdoberfläche und die immer wieder erneut vor sich gehende ökologische Veränderung der Kulturlandschaften werden zuerst deutlich sichtbar in der Vegetation, die auch für die Luft- und Wasserverschmutzung in hervorragender Weise als Indikator zu dienen vermag. Vegetationskartierungen und Bestandsaufnahmen, ja Artenlisten und Standortsbeschreibungen zurückliegender Jahrzehnte und Jahrhunderte sind im Vergleich zur Gegenwart ein sehr geeigneter Weg, um das Ausmaß der Umgestaltung zu erfahren. Pflanzensoziologen, Geobotaniker und Angewandte Botaniker, aber auch Geographen (G. HARD, 1962) sind seit einigen Jahren verstärkt mit derartigen Arbeiten beschäftigt. Es werden dabei verschiedene 'Hemerobiegrade' (SUKOPP nach JALAS 1955 im Vortrag Rinteln April 1971), wörtlich: 'Grade gezähmten oder kultivierten Lebens', ermittelt. Während des Rinteln-Symposiums der Internationalen Vereinigung für Vegetationskunde über 'Vegetation als anthropoökologischer Gegenstand' wurde ich auch aufmerksam auf die Arbeiten japanischer Botaniker, die mit eindrucksvollen Karten das Ausmaß der Umformung der Vegetation der Öffentlichkeit nahebringen und dadurch sehr überzeugend zu wirken verstehen (T. OHBA und A. MIYAWAKI). Ist mit derartigen botanischen Forschungen und Darstellungen das Ausmaß der Umformung ermittelt, dann ergibt sich die noch wichtigere Aufgabe, die andersartigen Prozesse und Tatsachen im gesamten Ökosystem zu erforschen.

Diese können bestehen in der Veränderung der Tierwelt, z.B. in der Zunahme der Ratten wie auf westdeutschen Müllplätzen und in Altstadtsanierungsgebieten. Hier wäre ein Vergleich der gegenwärtigen Schädlingsverbreitung mit derjenigen von 1954 sehr aufschlußreich, über die HERMANN PETERS 1956 berichtet hat. Besser, wenn auch noch lange nicht genug orientiert sind wir über die Änderungen des Geländeklimas zu extremeren Temperaturen und Windgeschwindigkeiten, über die einsetzende Bodenerosion durch Auswehung und Abschwemmung von vegetationsgeschädigten Flächen sowie über die Verringerung der biologischen Reinigungsfähigkeit der Gewässer nach Vernichtung der Wasserpflanzen durch falsch verstandene Regulierung. Die große Bedeutung von Wasserpflanzen wie Froschlöffel, Wasserhahnenfuß und Flatterbinse in der Eliminierung von bakteriellen und chemischen Verunreinigungen, sogar von Phenolen, haben Untersuchungen am Max-Planck-Institut für Züchtungsforschung in Krefeld-Hülser Berg erwiesen (K. SEIDEL 1971).

Im Bereich von Agrarlandschaften, in denen die Wirtschaft des Menschen auf der Nutzung und Pflege von Pflanzen und Tieren in enger Verbindung zu Klima und Boden beruht (wenn es sich nicht um industrielle landwirtschaftliche Produktionsmethoden wie in Gewächshäusern oder Geflügelfarmen mit technischem Klima handelt), dürften die Aufgaben der Ökologie in der Kulturlandschaftsforschung am ehesten zu definieren sein. Der Landwirt ist sich der vielfältigen Zusammenhänge gefühlsmäßig oder erfahrungsgemäß bewußt, die mit der pflanzlichen und tierischen Produktion verbunden sind und die sich oft schwerwiegend in Krankheiten oder minderwertigen Qualitäten äußern. Derartige ökologische Kenntnisse sind gewöhnlich in die landwirtschaftlichen Methoden auf Grund jahrhunderte-, ja jahrtausendealter Erfahrungen eingegangen. Die Folge davon ist, daß ein Beobachter, der diese Erfahrungen nicht überliefert bekommen hat, sie nicht ohne weiteres versteht und sie womöglich als nicht weiter zu erklärendes Brauchtum oder religiös verankerte Tatsache anzusehen geneigt ist. Ein Entwicklungsexperte wird dann besondere Schwierigkeiten haben, die seiner Meinung nach besseren Methoden durchzusetzen. So hat sich gezeigt, daß Tierzuchtstationen, Milchwerbung und Milchpulverimporte in SO-Asien erfolglos blieben aus Gründen, die erst jetzt allmählich klar geworden sind. Bei erwachsenen Asiaten (Nichtkaukasiern) ist die wahrscheinlich genetisch bedingte Unverträglichkeit von Milchzucker weitverbreitet (Laktase-Mangel), weshalb bei Milchverbrauch meistens Sauermilch genossen wird (Joghurt). Auf Bali wird Milch als Abführmittel verwendet, und als solches kann sie auch bei Siamkatzen wirken. Bei Europäern (Kaukasiern) hat sich offenbar durch den generationenlangen Milchgenuß eine Laktoseverträglichkeit eingestellt. Ich glaube, daß dies ein überzeugendes Beispiel ist für die Notwendigkeit der Berücksichtigung biologischer, physisch-anthropologischer und ökologischer Tatsachen bei der Erforschung von Wirtschaftslandschaften, gelangen wir doch nur dadurch zu wirklich stichhaltigen Erklärungen von Verbreitungstatsachen über die bloße Beschreibung hinaus.

Ein sehr eindrucksvolles Beispiel für vielseitige ökologisch-kulturgeographische Zusammenhänge ist die Schlafkrankheit im tropischen Afrika, über die Knight (1971) berichtet hat. Mit der Tatsache der seit ältester Zeit in Afrika verbreiteten Trypanosomiasis erklärt Knight u.a. selbst die Evolution des Menschen, dann die seit jeher geringe Durchdringung Afrikas, die Verbreitung der Rinder, das Fehlen von Pflug und Wagen im voreuropäischen tropischen Afrika, den tsetsefreien Korridor als Kulturübertragungs- und Wanderweg zwischen Ost- und Südafrika, die Saisonwanderungen von Hirtenstämmen, die Tatsache der fehlenden gemischten Landwirtschaft sowie den Proteinmangel in der Nahrung. Auf Grund derartig weitreichender Verflechtung geomedizinischer Verhältnisse mit fast allen Bereichen der Kulturlandschaft wird die Schlafkrankheit zum kritischen Element jeglicher Planung, die Glossina als Überträger ist der Minimumfaktor im Ökosystem der Kulturlandschaft.

Als weiteres Beispiel möchte ich nur noch die gewaltige Zunahme von Schnecken durch Talsperrenbauten und Bewässerungsanlagen in den Tropen erwähnen, die als Zwischenwirt der Schistosomen fungieren und zur immer noch zunehmenden Ausbreitung der gefährlichen Bilharziose führen, die kaum heilbar ist. Damit werden kostspielige Großprojekte zum Scheitern verurteilt oder bringen der zu entwickelnden Bevölkerung mehr körperlichen Schaden als wirtschaftlichen Nutzen.

Die größten Umwälzungen innerhalb der anthropogenen Ökosysteme sind sicherlich durch die weltweite Übertragung von Kulturpflanzen und Haustieren seit dem Entdeckungszeitalter vor sich gegangen, worüber ein breites Erfahrungsfeld vorliegt. Biologische und chemische Schädlingsbekämpfung sind bis heute die einzigen Mittel, um die Produktion zu sichern und Monokulturen aufrechtzuerhalten, die allein marktgerecht zu produzieren vermögen.

Mit solchen Bemerkungen sage ich Ihnen freilich nichts Neues, ich tue dies auch nur, um die Frage zu stellen, ob es bisher eine Kulturlandschaftsforschung gibt, die den Menschen selbst als Lebewesen, als Nahrungsproduzent und Konsument an der Spitze der durch die Nahrungskette verbundenen Lebewesen auf der Erde auffaßt. Wenn überhaupt, dann ist das nur sporadisch und zu unauffällig der Fall. Erst seit kurzem ist endlich die Öffentlichkeit auf eine damit im Zusammenhang stehende Situation aufmerksam geworden durch die Feststellung der Anreicherung von Chemikalien wie DDT und Quecksilber in einzelnen Körperteilen. Im allgemeinen ist der Mensch an gemischte Nahrung gewöhnt und verzehrt nicht kiloweise Seefische oder Seevögel, wodurch die eigene Belastungsgrenze rasch erreicht wäre. Wir sind aber nunmehr drastisch darauf aufmerksam gemacht worden, daß wir trotz aller Emanzipation sehr eng der Biosphäre verhaftet sind. Anders ist dies bei den seit jeher einseitig ernährten Völkern und Stämmen wie Jägern oder Fischern, bei denen die Verseuchung der Meere schwere Folgen nach sich ziehen müßte, wenn sie nicht wie in der Gegenwart in zunehmendem Maß auch andere Nahrung zur Verfügung bekämen.

Aus all dem läßt sich die Aufgabe ableiten, eine ganzheitliche Kulturlandschaftsforschung zu betreiben, die nicht nur die vom Menschen ausgehenden Prozesse und deren Ergebnisse betrachtet, sondern die ihn auch als Lebewesen innerhalb der Biosphäre versteht. Es ist dies sicher eine Aufgabe, die auch der ökologisch interessierte und biologisch gebildete Geograph nicht allein leisten kann. Er muß aber in der Lage sein, die Forschungsergebnisse des Geomediziners, des Hygienikers und Ernährungswissenschaftlers, des Biologen, des Tier- und Pflanzenökologen, des Chemikers, Hydrologen und Klimatologen bei der Erforschung seines Objektes, einer bestimmten Kulturlandschaft und deren gegenwärtiger und historischer Problematik anzuwenden. Der ökologisch arbeitende Geograph hat besondere Möglichkeiten zur Synthese eines komplizierten Systems, wobei er immer wieder Lücken in der Erkenntnis aufdecken wird, die den Einsatz von Fachwissenschaftlern erforderlich machen. Ein Beispiel für derartige Kulturlandschaftsforschungen mit gleichzeitigen ökologischen Zielsetzungen ist auch das Mexiko-Projekt der DFG, in dem nunmehr zunehmend Naturwissenschaftler tätig sind, um die Frage zu klären, welche Umweltbedingungen zur Zeit der frühen Besiedlung des Hochlandes geherrscht haben und welche Veränderungen sich im Zusammenhang mit der Bodennutzung ereignet haben. Noch wissen wir viel zu wenig darüber, als daß ich davon berichten könnte.

Die Ökosysteme historischer Kulturlandschaften zu erforschen, ist besonders schwierig und macht die Mitarbeit von Geologen, Bodenkundlern, Geomorphologen, Palynologen, Paläoklimatologen und auch Dendrochronologen erforderlich. Ein derart massiver Einsatz von Disziplinen lohnt sich freilich nur bei kulturhistorisch besonders wichtigen Problemen, wie sie bei der Erforschung von Stätten alter Hochkulturen in heute nicht mehr oder nicht mehr im gleichen Maß bewohnbaren Gebieten auftreten, wie im Industal oder in Nord-Yucatan, wenn man Änderungen der Ökosysteme annehmen kann. Die Ursachen können Klimaänderungen und Naturkatastrophen sein, sie können aber auch auf die Zerstörung der eigenen Umwelt durch den Menschen selbst zurückzuführen sein. Innerhalb der vom Menschen direkt genutzten Biosphäre, die sich uns als

Agrarlandschaft darstellt, oder bei Kulturlandschaften, die von einer Fischer-, Jäger- oder Sammlerbevölkerung bewohnt werden oder in denen eine Forst- oder Waldwirtschaft die hervorragende Rolle spielt, erscheint uns heute die ökologisch-biogeographische Betrachtungsweise wohl selbstverständlich. Immer mehr macht sich aber nunmehr die Erkenntnis breit, daß auch in jenen Landschaften, die von der Stadt und Industrie geprägt werden, ökologisches Denken und Forschen notwendig ist. Der Stadtbewohner lebt in einem technischen Raumklima, er erhält die dafür notwendige Energie und das Wasser von außen herangeführt und gibt die Abfallstoffe an seine Umgebung mehr oder weniger geordnet und gereinigt ab. Dennoch ist noch nirgendwo eine ökologisch einwandfreie Umwelt mit technischen Mitteln, ein technisches Ökosystem, geschaffen worden, wie es etwa Raumfahrer in ihrer Kapsel, Raubtiere im eigens für sie ausgestatteten Haus im Zoologischen Garten oder tropische Fische im Heimaquarium besitzen; denn ein solches Ökosystem im Großen ist und bleibt Utopie. Der Stadtbewohner und Industriearbeiter bleibt als Lebewesen trotz aller Technik und trotz aller erstaunlichen Anpassungsfähigkeit des Menschen an die freie Biosphäre gebunden; er kann sich aus seiner biologischen Umwelt nicht lösen, in die er schon durch Luft, Wasser und Nahrung, aber auch durch seine Sinne und seine altertümlichen ererbten Verhaltensweisen eingebunden ist. Innerhalb der geographischen Stadtforschung hat K. RUPPERT unter den Grunddaseinsfunktionen der Erholungs- und Freizeitfunktion besondere Beachtung geschenkt. Dies ist aber nur eine kleine, wenn auch sehr wesentliche Seite der Beziehungen zwischen Stadtbewohner und biologischer Umwelt. Für die Erholungsgebiete im Bereich von Naturschutzgebieten und Naturparks zeichnet sich dabei übrigens ein wichtiger ökologischer Problemkreis ab in dem Konflikt zwischen Erhaltung der Landschaft und ihrer Zugänglichkeit.

Inzwischen haben uns naturwissenschaftliche Disziplinen wie die Angewandte Botanik gezeigt, daß eine ökologische Stadtforschung erforderlich ist. Das dafür notwendige Material liegt häufig schon in langjährigen Beobachtungen bei den Klimaämtern und hygienischen Instituten vor, bei Stadtgartenämtern, bei Botanikern, Zoologen und Naturfreunden. Es lassen sich das Ökosystem einer bestimmten Stadt und dessen Abwandlungen vom Zentrum in das Umland hinaus beschreiben. Im Vergleich mit anderen Städten werden sich Regeln ergeben, aus denen sich geeignete Maßnahmen als Basis einer ökologisch zweckmäßigen Stadtplanung ableiten lassen. Es geht dabei darum, das städtische Ökosystem menschengerechter zu gestalten, damit dessen Bewohner physisch und psychisch gesund bleiben können. Aufgaben dieser Art sind wiederum typische Themen für interdisziplinär zusammengesetzte Gruppen, in denen der ökologisch interessierte Kulturgeograph seinen Platz einnehmen sollte. Der Vortrag von H. SUKOPP und W. KUNICK in Rinteln 1971 über 'Stadt und Vegetation—Versuch einer biogeographischen Gliederung der Großstadt Berlin' gab über die bisherigen pflanzensoziologischen Arbeiten Aufschluß, die sich gut in das Profil einfügen, welches SUKOPP (1968) für die Veränderungen der Biosphäre einer Großstadt entworfen hat. B. HOFMEISTER (1969) hat der Bedeutung dieser Forschungen dadurch Rechnung getragen, daß er dieses Schema der ökologischen Zonen in seine 'Stadtgeographie' aufgenommen hat.

In der Kulturlandschaftsforschung besteht die Aufgabe heute nicht mehr allein in der Erklärung des historisch gewordenen und gestalteten Zustandes und der Strukturen auf Grund der wirtschafts-, sozial- und verkehrsgeographisch faßbaren Prozesse in Vergangenheit und Gegenwart. Es geht immer mehr um die Frage, wie weit bei der Kulturlandschaftsentwicklung die Umwelt des Menschen oder besser sein biologischer Lebensraum im Ökosystem für seine Existenz geeignet geblieben ist, wo Gefahr im Verzug ist und Zerstörung droht und welche Möglichkeiten bestehen, nach den Worten von W. MANSHARD (1970) eine 'Harmonisierung' zwischen wirtschaftlicher Entwicklung und Erhaltung einer gesunden Umwelt zu erreichen. Ein einziges konstantes Gleichgewicht in der Welt ständiger Veränderungen, die bis zum 'völligen Neubau' auch in der Biosphäre führen können, gab es niemals und kann es nicht geben. Der einzige Weg besteht darin, diese Veränderungen, so langsam oder so verborgen sie auch vor sich gehen, aufmerksam zu verfolgen und zu lenken. Das ist sicher möglich durch gegenseitige Aufklärung und überzeugende Übermittlung von Kenntnissen zwischen den Wächtern der Bio- und Geosphäre und den Kennern und Akteuren in der 'Technosphäre'. Wenn sich die Kulturlandschaftsforschung an diesen Aufgaben beteiligt und ihre Erkenntnisse in der Lehre, im Schul- und Hochschulunterricht (vgl. P. CLAVAL 1970) vermittelt, dann wird die Gegenwartsaufgabe der Geographie, einen Beitrag zur umweltbewußten Erziehung zu leisten, erfüllt.

Literatur

CLAVAL, P. (1970): La logique de l'enseignement de la géographie dans les Universités. *Cahiers de Géographie de Québec* 14: 49–62.

FELS, E. (1967): Der wirtschaftende Mensch als Gestalter der Erde. Stuttgart.

HARD, G. (1962): Kalktriften zwischen Westrich und Metzer Land. Geographische Untersuchungen an Trocken- und Halbtrockenrasen, Trockenwäldern und Trockengebüschen. Arb. a. d. Geograph. Inst. d. Univ. d. Saarlandes, 7.

HOFFMANN, M. (1970): Ökologische und synergetische Landschaftsforschung. *Geogr. Ztschr.* 58: 1–12.

HOFMEISTER, B. (1969): Stadtgeographie. Braunschweig.

JALAS, J.: Hemerobe und hermerochore Pflanzenarten. Ein terminologischer Reformversuch. *Acta Soc. Fauna Flora Fenn.* 72 (2): 1–15.

KNIGHT, C. G. (1971): The Ecology of African Sleeping Sickness. *Annals Ass. Am. Geogr.* 61: 23–44.

MANSHARD, W. (1970): Reinhaltung der Biosphäre und Umweltforschung. Eine internationale Aufgabe unter Beteiligung der Geographie. *Petermanns Geogr. Mitt.* 1970: 283–285.

Naturwissenschaftliche Rundschau (1970): 23: 113: Schneckenplage in Florida.

NEEF, E. (1969): Der Stoffwechsel zwischen Gesellschaft und Natur. *Geogr. Rdsch.* 21: 453–459.

NEEF, E. (1970): Zu einigen Fragen der vergleichenden Landschaftsökologie. *Geogr. Z.* 59: 161–175.

PETERS, H. (1956): Dichte und Verbreitung einiger wichtiger Schädlinge in Westdeutschland. *Höfchen-Briefe* 2: 69–111.

Problems in Biological Productivity (1971). In: Soviet Geography. Review and Translation, 12 (1).

SCHMID, R. (1969): Milch- und Laktose-Unverträglichkeit. *Natw. Rdsch.* 22: 29.

SCHMID, R. (1969): Verbreitete Milchzucker-Unverträglichkeit bei Asiaten. *Natw. Rdsch.* 22: 460.

SCHMITHÜSEN, J. (1942): Vegetationsforschung und ökologische Standortslehre in ihrer Bedeutung für die Geographie der Kulturlandschaft. *Z. Ges. f. Erdkde.* Berlin 113–157.

SEIDEL, K. (1971): Physiologische Leistung von Alisma plantago L. (Froschlöffel) unter extremen Umweltbedingungen. *Naturwissensch.*, Berlin.

SUKOPP, H., W. KUNICK, M. RUNGE und F. ZACHARIAS: Stadt und Vegetation—Versuch einer biogeographischen Gliederung der Großstadt Berlin. In R. Tüxen (ed.): Vegetation als Anthropoökologischer Gegenstand. Bericht über das Internationale Symposium in Rinteln 1971. In Vorbereitung.

SUKOPP, H. und CH. SCHNEIDER: Mensch und Vegetation in ökologischer und historischer Perspektive. In R. Tüxen (ed.): Vegetation als Antropoökologischer Gegenstand. Bericht über das Internationale Symposium in Rinteln 1971. In Vorbereitung.

TAYLOR, G. R. (1971): Das Selbstmordprogramm. Zukunft oder Untergang der Menschheit. Frankfurt a. M.

TROLL, C. (1959): Die tropischen Gebirge. Ihre dreidimensionale klimatische und pflanzengeographische Zonierung. Bonner Geogr. Abh. 25.

TROLL, C. (1966): Ökologische Landschaftsforschung und vergleichende Hochgebirgsforschung. Erdkundliches Wissen 11, Wiesbaden.

TROLL, (1968): Geo-Ecology of the Mountainous Regions of the Tropical Americas. Coll. geogr. 9.

Diskussion

NESTMANN:

Haben Sie die Bedeutung historisch-ökologischer Forschungen in Ihren Ausführungen nicht zu gering bewertet?

TICHY:

Die Bedeutung historisch-ökologischer Forschungen habe ich keineswegs gering bewertet. Sie sind zwar schwierig, aber äußerst wertvoll, können sie doch geradezu als Versuchsanordnungen dienen für ablaufende Prozesse der Gegenwart.

KESSLER:

Ich möchte starke Bedenken zu der Bemerkung anmelden, daß geeignetes klimatologisches Material für ökologische Forschungen ausreichend zur Verfügung steht. Ein Fortschritt über konventionelle klimatologische Betrachtungen hinaus ist meines Erachtens nur bei Anwendung von Energiehaushaltsmethoden möglich. Dazu sind Arbeiten notwendig, die die bisherigen Ergebnisse von Wärmehaushaltsuntersuchungen, die sich meist nur auf isolierte Punkte beziehen, auf die Fläche ausdehnen (Wärmehaushaltsklimatologie).

TICHY:

Sie haben gewiß recht, daß die modernen Methoden in der Stadtklimaforschung angewendet werden müssen; aber kann man nicht das Material der

Wetterämter usw. zur Bestimmung von Veränderungen in der Vergangenheit benutzen?

MÜLLER:

Die von Ihnen zitierte Achatina fulica ist ein besonders schönes Beispiel für eine 'ökologische Zeitbombe'. Die 1966 nach Florida eingeschleppten Individuen stammen aus Hawaii, wohin sie erst 1936 gelangten. Das ursprüngliche Areal der Art liegt in Ostafrika (incl. Sansibar). Durch Aberglauben und Zufall oder als Nahrungs- und Futtermittel und als Versuchstier wurde Achatina von ihrem Ursprungsgebiet verschleppt. Bereits 1761 wird sie von Madagaskar, in der Mitte des vergangenen Jahrhunderts von den Seychellen und Komoren erwähnt. Zu Beginn unseres Jahrhunderts hat sie Ceylon, Sumatra und Borneo erreicht. 1937 wird eine Invasion von Thailand, ein Jahr zuvor von Formosa erwähnt. Die nach Hawaii eingeführten Populationen stammen wahrscheinlich aus Südostasien. 1946 hat die Art Kalifornien erreicht. Was auch immer die Gründe für den 'Export' der Art waren, sie kam in ihren neuen Verbreitungsgebieten sehr schnell zu einer Massenvermehrung. Diese stellte die betroffenen Länder vor ernsthafte Agrarprobleme. Die Massenvermehrung der Art in den Neuansiedlungsräumen verläuft korreliert zum Fehlen von natürlichen Feinden. Bekämpfung mit DDT, ausgelegten Giftködern und Insektiziden blieb ohne nennenswerten Erfolg. Räuberische Schneckenarten (*Gonaxis*, *Eugladina*) haben zwar auf Hawaii kurzfristige Erfolge gezeigt, doch machen sich diese 'Feindarten' nicht nur negativ auf die Achatina-Entwicklung bemerkbar. In Hawaii trat um 1950 eine spezifische Krankheit in den Achatina-Populationen auf, die die Lebenserwartung der Bestände stark verringerte. 1956 waren etwa 20% der Populationen auf Hawaii infiziert. Aus der Kenntnis der ökologischen Valenz der Art läßt sich auf die Prädilektionsgebiete der Art (= zukünftige oder potentielle Verbreitungsgebiete der Art) schließen. Bemerkenswert ist die Tatsache, daß bisher von Südamerika noch keine Massenentwicklungen bekannt wurden.

Anschrift des Verfassers:

Prof. Dr. FRANZ TICHY, Geographisches Institut der Universität, Erlangen.

DIE BEDEUTUNG DER BIOGEOGRAPHIE FÜR DIE ÖKOLOGISCHE LANDSCHAFTSFORSCHUNG

PAUL MÜLLER

Abstract:

Biogeography, as a discipline of geography, studies the biotic make-up of landscapes and countries, the areas of plants and animals, their recent dynamics, their genesis, their anthropogenic stress and mutual correlation to man. Biogeography analyses the communities of existence and the concurrent activities of living phenomena in a space. The significance of biogeography for an ecological study of the landscape is derived from the mutual and functional correlation between individuals, populations and areas, from the resulting dynamics and the possibilities to derive, from the associations in a space, future tendencies of development and the genesis of areas. This throws light on the specific tasks biogeography has in the study of landscapes.

The distribution of organisms functions as a proof of the quality of areas within the biosphere and an indicator to the involved synergism.

Als erkundlicher Forschungszweig untersucht die Biogeographie die biotische Ausstattung von Landschaften und Ländern, die Areale von Pflanzen und Tieren, ihre rezente Dynamik, Genese und wechselseitige Beziehung zum Menschen. Die Physische Anthropogeographie stellt die direkte Beziehung zwischen Anthropo- und Biogeographie her (vgl. WINKLER 1947, MEYNEN 1950). 'Zugegeben, daß eine scharfe Trennung von Natur- und Kulturwesen im Menschen gar nicht möglich ist, läßt uns der Zwang der Stoffgliederung aber gar keine andere Möglichkeit, als den Menschen zunächst einmal getrennt einerseits in seinen klar biologisch faßbaren Erscheinungen und Reaktionen, zum anderen in seinen sozialen Gruppierungen und Handlungen im geographischen Raum der Länder und Landschaften zu betrachten' (PAFFEN 1969) (Abb. 1).

Jede Population kann sich nur innerhalb der Grenzen ihrer Umweltkapazität (SCHWERDTFEGER 1968) entwickeln und wird durch das jeweilige Umweltinventar determiniert. Extra- und interpopulare Faktoren besitzen eine Schlüsselstellung für die raumgebundene Dynamik und Evolution der Taxa. Damit wird jedoch der Kenntnis des Raumes und seiner biotischen Ausstattung eine Zentralfunktion übertragen, wenn es gilt, die unterschiedlichen Wechselbeziehungen zwischen Leben und Raum zu begreifen (SCHMITHÜSEN 1968, TROLL 1970 u.a.).

Die Valenz einer bestimmten Art in ihrer Umwelt ist zunächst eine ökologische Fragestellung. Die Kenntnis dieser ökologischen Valenz ist aber notwendige Voraussetzung für die kausale Interpretation eines Areals, dessen Erforschung Gegenstand der Biogeographie ist. Ökologisch streng an einen spezifischen Biotop gebundene Taxa werden, da sie von dem Zusammenwirken der an der betreffenden Erdstelle wirkenden Faktoren abhängig sind (SCHMITHÜSEN 1968,

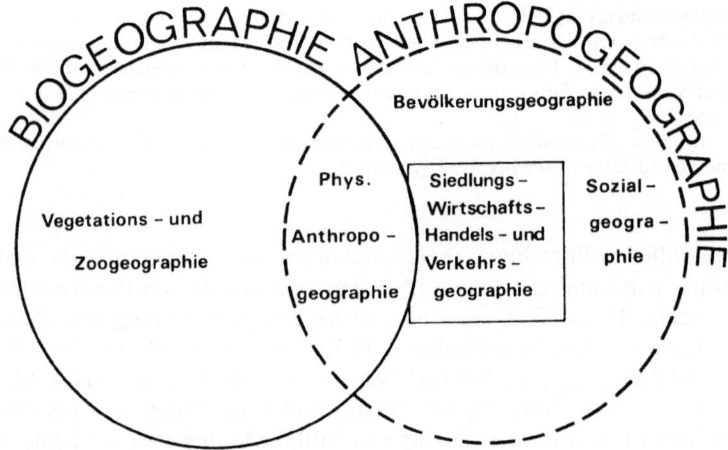

Abb. 1: Die Stellung der Biogeographie zur Anthropogeographie

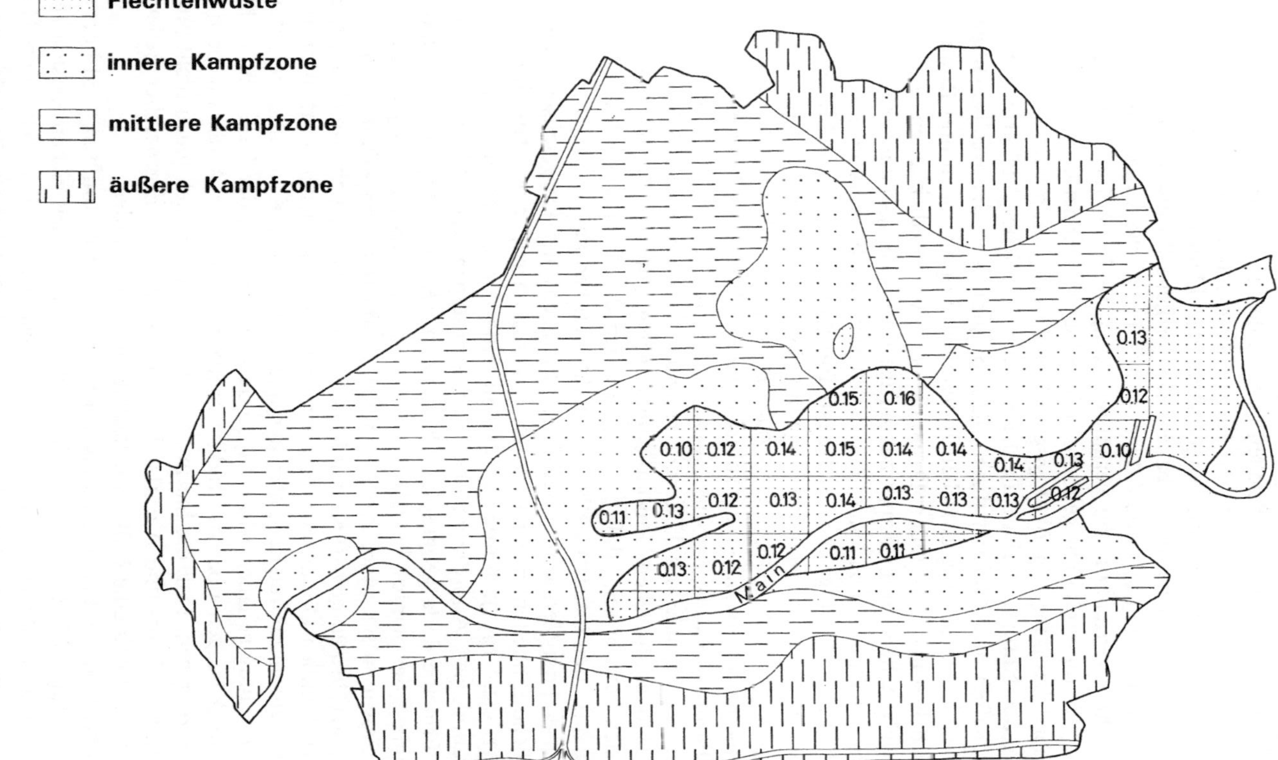

Abb. 2: Flechten als Bioindikatoren für die Qualität der Atmosphäre von Frankfurt (nach STEUBING 1970). Die Flechtenwüste verläuft korreliert zu SO_2—Konzentrationen von 0,11 mg/m³ Luft.

1970), zu Indikatoren für die Gesamtheit der äußeren Lebensbedingungen, die auf ihre Lebensstätte einwirken und durch ihre Verbreitung zu Begrenzungsfaktoren von Räumen mit gleichen oder ähnlichen Umweltbedingungen. 'Eine der wichtigsten Voraussetzungen für die Erforschung der Landschaftsökologie ist die Feststellung und Abgrenzung der kleinsten Naturräume, auf denen sich die Landschaften aufbauen. Das örtliche Zusammenspiel der physiogeographischen Landschaftsbildner schafft räumliche Einheiten, deren topographische Grenzen zu den verhältnismäßig wenig veränderlichen Zügen im Antlitz der Landschaften gehören. Diese Flächen einheitlichen physiogeographischen Charakters von ökologischer Gleichwertigkeit prägen sich in der Gliederung der Naturlandschaft als die Standortsbereiche gleichartiger Lebensgemeinschaften aus' (SCHMITHÜSEN 1948, p. 464). Von der wechselseitigen und funktionalen Beziehung zwischen Individuen, Populationen und Räumen, von der sich hieraus ergebenden Dynamik und den Möglichkeiten, aus dem Zusammenbestehenden im Raum zukünftige Entwicklungstendenzen und die Genese von Räumen abzuleiten, entwickelt sich die Bedeutung, die die Biogeographie für die ökologische Landschaftsforschung besitzt. Von hier aus zeichnet sich der Tätigkeitsbereich der Biogeographie für die Landschaftsforschung ab.

Die Grenzen von jedem Tier- oder Pflanzenareal besitzen eine Kausalität, die außerhalb (physisch-geographische Faktoren u.a.) und innerhalb der Biota (Populationsdynamik, Gesellschaftsdynamik, Konkurrenz) zu suchen ist. Versuchen wir deshalb mit Hilfe der rezenten Chorologie der Biota Räume mit gleichen oder ähnlichen Umweltbedingungen gegeneinander abzugrenzen, sollte man sich bewußt sein, daß die Arealgrenzen der Taxa sowohl monofaktoriell als auch (in den meisten Fällen) polyfaktoriell bedingt sein können.

Während der Versuch, mit Hilfe von Pflanzen- und Tiergesellschaften naturräumliche Einheiten in der Landschaft abzugrenzen, noch relativ jung ist (vgl. SCHMITHÜSEN 1957), wurde bereits frühzeitig von Geographen die Bedeutung der räumlichen Anordnung der Formationstypen und Höhengürtel erkannt (vgl. 'Principe de la géographie physique du règne vègètal' und 'L'exposition des climats des plantes' bei SOULAVIE 1752–1813, GRISEBACH 1838, TROLL 1948, 1952, SCHMITHÜSEN 1956, 1957). Submediterrane (*Quercus pubescens*) und eumediterrane (*Olea europaea*) Klimaräume wurden dadurch ebenso charakterisiert wie die räumlich-klimatische Verbreitung der verschiedenen Vegetationsformationen. Durch zahlreiche Untersuchungen wurde die Kausalität der ökologischen Bindung genauer erforscht, so daß wir heute in der Lage sind, sehr detaillierte Aussagen über die Indikatorqualität einzelner Arten für bestimmte Räume zu geben. Daß die hierin liegenden Grundfagestellungen nicht nur wesentlich für Natur- und Agrarlandschaften, sondern von genereller Bedeutung sind, kann durch eine Fülle von Beispielen belegt werden.

Flechten, die in unserem Klima überall vorkommen müßten, sind hochempfindlich gegen SO_2 (SKYE 1958). Bei seiner Anwesenheit ziehen sie sich zurück (Abb. 2) und schaffen durch ihre Verbreitungsmuster Indikatoren für die Hauptimmissionsgebiete in städtischen Agglomerationen (ERICHSEN 1928, RYDZAK 1953, VARESCHI 1953, SAUBERER 1951, BARKMAN 1958, DOMRÖS 1966, SCHMIDT

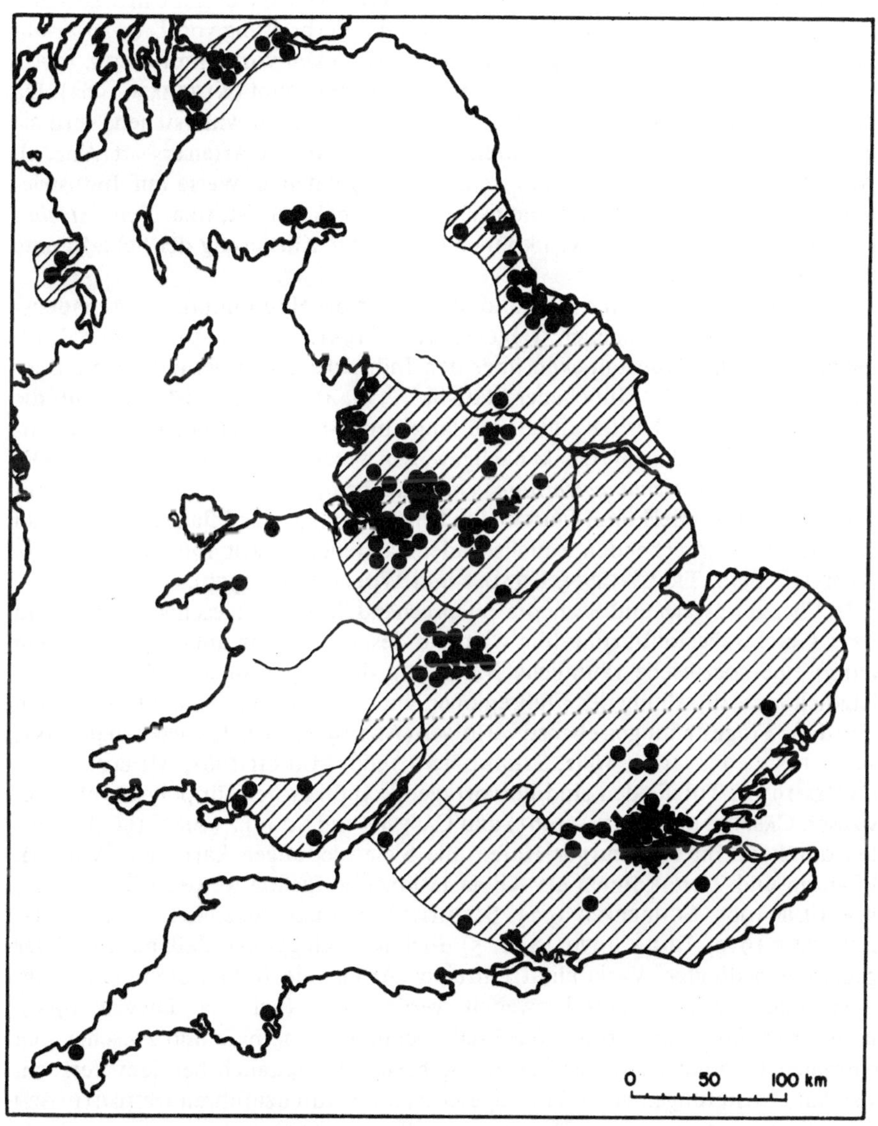

Abb. 3: Verbreitung von Lecanora conizaeoides in England (nach KERSHAW 1963)

1969 u.a.). Die Intensität der SO_2 Belastung läßt sich aus einer solchen Kartierung sofort ersehen. Es muß jedoch darauf hingewiesen werden, daß einige Flechten schwache Luftverunreinigung durch SO_2 vertragen und deshalb in Stadt- und Industriegebieten auftreten können. So wird die Verbreitung von *Lecanora conizaeoides*, die noch in der Umgebung von Saarbrücken vorkommt (SEITZ 1970), in England durch den Grad der Verunreinigung bestimmt (KERSHAW 1963). Da die Art unfähig ist, der Konkurrenz anderer Flechten zu widerstehen, wird sie in Gebieten mit geringer Luftverunreinigung durch andere Arten ersetzt (Abb. 3). Alle übrigen Pflanzen- und Tierarten, die in irgendeiner Weise auf Industrieabgase reagieren und deren ökologische Valenz bekannt ist, (u.a. *Pinus strobus* in den USA; vgl. BERRY 1964) können ebenso zur Kartierung der Schadräume herangezogen werden.

Durch Infrarotfotografie (Luftbild) lassen sich die Hauptimmissionsschadenszonen in Wäldern feststellen, (HELLER et al. 1951, 1955, 1959). Durch Rußteilchen erzeugte Dunstglocken über den Industriestädten verändern die Sonnenscheindauer (vgl. 'Münchener Statistik' 1970; 4), was Auswirkungen auf die Vegetationsperiode besitzt und durch langjährige phänologische Untersuchungen in ihrem räumlichen Aspekt nachgewiesen werden kann (HAJDUK 1970). Die Blätter von *Hypericum perforatum* sind rauchempfindlich und reagieren auf Rauch mit Braunfleckung. Durch eine Kartierung solcher Pflanzen lassen sich Räume mit entsprechenden Rauchschäden darstellen (BERGE 1963, KNABE 1966, KÜHNELT 1970, TRAUTMANN, KRAUSE und WOLFSTRAUB 1970).

In Fließgewässern und Seen, die entsprechend ihrer Fließgeschwindigkeit und ihrer Geschwebestoffführung (die während des Jahres sehr unterschiedlich sein kann) eine spezifische räumliche Verteilung der Organismen aufweisen (was letztlich zur Aufstellung der Flußregionen und Saprobiensysteme führte), lassen sich diese Fragestellungen ebenso verfolgen (ANT 1966, 1969, CASPERS 1948, 1951, 1954, 1957, 1958, 1961, 1962, STRANDBERG 1966, MAUCH 1961, MÜLLER 1972, OWLES 1930). Tubificiden sind hervorragende Indikatoren für polysaprobe Gewässer. CASPERS und MANN (1961) und CASPERS und SCHULZ (1960, 1962) konnten durch sie im Hamburger Hafen alle Sielausleitungen kartieren (Abb. 4). Pflanzen und Tiere können als Klimastationen aufgefaßt werden (Phänologie; vgl. IHNE 1905, SCHREPFER 1923, SCHMITHÜSEN 1940, 1968, ELLENBERG 1955, KÜHNELT 1970, TROLL 1970; Abb. 5) doch hat sich gezeigt, daß, aufgrund der genetisch bedingten Variabilität einzelner Arten, die Indikatorenqualität im Arealgrenzbereich oftmals bezweifelt werden muß (vgl. u.a. DICKEL 1966). Konkurrenzfaktoren und die Wechselbeziehungen innerhalb und zwischen den einzelnen Biozönosen wurden zu wenig berücksichtigt,auch bei dem Versuch, vertikale Abstufungen von Pflanzengesellschaften durchzuführen (SCHMITHÜSEN 1957, SCHWEINFURTH 1957, HEMPEL 1970, TROLL 1970).

In Buchenwäldern der Mittelgebirge sind die Höhenstufen meist durch ausgedehnte Übergänge verbunden, da sich die Vegetationsdecke entsprechend den Großklimaverhältnissen mit zunehmender Gebirgshöhe nur schrittweise ändert. GLAVAC und BOHN (1970) konnten am Vogelsberg mittels einer soziologisch-chorologisch-statistischen Gliederungsmethode Buchenwaldgesellschaften an-

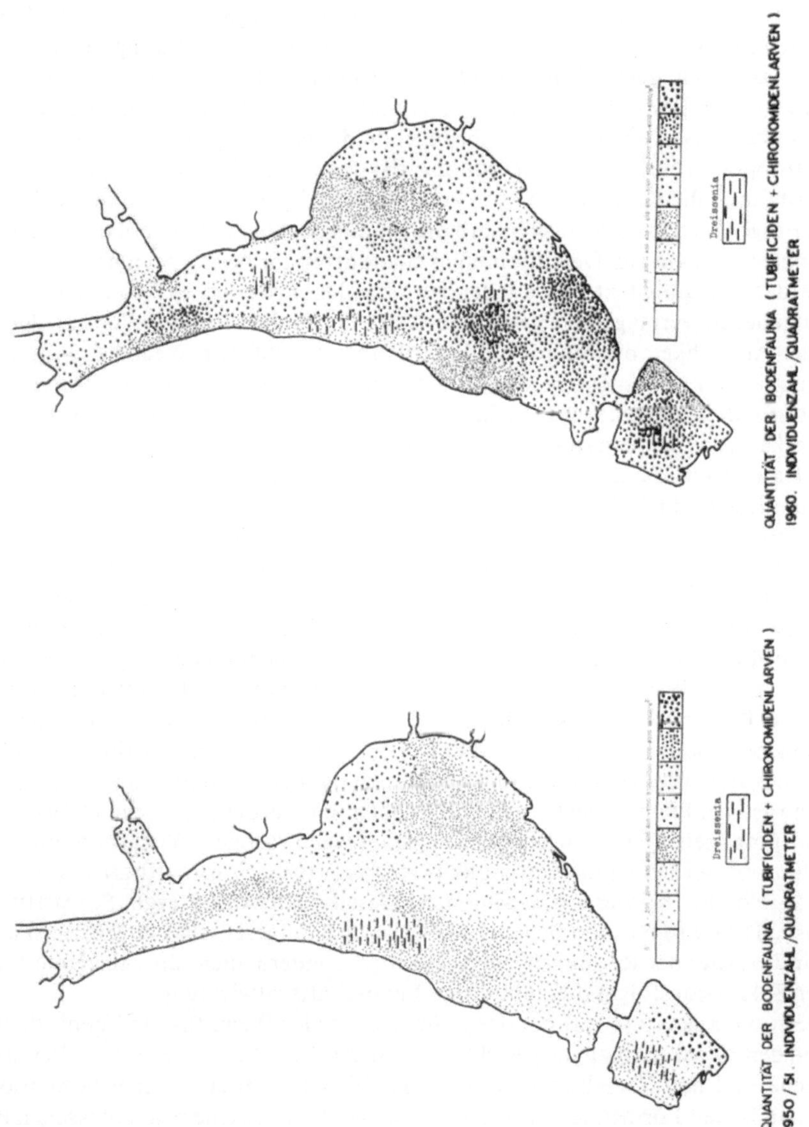

Abb. 4: Entwicklung der Tubificiden- und Chironomidenpopulationen von 1950 bis 1960 im Hamburger Hafen als Indikatoren für die zunehmende Eutrophierung (nach CASPERS und MANN 1960).

hand von diagnostisch wichtigen Pflanzenarten (2158 Probeflächen) Höhenstufengruppen eliminieren und kamen statistisch zur Festlegung einer Trennlinie zwischen dem *Melico-Fagetum* und dem *Dentario-Fagetum*. Interessant dabei ist die Feststellung, daß diese Trennlinie (500 m Höhenlinie) den bisherigen pflanzensoziologischen Erfahrungen in diesem Gebiet völlig entspricht. Die anthropomorphe Vorstellung von der Existenz klar abgrenzbarer Bioregionen wird durch die Komplexität von Arealtypen und deren Dynamik immer wieder in Frage gestellt. Es zeigt sich, daß die räumliche Abgrenzung polyfaktoriell bedingter Systeme zur Definition eines Standortes am besten geeignet ist, da nur sie den Gesamteffekt der an der betreffenden Erdstelle wirkenden Faktoren aufzuhellen vermag. 'Sie geben ein Maß für Einheitlichkeit, Verschiedenheit oder Ähnlichkeit der Standorte und erlauben es, auf dem Wege des Vergleichs räumliche Zusammenhänge aufzudecken, die sonst kaum zu fassen sind' (SCHMITHÜSEN 1968, p. 13). Pflanzen- und Tiergesellschaften werden damit zu Indikatoren für die naturräumliche Gliederung.

Da in Kulturlandschaften nur in 'eingeschränktem Maße die naturgegebene räumliche Ordnung' herrscht (SCHMITHÜSEN 1957, 1967, 1968), ist es notwendig, die potentielle Verbreitung der Biozönosen in einer Landschaft zu erfassen. Da die Biozönosen an eine bestimmte Standortsqualität gebunden sind, ändern sie sich dort, wo sich das Zusammenwirken der Geländefaktoren ändert. Nach SCHMITHÜSEN (1948, 1967, 1968) sind 'Fliesen gleicher Standortsqualität in dem naturräumlichen Gefüge einer Landschaft die Grundeinheiten' (vgl. auch TROLL 1939, 1943). Wesentlich ist, daß innerhalb einer Naturlandschaft mit verschiedenen Biozönosen Flächen desselben Fliesensystems im allgemeinen dieselbe Biozönose besitzen. Das heißt, daß jedem Fliesengefüge ein bestimmtes ökologisches Potential zukommt, seine Abgrenzung jedoch unabhängig von der gegenwärtigen Pflanzendecke sein und folglich nur aus der räumlichen Gliederung der potentiellen natürlichen Vegetation (gegenwärtiges Wuchspotential) erschlossen werden kann (SCHWICKERATH 1944, 1954, SCHMITHÜSEN 1957).

Durch die Kartierung bestimmter Gesellschaftsstufen (vgl. SCHMITHÜSEN 1957, TÜXEN 1958), zum Beispiel aus Ackerunkrautgesellschaften, läßt sich nicht nur das Alter der Rodungsflächen erkennen, sondern auch (über die Kenntnisse der Sukzessionsfolge) die zukünftige Landschaftsentwicklung.

SCHWICKERATH (1954) hat das in überzeugender Weise für die Vennfußfläche und den Vennfußabfall dargestellt (Abb. 6). Aus dem Fliesengefüge der Vennfußfläche und den 'Gesellschaftsringen' der Fliesen kam er zu einer vegetationsdynamischen Formel des Fliesengefüges, und damit zu einem geschlossenen Bild des raum-zeitlichen Aufbaus der Vegetation (vgl. auch LOHMEYER 1952, TÜXEN 1954, 1956, MULLENDERS 1955, SUZUKI 1954, SCHMITHÜSEN 1957). Die Untersuchungen der letzten Jahre haben überzeugend die Bedeutung der Pflanzen- und Tiersoziologie für die ökologische Landschaftsforschung erbringen können. Nicht allein für die naturräumliche Gliederung, sondern ebenso für die Voraussage der zukünftigen Landschaftsentwicklungen ist sie eine wesentliche Erkenntnisquelle geworden (u.a. KNAPP 1967, MEUSEL 1969, OBERDORFER 1957, SCHRETZENMAYR 1967, TÜXEN 1950, 1965, 1968, 1968/1969, 1970).

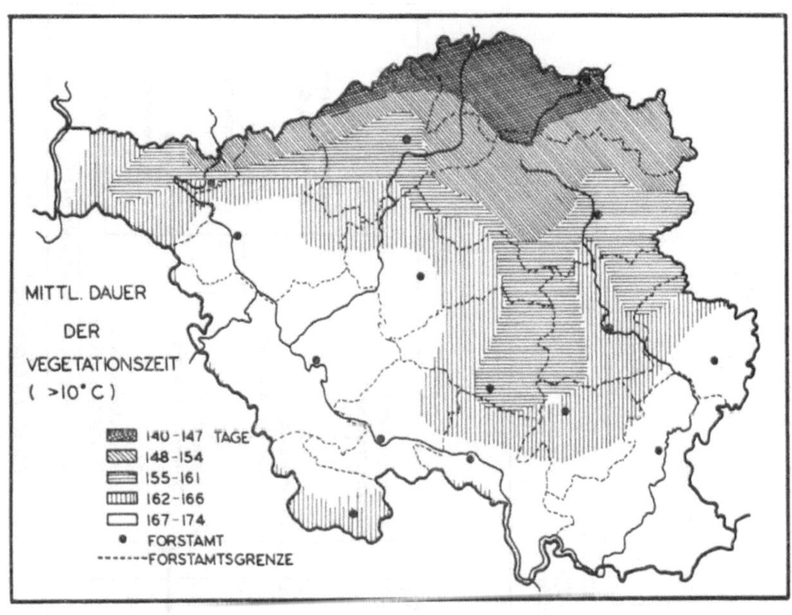

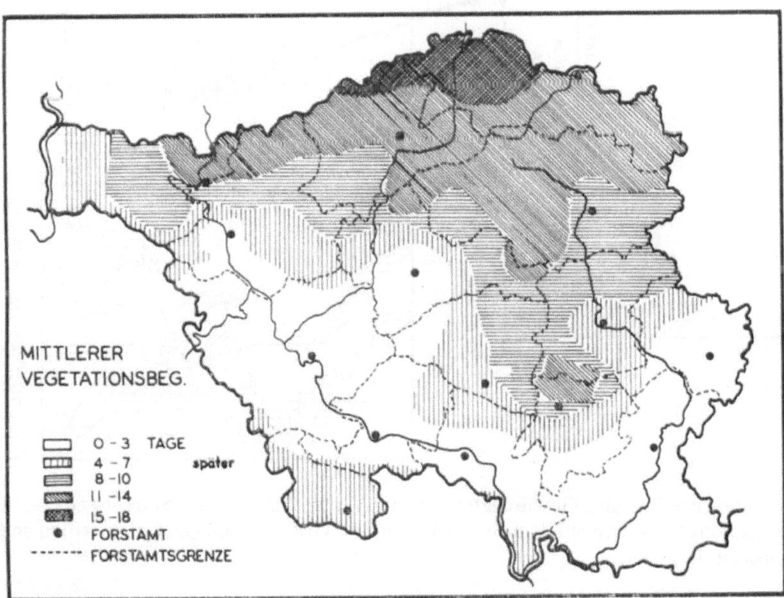

Abb. 5: Mittlere Dauer der Vegetationszeit und mittlerer Vegetationsbeginn im Saarland (nach Untersuchungen von WAGNER 1965).

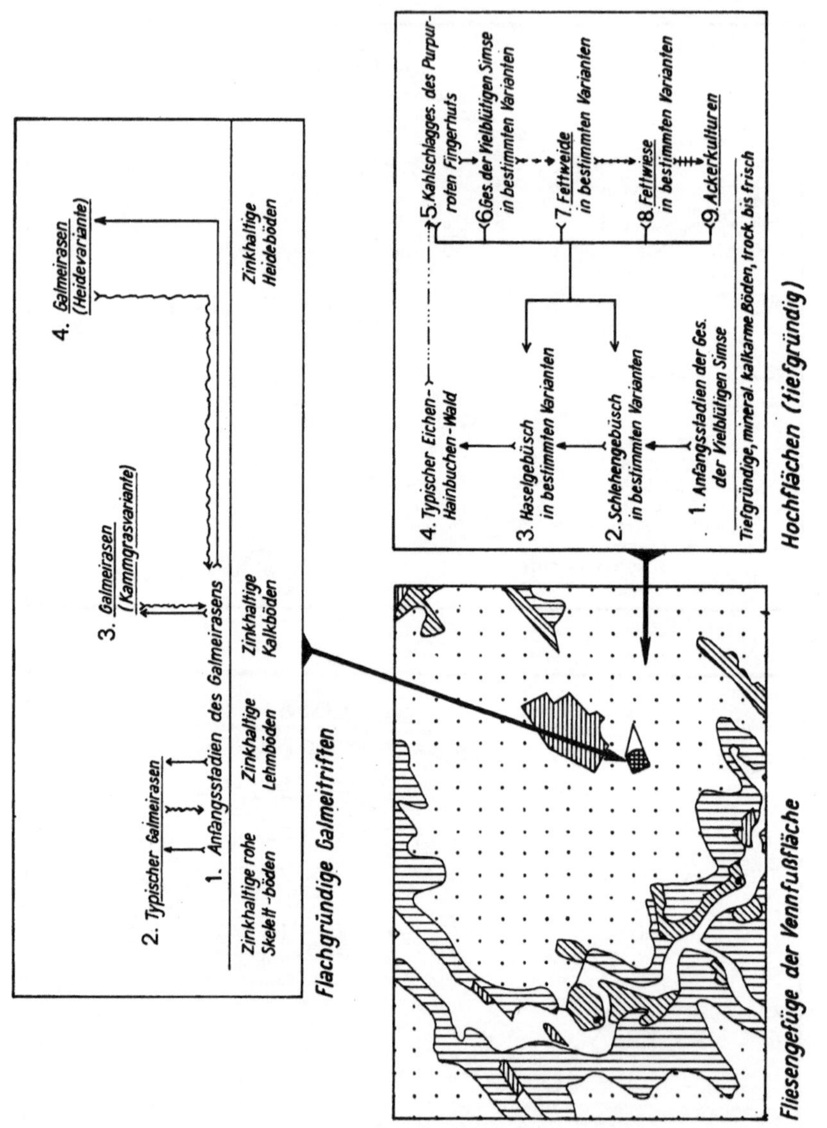

Abb. 6: Fliesengefüge und Gesellschaftsringe der Vennfußfläche (nach SCHWICKERATH 1954). Die vegetationsdynamischen Formeln wurden nur für die flachgründigen Galmeitriften und die Hochflächen dargestellt.

Am Beispiel des Hammelsberges im Dreiländereck zwischen Frankreich, Deutschland und Luxemburg soll das näher ausgeführt werden. Das Hammelsberg-Plateau (oberhalb 330 Meter) wird ackerbaulich genutzt. Auf seinem Nordhang, der zwischen 1886 und 1933 als ganzjährige Kuh- und Schafsweide Verwendung fand, legte man 1936 eine Fichtenkultur an. In SSW-Exposition, die im Winter noch als Durchzugsweide für Schafe benutzt wird, und auf der fast jährlich Brände gelegt werden, baute man vor dem zweiten Weltkrieg Kalksteine ab. Hier, im wesentlichen schon auf französischem Gebiet, befinden sich auf Muschelkalk (vgl. LIEDTKE 1965) Trockenrasen, die nach dem bestandsbildenden Gras, *Bromus erectus*, als Meso- bezw. Xerobrometen bezeichnet werden. Aus diesen Angaben läßt sich bereits ersehen, daß der Hammelsberg sein heutiges Aussehen dem Menschen verdankt. [Das gilt im übrigen nach Auffassung von HARD 1962 auch für die übrigen saarländischen Halbtrockenrasen, die sich entweder als Reste von Ödungen des 16. Jahrhunderts (TILEMANN STELLA 1564; zit. nach HARD 1962) oder als Folge von Flurwüstungen des 17. Jahrhunderts verstehen lassen. Zahlreiche Halbtrockenrasen des südlichen Bliesgaues entwickelten sich seit 1850 auf verlassenem Dauerackerland]. Was würde nun mit dieser Landschaft geschehen, wenn der Einfluß des Menschen verschwinden würde; wenn man sie also, wie es Zoologen und Botaniker mit Recht verlangen, unter völligen Naturschutz stellen würde? Wäre der Hammelsberg-Nordhang ein Fichtenwald und wäre sein Südwesthang ein Mesobrometum? Das ist die Frage nach der Potentiellen Naturlandschaft (gegenwärtiges Wuchspotential; vgl. SCHMITHÜSEN 1942, 1967, 1970 u.a.). Die spezifischen Tier- und

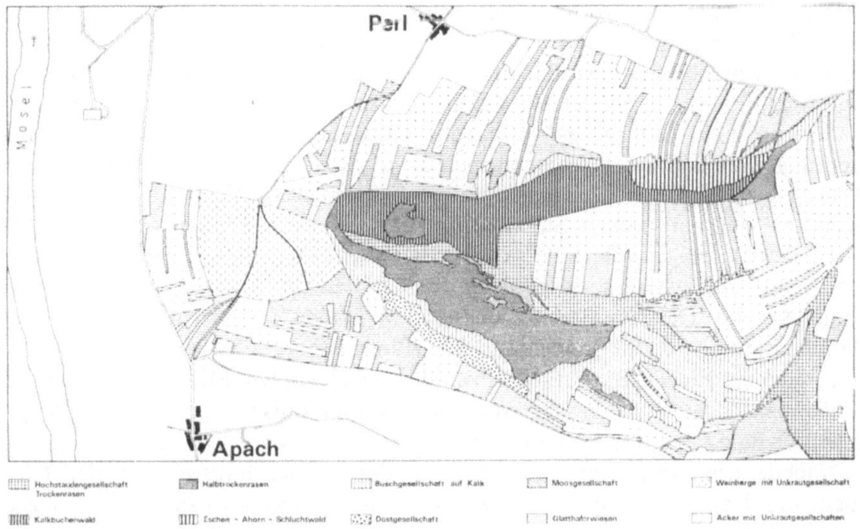

Abb. 7: Die wichtigsten Pflanzengesellschaften im Hammelsberg-Gebiet (nach Untersuchungen von PAUL HAFFNER; aus MÜLLER 1971).

Pflanzengesellschaften können zu einer Klärung dieser Fragen führen. Eine pflanzensoziologische Aufnahme des Gebietes zeigt, daß auf dem Südwesthang Halbtrockenrasengesellschaften dominieren, doch lassen sich überall bereits junger Eichenwuchs und vereinzelte Buchenkeimlinge feststellen. Der Nordhang erscheint sofort, von geringfügigen Ausnahmen abgesehen, als Kalkbuchenwald, und zwar vom Typ des *Melico-Fagetum*. Aus den bisherigen Kenntnissen über die weitere Sukzessionsfolge können wir annehmen, daß sich als Klimax-Gesellschaft auf dem Nordhang und der ackerbaulich genutzten Plateaufläche ein *Melico-Fagetum*, und auf dem Südhang ein Eichen-Buchen-Mischwald (mit Buchendominanz) einstellen würde. Wir halten es für sehr fraglich, daß es zur Ausbildung einer reinen Eichenstufe kommen wird (Abb. 7).

Die zoogeographischen Befunde bei der Bodenfauna, unter der es extrem feine Indikatoren für bestimmte Geländefaktoren gibt, fügen sich widerspruchslos in dieses Bild ein. Testen wir z.B. die Malakofauna des Hammelsberges nach Indikatorarten, so stellen wir fest (MÜLLER 1971), daß auf dem Nordhang *Ena montana*, *Cepaea hortensis*, *Oxychilus alliarius* und *Helicodonta obvoluta*, also Leitarten der Fageten, die vorherrschenden Mollusken sind. Ähnliches gilt auch für die Trockenrasen auf dem Südhang, auf denen wir neben *Helicodonta obvoluta* (allerdings meistens nur in der Nähe von angrenzenden Hochstaudengesellschaften) nur *Orcula doliolum* als Leitart für Mesobrometen finden, neben den bereits erwähnten Nordhangarten.

Auch bei den übrigen bisher untersuchten Tiergruppen lassen sich, soweit ihre ökologische Valenz geklärt ist, wie etwa bei den Laufkäfern (*Carabidae*), analoge Verhältnisse nachweisen (vgl. THIELE 1961, 1964, 1967, 1968, THIELE und KOLBE 1962). THIELE (1968) konnte zeigen, daß die Präferenzbiotope von *Abax ater* und *Abax ovalis* Waldbedingungen in Bodennähe besitzen. Es ist deshalb bemerkenswert, daß *Abax ovalis* den Nordhang in sehr individuenreichen Populationen bewohnt und Abax ater sowohl auf dem Nord- als auch auf dem Südhang in großer Häufigkeit vorkommt. Für die Bindung von Laufkäfern an ihren Biotop sind abiotische Faktoren von ausschlaggebender Bedeutung, und jede Art 'stellt einen spezifischen Reaktionstyp dar' (THIELE 1968). Würde man also den Hammelsberg ohne ökologische Verwaltung und ohne Kenntnis der natürlichen Sukzessionen (vgl. CLEMENTS 1916, 1928, OWLES 1911, TROLL 1963, 1968, SCHWICKERATH 1954) unter Naturschutz stellen und sich selbst überlassen, so würde gerade das Gegenteil von dem eintreten, was man wünscht. 'Das Moseltal ist Weinland im Walde' (SCHMITHÜSEN 1955). Der Trockenrasen, der das Besondere des Hammelsberges ausmacht, würde zugunsten eines Eichen-Buchen-Mischwaldes verschwinden. Mit Recht hat TROLL (1968) darauf hingewiesen, daß zum vollen Verständnis der landschaftsökologischen Dynamik eines Gebietes eine biozönologische Analyse 'unentbehrlich' ist.

Nachdem wir zeigen konnten, daß aus den Verbreitungsgebieten der Taxa nicht nur Räume abgegrenzt werden können, sondern daß sich aus dem Zusammenbestehenden im Raum eine Dynamik entwickelt, deren Kenntnis uns Einblick gewinnen läßt in die zukünftige Entwicklung von Landschaften, erscheint es notwendig, noch einen Blick auf eine durch den Raum gesteuerte

Arealdynamik zu werfen, die periodische Phänomene umfaßt und für den Menschen von größter Wichtigkeit ist. Die Bedeutung der Pflanzenphänologie (Blüthgen 1969, Dickel 1966, Ellenberg 1955, Hiltner 1926, Ihne 1905, Morgen 1952, Rosenkranz 1948, Schmithüsen 1940, Schnelle 1949, 1950, 1955, Schrepfer 1923, Troll 1970 u.a.) soll dabei aus Zeitgründen an dieser Stelle nicht besprochen werden.

Die landwirtschaftliche Bedeutung von Wanderheuschrecken in den subtropischen und tropischen Gebieten der Erde läßt sich durch einige Zahlen umreißen. Argentinien gab zur Bekämpfung der Wanderheuschrecken (im wesentlichen *Schistocerca paranensis*) zwischen 1897 und 1933 im Durchschnitt mehr als 300000 englische Pfund, die Südafrikanische Union (*Locustana pardalina* und *Nemadacris septemfasciata*) 1934 allein 1.400.000 engl. Pfund und die USA (*Melanoplus mexicanus*) von 1925 bis 1934 4500000 Dollar aus. Im September 1948 wurden in Madagaskar 10000 Tonnen Reis durch *Locusta migratoria* vernichtet. Wesentlich ist, daß die Wanderungen der einzelnen Heuschreckenarten von Schwarmbildungsgebieten ausgehen (Abb. 8) und daß sie ursächlich nicht auf Nahrungsmangel, sondern auf eine stärkere Vermehrungsrate und damit höhere Populationsdichte zurückgeführt werden können. Bei den meisten Arten ist heute geklärt, daß die Wanderungen auf reichlichere und gleichmäßiger verteilte Regenfälle zurückgeführt werden können, durch hohe Temperaturen bei Druckabfall begünstigt und über die Corpora allata gesteuert werden.

Bereits die Larven der gregaria—Phase beginnen mit der Wanderung, die in verstärktem Maße durch die Imagines fortgesetzt werden. Es kommt zum Aufbruch, der vom Wind, der Sonne und der Temperatur abhängig ist, und zu gewaltigen Schwärmen (über 150 km Breite; vgl. Barras 1964), die weitgehend passiv durch den Wind verdriftet werden (Rainey 1951). Die häufig bei Regenfällen niedergehenden Wanderheuschrecken beginnen zu fressen, legen zum Teil Eier ab (70–100 pro ♀), um erneut weiter zu wandern. Durch wechselnde Windrichtungen kann es zu einer Rückwanderung kommen, wie sie von Packard und Thoma (1878) und Packard (1880) für eine große Invasion von *Melanoplus mexicanus* 1876 von den Rocky Mountains aus in Richtung Missisipi mit einem einheitlichen Rückflug im Jahre 1877 beschrieben wurde. Während die Ausbruchsgebiete einiger Arten (*Locusta*) in unkultivierten Gebieten liegen, befinden sich jene von anderen (*Calliptamus*) in landwirtschaftlich genutztem Land. Noch 1947 wurden etwa 300 ha Kulturland durch *Calliptamus* in Niederösterreich geschädigt, und Weidner (1953) berichtet von einer Massenvermehrung der gleichen Art auf dem Griesheimer Sand bei Darmstadt im Juni 1930.

Die Anzahl der Generationen pro Jahr ist abhängig vom Witterungsverlauf. Das Schlüpfen der Eier setzt nur ein, wenn ein gewisser Grad von Bodenfeuchte erreicht ist. Bleibt der Regen aus, kommt es nicht zum Schlüpfen der Eier, und eine für die Schwarmbildung notwendige hohe Populationsdichte kann nicht erreicht werden (Daß bei *Chortoicetes terminifera* im Nordwesten von Queensland Ausnahmen vorkommen, erklärt sich dadurch, daß hier die für das Schlüpfen notwendige Bodenfeuchtigkeit durch Wasserläufe und Seen erreicht wird). Die für die Massenentwicklung der Heuschrecken in Australien günstigen Feuch-

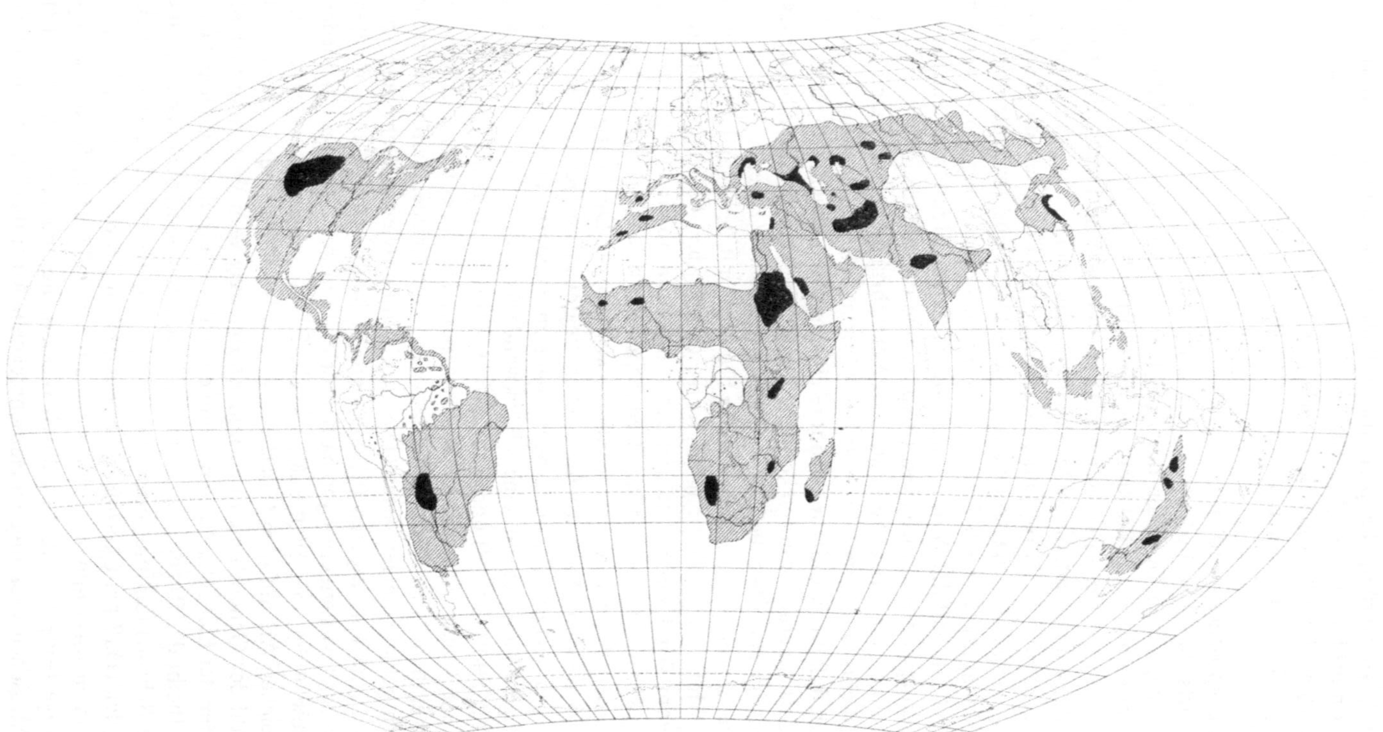

Abb. 8: Verbreitungs-(schraffiert) und Schwarmbildungsgebiete (schwarz) der wichtigsten Wanderheuschreckenarten (ergänzt nach WEIDNER 1953).

tigkeitsverhältnisse können durch den monatlichen 'Meyer-Quotienten' von 2 bis 35 charakterisiert (WEIDNER 1953) werden.

Die rezenten Schwarmbildungsgebiete von *Chortoicetes terminifera* liegen auf mit *Hordeum leporinum* bestandenen Böden, die als Schafsweide benutzt werden, und die vor der Besiedlung Australiens als Schwarmbildungsplätze weit ungeeigneter waren, da sie damals zum Teil dichter mit Bäumen bewachsen waren.

In Südamerika ist die Entstehung von Heuschreckenschwärmen an das in Kultur genommene Ackerland gebunden, da sich nur die in ihm abgelegten Eier vollzählig entwickeln können, während die in unkultiviertes Gelände gelegten zum größeren Teil absterben. Das Heuschreckenbeispiel zeigt uns die wechselseitige Beziehung zwischen landschaftlichen Faktoren und Arealdynamik der Taxa. Daß diese Arealdynamik wiederum Rückwirkungen auf die Landschaft besitzt, wird besonders deutlich.

Wie aus der Dynamik der landschaftlichen Gefüge heraus bestimmte Arealentwicklungen gesteuert werden können und vice versa, so können durch die spezifische Anordnung von Landschaftsgürteln Arealexpansionen kanalisiert werden. Auch hierfür gibt es eine Fülle von Beispielen. So zeigten wir für Südamerika (MÜLLER 1970), daß die anhaltende Entwaldung in verschiedenen brasilianischen Staaten Arealexpansionen der an offene Landschaften adaptierten Taxa zur Folge hat. Für den Menschen wichtig sind naturgemäß besonders Ausbreitungsvorgänge von Krankheitserregern. Hier ist es von größter Bedeutung, die ökologische Valenz bestimmter Arten zu kennen, um Voraussagen für ihr zukünftiges Auftreten in bisher noch unberührten Gebieten treffen zu können. RODENWALDT (1925, 1935, 1936, 1937, 1939, 1955, 1957, 1959) und JUSATZ (1940, 1952, 1955, 1958) verdanken wir hier eine umfangreiche Grundlagenforschung. Die Standortkonstanz bestimmter Krankheitserreger oder deren Überträger und ihre Korrelation zu den natürlichen Faktoren der physikalischen Umwelt sowie zu dem gruppenspezifischen Verhalten der Bewohner führt zur Abgrenzung von Prädilektionsgebieten oder den potentiellen Verbreitungsgebieten einer Infektionskrankheit. So können die Bereiche des möglichen Auftretens der Tularämie aus der Verbreitung von an offene Landschaften adaptierten Rodentia und deren Ektoparasiten abgelesen werden. Die Ausbreitung des Läuse-Rückfallfiebers in den 20iger Jahren erfolgte innerhalb eines gürtelförmigen Klima- und Vegetationsstreifens zwischen dem Gebiet der tropischen Regenwälder und der Wüstenzone, und die Wanderungsrichtung ließ sich voraussagen (MARTINI 1965) (Abb. 9).

Aus dem Verbreitungsmuster sympatrischer Arten erhalten wir nicht nur eine Charakterisierungsmöglichkeit für Räume und Erkenntnisse über die vorhandene Dynamik, wechselseitige Abhängigkeiten und zukünftige Entwicklungen, sondern auch einen Einblick in deren Genese. 'Die Ausstattung einer Landschaft mit Pflanzen und Tieren ist nur auf dem Hintergrund der Genese des Lebens, der Entfaltung der Sippen und deren zum Teil erdgeschichtlich mitbedingter Ausbreitung zu verstehen' (SCHMITHÜSEN 1964).

Die Möglichkeiten der Biogeographie für die Aufhellung der Urlandschaftsforschung wurden bisher noch nicht völlig ausgenutzt. Zwar wurde die Kennt-

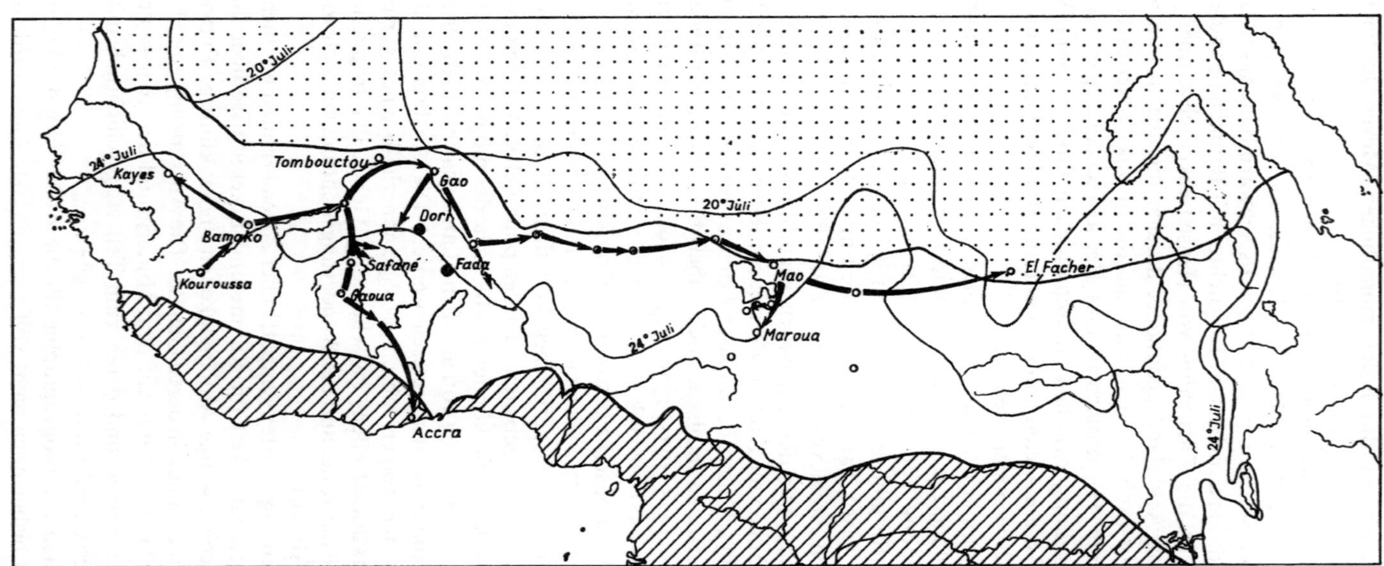

Abb. 9: Ausbreitungswege des Rückfallfiebers korreliert zu den afrikanischen Savannenbiomen in der ersten Hälfte des zwanzigsten Jahrhunderts (nach MARTINI 1965).

nis der glazialen und postglazialen Vegetationsentwicklung und ihre Bedeutung für die Urlandschaftsforschung bereits in den ersten Arbeiten und in der Diskussion immer gebührend berücksichtigt, doch fanden zoogeographische Faktoren kaum Beachtung. (GRADMANN 1898, 1901, 1906, 1933, 1939, 1940, TÜXEN 1931, SCHLÜTER 1953, JÄGER 1963, BORN 1970, MÜLLER 1970, 1971, SCHOTT 1939, JANSSEN 1960, LOHMEYER 1952, 1963, MÜLLER-WILLE 1960, NIETSCH 1939, BURRICHTER 1970 u.a.). Das lag zum Teil daran, daß es bisher von Zoogeographen versäumt wurde, zu diesen Problemen Stellung zu nehmen. Theoretischer Ansatzpunkt ist einerseits das rezente Areal eines Taxons mit allen seinen Differenzierungen und die Tatsache, daß Arten an spezifische Umwelten adaptiert sind und damit die Aufklärung ihrer Phylogenie und ihrer Ausbreitung (von ihren Entwicklungszentren) Licht auf die Landschaften und deren Genese werfen muß. Die Bedeutung der Ausbreitungszentren (vgl. DE LATTIN 1957) für die Landschaftsforschung wurde bisher noch nicht in vollem Umfang erkannt.

Ausbreitungszentren sind Zentren, in denen die Biota regressive Arealphasen überdauerten und von denen aus sie nach Abschluß dieser Isolationsphase sich wieder ausbreiten konnten. Daß dabei ein Raum nur als Refugialgebiet funktionieren konnte, wenn die Gesamtheit der in ihm wirksamen Umweltverhältnisse für die in ihm lebenden Taxa keine negative Selektion bewirkten, versteht sich von selbst. (vgl. Genzentren bei VAVILOV 1928, 1951, Waldrefugien bei REINIG 1937). Das Ausbreitungszentrenkonzept fand bisher nur in der Holarktis Verwendung. Im Vergleich zu dieser steht die biogeographische Bearbeitung von Süd- und Zentralamerika noch am Anfang, obwohl sich bereits zahlreiche Wissenschaftler mit den Biota dieses Raumes beschäftigten. Da die Ergebnisse, die durch die Analyse von Ausbreitungszentren erhalten werden, nicht nur Bedeutung für die Biogeographie sondern auch für die Evolutions- und die Landschaftsforschung besitzen, haben wir den Versuch unternommen, dieses Konzept, das von einer vergleichend-chorologischen Methode ausgeht (Projektion von Kleinarealen auf eine Karte der Region), und sich vom Regionenkonzept dadurch unterscheidet, daß das verwendete Ausgangsmaterial konsequent auf Art- und Supspeziesareale (denen reale systematische Einheiten zugrundeliegen) beschränkt wird, auf die Neotropis zu übertragen. Dabei zeigte es sich, daß das Ausbreitungszentrenkonzept nicht nur eine Abgrenzung naturräumlicher Einheiten und deren Genese ermöglicht, sondern daß es zugleich auch unsere Kenntnis zur Frage der 'Natürlichkeit' bestimmter Landschaften erweitert.

Bei Projektion von Kleinarealen auf eine Karte der neotropischen Region zeigt es sich, daß diese sich nicht unregelmäßig über das gesamte Gebiet verteilen, sondern sich vielmehr in bestimmten Zonen, den Arealkernen (REINIG 1937, 1950, MÜLLER 1971, 1972), häufen. Diese Arealkerne stellen Koinzidenzräume der einzelnen Artareale dar (Abb. 10).

Für die terrestrischen Vertebraten existieren mindestens 40 solcher Zentren in der Neotropis. Eine Verwandtschaftsanalyse der einzelnen Zentren, basierend auf der Phylogenie polyzentrischer (= Arten, die mehreren Zentren zugeordnet werden können) und polytypischer Arten (= Arten, deren Areale in mehrere Subspeziesareale zerfallen) zeigt, daß sich die Zentren drei Gruppen zuordnen

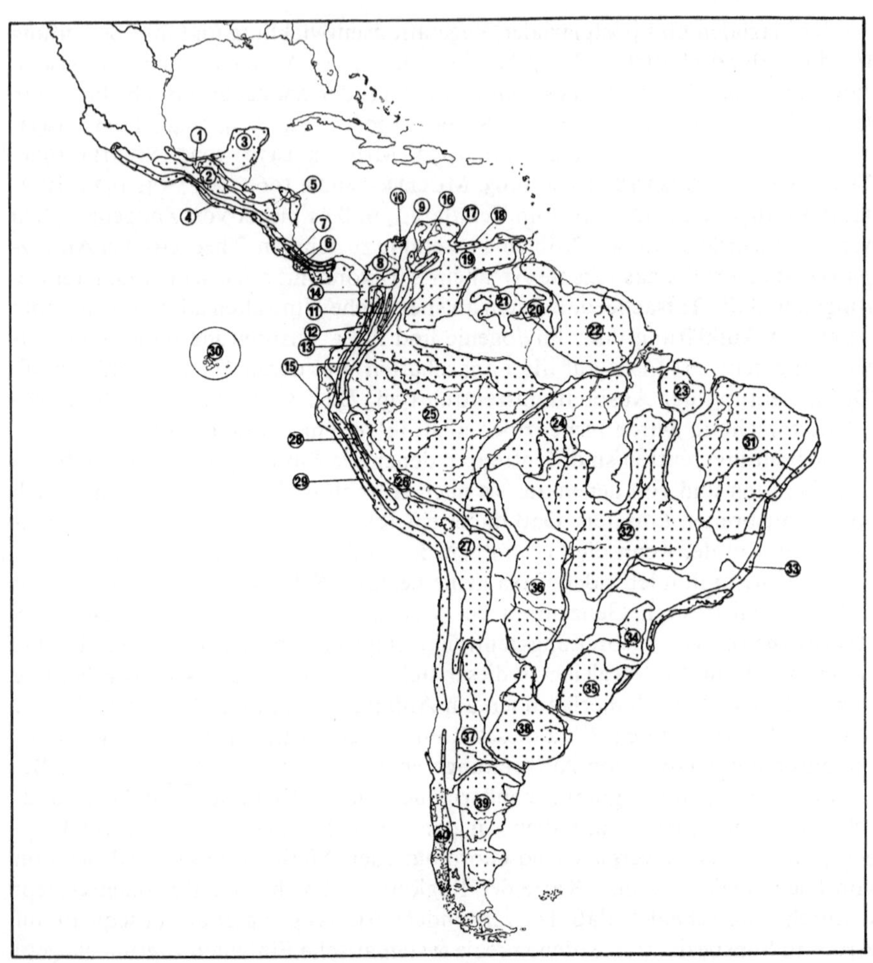

Abb. 10: Verbreitungszentren terrestrischer Vertebraten in der Neotropis.

lassen. Die Faunenelemente der Zentren von Gruppe I zeichnen sich durch eine Adaptation an waldfreie oder zumindest teilweise waldfreie Biotope (im allgemeinen unterhalb 1500 m) aus und fehlen in den Regenwaldbiomen weitgehend. Diese werden von Faunelemente der Gruppe II (Arboreal) bewohnt, während jene der Gruppe III ökologisch streng an die waldfreie Hochgebirgsregion (Oreal) angepaßt sind.

Innerhalb dieser drei Gruppen lassen sich die einzelnen Zentren zu engeren Verwandtschaftsgruppen ordnen. Dabei fällt besonders die Geschlossenheit der Montanwaldzentren auf, deren Faunenelemente an die Regenwälder oberhalb 1500 m adaptiert sind (Abb. 12). Die orealen Zentren des nördlichen Südamerika

Abb. 11: Verbreitung und Verwandtschaftsbeziehungen der Subspezies der polytypischen Crotalus durissus. Die Zahlen im Zentrum der Kreise beziehen sich auf die Nummern der Verbreitungszentren in Abb. 10. Bemerkenswert sind die isolierten Compoinsel-Populationen innerhalb der amazonischen Hyläa (nach MÜLLER 1971).

(Nordandines Zentrum) und von Zentralamerika (Talamanca-Paramo-Zentrum) weisen nächste Verwandtschaft zu nearktischen Zentren, jene des Puna-Zentrums sowohl zum Nordandinen als auch zum Patagonischen Zentrum auf (Näheres bei MÜLLER 1972). Bei polytypischen und polyzentrischen Arten (z.B. *Crotalus durissus, Crax rubra, Lachesis mutus*) läßt sich zeigen, daß ihre Subspezies monozentrisch sind (Abb. 11). Da Subspeziation in diesen Fällen als Ergebnis einer räumlichen Isolationsphase gewertet werden muß, läßt sich daraus ableiten, daß die analysierten Zentren Erhaltungszentren der terrestrischen Vertebratenfauna

Südamerikas während regressiver Arealphasen darstellen. Diese subspezifische Differenzierung der einzelnen Populationen (die als Faunenelemente der jeweiligen Zentren anzusprechen sind) ist als Ergebnis zeitweise refugialer Isolation aufzufassen. Die Frage der zeitlichen Datierung dieser Regressionsphasen ist unterschiedlich für die Zentren der drei Gruppen zu beantworten. Wir gehen von der Voraussetzung aus, daß bei ökologisch streng an einen spezifischen Biotop adaptierten Taxa diese Adaptation den potentiellen Aktionsradius der betreffenden Arten relativiert. Strenge Regenwaldarten werden, von Ausnahmen abgesehen, nicht in Savannen, Savannenarten nicht in Regenwäldern angetroffen werden (MÜLLER 1966, 1968, 1969, 1970, 1971). Deshalb sind wir der Auffassung, daß ein Großteil der Isolation der Regenwaldfauna auf Savannenexpansionen, ein Großteil der Isolation der Savannenfauna auf Waldexpansion zurückgeführt werden kann (MÜLLER 1971) und wollen das im Folgenden für die Regenwaldzentren ausführen.

Von Bedeutung hierbei sind die isolierten Campo-Inseln innerhalb der südamerikanischen Regenwälder, deren Biota wir auf mehreren Reisen untersuchen konnten. Das auffallendste Ergebnis dieser Untersuchungen ist, daß eine Anzahl der hylealen Campoinseln nicht etwa eine an das offene Land angepaßte verarmte Waldfauna besitzen, sondern eine Fauna mit engen Verwandtschaftsbeziehungen zum Campo-Cerrado, den Llanos von Venezuela, den Küstensavannen der Guayanas oder den Höhencampos des Roraima-Gebietes (MÜLLER 1970, 1971, MÜLLER und SCHMITHÜSEN 1970). Auffallend ist auch, daß gewisse Arten, die als Indikatoren für offenes Gelände gelten können (u.a. die südamerikanische Klapperschlange, *Crotalus durissus*, der Ammerfink, *Coryophaspiza melanotis*, die Papageien *Aratinga pertinax* und *Aratinga cactorum*), nicht an einen bestimmten Campoinseltyp gebunden sind.

Der genetische Differenzierungsgrad der meisten der auf den Campoinseln der Hyläa Amazoniens gegenwärtig isolierten Populationen spricht gegen deren Einwanderung in historischer Zeit, macht jedoch einen Allelaustausch im Postglazial sehr wahrscheinlich (Subspeziationsgeschwindigkeit; vgl. hierzu MAYR 1967).

Zu einer genaueren Datierung kann die Fauna der Insel von Marajó verwandt werden (MÜLLER 1970, 1971, MÜLLER und SCHMITHÜSEN 1970), da diese erst vor 5000 Jahren einwandern konnte (eustatisch bedingte Überflutung von Marajó). AB'SABER (1962, 1965), BIGARELLA (1965) und BIGARELLA und ANDRADE (1965) haben gezeigt, daß die Submergencia Cananeiense einer extremen Trockenphase im zentralen und östlichen Südamerika entspricht. Diese aride Phase dauerte an bis zur Submergencia Paranaguaense. Nach den C_{14}-Daten von HURT (1964) kann angenommen werden, daß auf dem Planalto von Parana die Ariditätsphase um 2400 v. Chr. durch eine pluvialere Phase abgelöst wurde. Während der Ariditätsphase (5000–2400 v. Chr.) kam es zu einer Expansion der brasilianichen Restinga, die korreliert verlief zu einer Erweiterung der Campoinseln in den Araucarienwäldern des südöstlichen Brasiliens (HURT 1964, VANZOLINI und AB'SABER 1968, MÜLLER 1968, 1970, 1971), mit der Expansion der Küstensavannen Guayanas und Kolumbiens (WILHELMY 1954, 1957,

Abb. 12: Verwandtschaftsbeziehungen der Ausbreitungszentren terrestrischer Vertebraten in der Neotropis aufgrund der Phylogenie und Verwandschaft der den Zentren zugeordneten Faunenelementen (schwarz = Montanwaldzentren; weiß = Oreale Zentren; querschraffiert = Regenwaldzentren; punktiert = Nonforest-Zentren). Die Nonforest- und Regenwaldzentren lassen sich in engere Verwandtschaftsgruppen gliedern (Näheres bei MÜLLER 1972).

HUBACH 1958, VAN DER HAMMEN 1961, 1966, VAN DER HAMMEN und GONZALES 1960, 1964, HAFFER 1967, 1970), mit Dünenbildungen in den venezolanischen Llanos (GOOSEN 1964) und mit einer Regression der Regenwälder im östlichen und nördlichen Südamerika (TRICART, SANTOS, SILVA und SILVA 1958, MÜLLER 1970, 1971).

Die bisher vorliegenden Befunde bestätigen eine für das tropische Süd- und Zentralamerika wirksame Expansionsphase der 'Offenen Landschaften', die zwischen 5000–2400 v. Chr. zu einer verstärkten Isolation der Regenwälder und der an sie adaptierten Faunen führte (Näheres bei MÜLLER 1972).

Campoarten dringen während dieser Zeit nach Amazonien ein. Ihre Wanderwege werden durch eine um 2400 v. Chr. einsetzende erneute Waldexpansionsphase, die, von wenigen Ausnahmen abgesehen (AUER 1933, 1960, 1961), bis heute anhält, disjungiert.

Die Campo-Inseln innerhalb der amazonischen Hyläa, die spezifische Campobiota besitzen und durch eine AWI-Klimabrücke (REINKE 1962) verbunden sind, müssen als Relikte der postglazialen Trockenphase gewertet werden. Anfang und Ende dieser Ariditätsphase wird durch pluvialere Phasen mit Expansionen der Wald- und verstärkter Isolation der Savannenbiota gekennzeichnet. Mit der stärkeren Erwärmung seit der jüngeren Dryaszeit setzt auch durch vertikale Verschiebung eine verstärkte Isolation der Montanwald- und Oreal-Faunen ein, die noch um 11000 v. Chr. basimontane Lebensräume bevorzugten (HAFFER 1967, 1968, 1970, VUILLEUMIER 1969, MÜLLER 1971).

Wie sich diese vertikale Verschiebung auf die Flachlandregenwaldfauna (unterhalb 1500 m) bemerkbar machte, ist noch unsicher. Ein Großteil der Subspeziation der Montanwaldfaunen ist auf diese etwa 8000 v. Chr. einsetzende Montanwaldisolationsphase zurückführbar.

Für die Geographie ist von Bedeutung, daß die Ausbreitungszentren und ihre Faunenelemente als Indikatoren für die landschaftliche Entwicklung Südamerikas verwandt werden können. Die nachgewiesenen Zentren in der Pampa Argentiniens, im Campo Cerrado und den Höhencampos der Araucarienwälder von Parana und deren an offene Landschaften adaptierten Elemente belegen den 'Graslandcharakter' dieser Landschaften.

Die vorgetragenen Befunde, die an dieser Stelle nicht weiter ausgeführt werden konnten, sollten zeigen, daß die Biogeographie als erdkundlicher Forschungszweig über spezifische Methoden verfügt, die für die Landschaftsforschung von genereller Bedeutung sind. Ausgehend von dem realen Bestand an Arealen und der ökologischen Valenz der diesen Verbreitungsgebieten zugrundeliegenden Taxa erlaubt sie es einerseits, Räume mit gleichen oder ähnlichen Umweltbedingungen abzugrenzen, andererseits Einblicke in die vorhandene Dynamik des 'Zusammenbestehenden im Raum' zu gewinnen. Zukünftige Entwicklungstendenzen lassen sich aus dieser Dynamik verstehen. Die Aufhellung der Entwicklung einzelner Areale gibt Aufschluß über die Genese der Landschaften.

In den Industrienationen kommt der Biogeographie eine besondere Bedeutung zu, da ihre Untersuchungsobjekte und deren räumliche Verteilung Aufschluß über die jeweilige Belastung der menschlichen Umwelt mit Schadstoffen gibt. Die Verbreitung der Biota wird zum Qualitätsnachweis für Räume innerhalb der Biosphäre und zum Indikator für den in ihnen wirkenden Synergismus. Wenn WINKLER (1970) die Bedeutung der Geographie im Rahmen der Umweltforschung vor allem darin erblickt, daß sie von ihrer Wissenschaftstheorie her 'bei der Beurteilung der Wirkungen der landschaftlichen Umwelt auf den Menschen eine Überbetonung einzelner (Teil-) Sphären verhindern und diese in ihrer wahren quantitativ-qualitativ realen Anteilhaftigkeit im Ganzen (der

Abb. 13: Wanderwege der Nonforest-Biota während quartärer Ariditätsphasen in Süd- und Mittelamerika.

Landschaft) erfassen kann, was von anderer Seite nicht selten vernachlässigt wird', so läßt sich von der Biogeographie als einem Teilgebiet der Geographie her ein pragmatischer Aspekt hinzufügen, der die Methoden der angewandten Geographie sinnvoll erweitert.

Die Geographie besitzt in der Landschaft ihr zentrales Forschungsobjekt (Bobek 1957, Bobek und Schmithüsen 1949, Schmithüsen 1959, 1970 u.a.). Sie wird deshalb in den kommenden Jahren auch danach bewertet werden, was sie für diese 'Landschaft' tun kann und getan hat.

Literatur

Ab'Saber, A. N. (1962): Revisão dos conhecimentos sôbre o horizonte subsuperficial de cascalhos inhumadas do Brasil oriental. *Bol. Univ. Parana* 2.

Ab'Saber, A. N. (1965): A evolução geomorfologica. In: A baixada Santista, São Paulo.

Ant, H. (1966): Die Benthos-Biozönosen der Lippe. Düsseldorf.

Ant, H. (1969): Biologische Probleme der Verschmutzung und akuten Vergiftung von Fließgewässern, unter besonderer Berücksichtigung der Rheinvergiftung im Sommer 1969. *Schriftenr. Landschaftspfl. u. Naturschutz* 4: 97–129.

Auer, V. (1933): Verschiebungen der Wald- und Steppengebiete Feuerlands in postglazialer Zeit. *Acta Geographica* 5.

Auer, V. (1960): The Quaternary history of Fuego—Patagonia. *Proc. Roy. Soc.* London 152: 507–516.

Auer, V. (1961): Die vulkanischen Schichten von Feuerland und Patagonien und das Zürückweichen der letzten Vergletscherung. *Schrft. Geogr. Inst.* Kiel, 20: 277–289.

Barkman, J. J. (1958): Phytosociology and ecology of cryptogamic epiphyte. Assen.

Barras, R. (1964): The Locust. Butterworths, London.

Berge, H. (1963): Phytotoxische Immissionen (Gas-, Rauch- und Staubschäden) S. A. aus: Sorauer: Handb. d. Pflanzenkrankheiten, Berlin und Hamburg.

Berry, C. R. (1964): Eastern white pine a tool to detect air pollution. *Sth. Lumberm* 2609: 164–166.

Bigarella, G. J. (1965): Subsidios para o estudo das variações de nivel oceanico no quaternario brasileiro *An. Acad. Bras. Ci.* 37: 263–278.

Bigarella, G. J. und Andrade, G. O. de (1965): Contribution to the study of the Brazilian Quaternary. International Studies of the Quaternary. *Geol. Soc. America* 84: 431–451.

Blüthgen, J. (1969): Der Herbst in Lappland. Ein Beitrag zur Geographischen Erfassung einer Jahreszeit. Deutsch. Geogr., Kiel.

Bobek, H. (1957): Gedanken über das logische System der Geographie. *Mitt. d. Geogr. Ges.*, Wien 99.

Bobek, H. und Schmithüsen, J. (1949): Die Landschaft im logischen System der Geographie. *Erdkunde* 3.

Born, M. (1970): Zur Erforschung der ländlichen Siedlungen. *Geogr. Rdsch.* 22: 369–374.

Burrichter, E. (1970): Beziehungen zwischen Vegetations- und Siedlungsgeschichte im nordwestlichen Münsterland. *Vegetatio* 20: 199–209.

Caspers, H. (1948): Ökologische Untersuchungen über die Wattentierwelt im Elbe-Ästuar. Verhdl. Dtsch. Zool., Kiel.

Caspers, H. (1951): Bodengreiferuntersuchungen über die Tierwelt in der Fahrrinne der Unterelbe und im Vormündungsgebiet der Nordsee. Verhdl. Dtsch. Zool. Ges., Wilhelmshaven.

Caspers, H. (1954): Biologische Untersuchungen über die Lebensräume der Unterelbe und des Vormündungsgebietes der Nordsee. *Mitt. Geol. Staatsinst.*, Hamburg, 23: 76–85.

Caspers, H. (1954): Die Biologie von Elbe und Alster. *Das Gas- und Wasserfach* 95 (20): 1–6.

Caspers, H. (1957): Biologische Untersuchungen im Hamburger Hafen. *Der Fischwirt* 11: 1–6.

Caspers, H. (1958): Biologie der Brackwasser-Zonen im Elbeästuar. *Verh. internat. Ver. Limnol.* 13: 687–698.

Caspers, H. (1961): Die Hypertrophierung von Stadtgewässern durch Sielausleitungen. Beobachtungen an Hamburger Kanälen. *Abhdl. u. Verhdl. Naturw. Ver.* Hamburg, 6: 251–275.

Caspers, H. (1962): Die Hypertrophierung von Stadtgewässern durch Sielausleitungen. Beobachtungen an Hamburger Kanälen. *Abhdl. und Verhdl. des Naturwiss. Vereins Hamburg*, 6: 251–275.

Caspers, H. und Mann, H. (1961): Bodenfauna und Fischbestand in der Hamburger Alster. *Abhdl. u. Verhdl., Naturw. Ver. Hamburg* 5: 89–110.

Caspers, H. und Schulz, H. (1960): Studien zur Wertung der Saprobiensysteme *Int. Rev. Ges. Hydrobiol* 45 (4): 535–565.

CASPERS, H. und SCHULZ, H. (1962): Weitere Unterlagen zur Prüfung der Saprobiensysteme *Int. Rev. ges. Hydrobiol.* 47 (1): 100–117.
CLEMENTS, F. T. (1916): Plant Succession. An Analysis of the Development of Vegetation. 'Carnegie Inst. Washington Publ. 242.
CLEMENTS, F. T. (1928): Plant Succession and Indicators. New York.
DICKEL, H. (1966): Probleme phänologischer Methodik am Beispiel einer naturräumlichen Gliederung des Kreises Marburg/Lahn. *Marburger Geogr.-Schriften* 31: 1–150.
DOMRÖS, M. (1966): Luftverunreinigung und Stadtklima im Rheinisch-Westfälischen Industriegebiet und ihre Auswirkung auf den Flechtenbewuchs der Bäume. Arb. Rhein. Landeskde 23.
ELLENBERG, H. (1955): Wuchsklimakarte Südwestdeutschland. Stuttgart.
ERICHSEN, C. F. E. (1928): Die Flechten des Moränengebiets von Ostschleswig. *Verh. Bot. Ver. Prov. Brandenburg* 70: 1–129.
GLAVAC, V. G. und BOHN, U. (1970): Quantitative vegetationskundliche Untersuchungen zur Höhengliederung der Buchenwälder im Vogelsberg. *Schriftenr. für Vegetationskd.* 5: 135–185.
GOOSEN, D. (1964): Geomorfologia de los Llanos orientales. *Rev. Acad. Col. Cien. Ex. Fis. y Nat.* 12: 129–139.
GRADMANN, R. (1898): Das Pflanzenleben der Schwäbischen Alb. Tübingen.
GRADMANN, R. (1901): Das mitteleuropäische Landschaftsbild nach seiner geschichtlichen Entwicklung. *G.Z.* 7 (7): 361–377.
GRADMANN, R. (1906): Beziehungen zwischen Pflanzengeographie und Siedlungsgeschichte. *G.Z.* 12: 305 325.
GRADMANN, R. (1933): Die Steppenheidetheorie. *G.Z.* 39: 265–278.
GRADMANN, R. (1939): Mein Beitrag zur Urlandschaftsforschung. *Z.f. Erdk.* 7: 650–657.
GRADMANN, R. (1940): Wald und Siedlung im vorgeschichtlichen Mitteleuropa. *P.G.M.* 86: 86–90.
GRISEBACH, A. (1838): Über den Einfluß des Klimas auf die Begrenzung der natürlichen Floren. *Linnaea* 12.
HAFFER, J. (1967): On the dispersal of Highland Birds in Tropical South and Central Amerika. *El Hornero* 10 (4): 436–438.
HAFFER, J. (1968): Über die Entstehung der nördlichen Anden und das vermutliche Alter columbianischer Vogelarten. *J. für Ornithol.* 109 (1): 67–69.
HAFFER, J. (1970): Entstehung und Ausbreitung nordandiner Bergvögel. *Zool. Jb. Syst.* 97: 301–337.
HAJDUK, J. (1970): Einwirkung von Industrie-Exhalationen auf die Struktur der Phytozönosen. Gesellschaftsmorphologie (Strukturforschung) W. Junk, The Hague.
HARD, G. (1962): Kalktriften zwischen Westrich und Metzer Land. Arb. aus dem Geograph. Inst. der Univ. des Saarl. 7.
HELLER, R. C., ALDRICH, R. C. und BAILEY, W. F. (1959): An Evoluation of Aerial Photography for Detecting Southern Pine Beetle Damage. Photogr. Engineering.
HELLER, R. C. und BEAN, J. L. (1951): Aerial Surveying Methods for Detecting Forest Insect Outlreaks. U.S. Dept. Agr. BEPQ Prog. Rpt.
HELLER, R. C., COYNE, J. F. und BEAN, J. L. (1955): Airplanes Increase Effectiveness of Southern Pine Beetle Surveys. *G. Forestry* 53: 483–487.
HEMPEL, L. (1970): Humide Höhenstufe in Mediterranländern? *Feddes Repert.* 81: 337–345.
HILTNER, E. (1926): Die Phänologie und ihre Bedeutung, München.
HUBACH, E. (1958): Estratigrafia de la Sabana de Bogotá y alrededores. *Bol. Geol.* 5 (2): 93–112.
HURT, W. R. (1964): Recent radiocarbon dates for Central and Southern Brasil. *Amer. Antiq.* 30: 25–33.
IHNE, E. (1905): Phänologische Karte des Frühlingseinzuges in Mitteleuropa. P. M. 51.
JÄGER, H. (1963): Zur Geschichte der deutschen Kulturlandschaften. *G.Z.* 51: 90–142.
JANSSEN, C. R. (1960): On the lateglacial and post-glacial vegetation of South-Limburg. Amsterdam.

JUSATZ, H. J. (1940): Die geographisch-medizinische Erforschung von Epidemien. P.G.M.
JUSATZ, H. J. (1952): Zweiter Bericht über das Vordringen der Tularämie nach Mittel- und Westeuropa in der Gegenwart. *Z. f. Hygiene* 134.
JUSATZ, H. J. (1955): Die Tularämie-Vorkommen in Mainfranken 1949–1953. *Arch. f. Hygiene* 139.
JUSATZ, H. J. (1958): Medizinische Kartographie als wissenschaftliche Methode zur Erforschung der Krankheitsvorkommen auf der Erde. *Schweiz. Z. Path. Bakt.* 21: 618–622.
KERSHAW, K. A. (1963): Flechtenkunde. *Endeavour* 86 (22): 65–69.
KNABE, W. (1966): Rauchschadensforschung in Nordamerika *Forstarchiv* 37 (5): 109–119.
KNAPP, R. (1967): Die Vegetation des Landes Hessen. Ber. oberhess. Ges. Natur- u. Heilkunde, Gießen, *N. F. Naturwiss. Abt.* 35: 93–148.
KÜHNELT, W. (1970): Grundriss der Ökologie. G. Fischer Verl., Stuttgart.
LATTIN, G. DE (1957): Die Ausbreitungszentren der holarktischen Landtierwelt. Verhdl. Dtsch. Zool. Ges. Hamburg.
LIEDTKE, H. (1965): Geologisch-geomorphologischer Überblick über das Gebiet an der Mosel zwischen Sierck und Remich. *Ann. Univ. Sarav.* 4: 37–57.
LOHMEYER, W. (1952): Naturlandschaftskarte des Gebietes beiderseits der Mittelweser zwischen Dümmer, Steinhuder Meer und Bremen 1:300000. *Mitt. d. Flor. soz. Arbeitsgem.* 3.
LOHMEYER, W. (1963): Alte Siedlungen der oberen Wümme-Niederung in ihren Beziehungen zu Vegetation und Boden. *Ber. Naturhist. Ges. Hannover* 107.
Martini, F. (1965): Globale Verbreitung des Läuse-Rückfallfiebers. In: Welt-Seuchen-Atlas 2.
MAUCH, E. (1961): Untersuchungen über das Benthos der deutschen Mosel unter besonderer Berücksichtigung der Wassergüte. Dissert. Frankfurt.
MAYR, E. (1967): Artbegriff und Evolution. Verl. P. Parey, Hamburg, Berlin.
MEUSEL, H. (1969): Chorologische Artengruppen der mitteleuropäischen Eichen-Hainbuchenwälder. *Feddes Repert.* 80 (2–3): 113–132.
MEYNEN, E. (1950): Die Geographie in der Dezimalklassifakation, *Ber. z.dt. Landeskd.* 8.
MORGEN, A. (1952): Die Bedeutung der Phänologie für die Landeskunde. *Ber. z.dtsch. Landeskd.*
MULLENDERS, W. (1955): Carte de reconnaissance de la végétation de Kaniama. Publications de l'Institut National pour l'Etude Agronomique du Congo Belge 1, Brüssel.
MÜLLER, P. (1966): Studien zur Wirbeltierfauna der Insel von São Sebastião (23°50'S/45°20' W). Saarbrücken.
MÜLLER, P. (1968): Die Herpetofauna der Insel von São Sebastião (Brasilien). Verl. Saarbr. Zeit. Saarbrücken.
MÜLLER, P. (1968): Beitrag zur Herpetofauna der Insel Campeche (27°42'S/48°28'W). *Salamandra* 4: 47–55.
MÜLLER, P. (1969): Herpetologische Beobachtungen auf der Insel Marajó. DATZ 22 (4): 117–121.
MÜLLER, P. (1970): Durch den Menschen bedingte Arealveränderungen brasilianischer Wirbeltiere. Nat. u. Museum 100 (1): 22–37.
MÜLLER, P. (1970): Vertebratenfaunen brasilianischer Inseln als Indikatoren für glaziale und postglaziale Vegetationsfluktuationen. *Abhdl. Dtsch. Zool. Ges.* Würzburg.
MÜLLER, P. (1971): Biogeographische Probleme des Saar-Mosel-Raumes dargestellt am Hammelsberg bei Perl. Faun.-flor. Notizen aus dem Saarland 4: 1–14.
MÜLLER, P. (1971): Ausbreitungszentren und Evolution in der Neotropis. Mitt. aus der Biogeogr. Abt. des Geogr. Inst. der Universität des Saarlandes 1: 1–20.
MÜLLER, P. (1971): Besprechung UDVARDY, Dynamic Zoogeography. Geoforum 8: 81–82.
MÜLLER, P. (1972): Ausbreitungszentren in der Neotropis. *Naturw. Rdsch.* 25(7): 267–270.
MÜLLER, P. (1972): Die Bedeutung biogeographischer Methoden für die Bearbeitung saarländischer Umweltprobleme. Umwelt-Saar 1972, Homburg.
MÜLLER, P. (1972): The Centres of Dispersal of Terrestrial Vertebrates in the Neotropical Region. Biogeographica 2 (im Druck).
MÜLLER, P. und SCHMITHÜSEN, J. (1970): Probleme der Genese südamerikanischer Biota. Festschr. Gentz, Verl. F. Hirt, Kiel.

Müller-Wille, W. (1960): Natur und Kultur in den oberen Emssandebene. *Decheniana* 113.

Nietsch, H. (1938): Wald und Siedlung im vorgeschichtlichen Mitteleuropa, Leipzig.

Oberdorfer, E. (1957): Pflanzengesellschaften Süddeutschlands. Jena.

Owles, H. C. (1911): The Cause of Vegetation Cycles. *Ann. Ass. Amer. Geographers* 1.

Owles, R. P. (1930): A biological study of the Offshore Waters of Chesapeake Bay. Bur. Fisheries Doc. 1091 Washington.

Packard, A. S., (1880): Summary of locust flights from 1877–1879. *Rep. U.S. Entom. Comm. Ch.* 7: 160–163.

Packard, A. S. und Thomas, C. C. (1878): Migrations. *Rep. U.S. Entom. Comm. Ch.* 7: 143–211.

Paffen, K. H. (1969): Stellung und Bedeutung der physischen Anthropogeographie. Wissenschaftl. Buchgesellschaft, Darmstadt.

Rainey, R. C. (1951): Weather and the movements of Locust swarms: A new hypothesis. *Nature* 4286: 1057–1060.

Reinig, W. F. (1937): Die Holarktis Verl. Ges. Fischer, Jena.

Reinig, W. F. (1950): Chorologische Voraussetzungen für die Analyse von Formenkreisen. Syllegomena Biologica, A. Ziemsen Verl., Wittenberg und Akad. Verlagsges. Geest und Portig, Leipzig.

Reinke, R. (1962): Das Klima Amazoniens. Dissertation, Tubingen.

Rodenwaldt, E. (1925): Malaria und Küstenform. *Schiffs- u. Tropenhyg.* 29: 292–304.

Rodenwaldt, E. (1935): Geomorphologische Analyse als Element der Seuchenbekämpfung. *Hippokrates* 6: 375–381, 418–425.

Rodenwalt, E. (1936): Über die Technik der Malariabekämpfung. *Med. Welt* 10: 998–999.

Rodenwalt, E. (1937): Die Malariaepidemie auf Ceylon 1934/1935 als geomedizinisches Problem. *Koloniale Rdsch.* 28: 330–344.

Rodenwaldt, E. (1937): Lückenlose Kausalreihe einer Epidemie. *Forsch. u. Fortschr.* 13: 118–119.

Rodenwaldt, E. (1939): Beobachtungen bei einem Durchbruch der Lagune in Anecho (Togo, Afrika) nach See. *Geol. Meere u. Binnengewässer* 3: 273–283.

Rodenwaldt, E. (1955): Die Bedeutung der geographischen Faktoren für die epidemiologische *Analyse. Ärztl. Praxis* 7: 14–16.

Rodenwaldt, E. (1957): Bedeutung menschlicher Einwirkungen auf die Oberflächengestalt der Erde. *Z. Tropenmed. Parasit.* 8: 227–233.

Rodenwalt, E. (1959): Geographie der Chagas-Krankheit. *Z. Tropenmed. Parasit.* 10: 1–5.

Rosenkranz, F. (1948): Die thermische Begünstigung gewisser Höhenstufen. *Wetter und Leben* 1.

Rydzak, J. (1953): Dislokation und Ökologie von Flechten der Stadt Lublin. Ann. Univ. Mar. Curie-Sklod 8 (9): 233–357.

Sauberer, A. (1951): Die Verteilung rindenbewohnender Flechten in Wien, ein bioklimatisches Großstadtproblem. *Wetter und Leben* 3 (5/7): 116–121.

Schlüter, O. (1953): Die Siedlungsräume Mitteleuropas in frühgeschichtlicher Zeit. *Forsch. dtsch. Landeskd.* 74: 1–240.

Schmidt, G. (1969): Vegetationsgeographie auf ökologisch-soziologischer Grundlage. Verl. G. Teubner, Leipzig.

Schmithüsen, J. (1940): Das Luxemburger Land. *Forsch. z.dt. Landeskd.* 34.

Schmithüsen, J. (1942): Vegetationsforschung und ökologische Standortlehre in ihrer Bedeutung für die Biogeographie. *Z. Ges. f. Erdk.* zu Berlin.

Schmithüsen, J. (1948): Fliesengefüge der Landschaft und Ökotop. *Ber. z. dtsch. Landeskd.* 5.

Schmithüsen, J. (1955): Landeskundlicher Streifzug durch den Kreis Cochem. *Ber. z. dtsch. Landeskunde* 14 (2): 119–138.

Schmithüsen, J. (1956): Die räumliche Ordnung der chilenischen Vegetation. *Bonner Geogr. Abh.* 17.

Schmithüsen, J. (1957): Probleme der Vegetationsgeographie. *Dtsch. Geogr.*, Würzburg.

Schmithüsen, J. (1957): Anfänge und Ziele der Vegetationsgeographie. *P. M.* 101: 81–92.

SCHMITHÜSEN, J. (1959): Das System der geographischen Wissenschaft. *Ber. z. dt. Landeskunde* 23.
SCHMITHÜSEN, J. (1964): Was ist eine Landschaft. Erdkl. *Wissen* 9: 7–24.
SCHMITHÜSEN, J. (1967): Naturräumliche Gliederung und landschaftsräumliche Gliederung. *Ber. z. dt. Landeskunde* 39: 125–131.
SCHMITHÜSEN, J. (1968): Allgemeine Vegetationsgeographie. Walter de Gruyter & Co., Berlin.
SCHMITHÜSEN, J. (1968): Begriff und Inhaltsbestimmung der Landschaft als Forschungsobjekt vom geographischen und biologischen Standpunkt. *Arch. Natursch. und Landschaftsf.* 8 (2): 101–112.
SCHMITHÜSEN, J. (1968): Der wissenschaftliche Landschaftsbegriff. Pflanzensoziologie und Landschaftsökologie, 23–43.
SCHMITHÜSEN, J. (1970): Vegetation und Landschaft. *Vegetatio* 20: 210–213.
SCHMITHÜSEN, J. (1970): Die Aufgabenkreise der Geographischen Wissensch. *Geogr. Rdsch.* 22: 431–437.
SCHNELLE, F. (1949): Phänologische Weltkarte: Beginn der Weizenernte, Verteilung der Weizenanbauflächen und der Weizenausfuhr. *Met. Rdsch.* 2.
SCHNELLE, F. (1950): Kleinklimatische Geländeaufnahme am Beispiel der Frostschäden im Obstbau. Dtsch. Wetterdienst.
SCHNELLE, F. (1955): Pflanzen-Phänologie. Leipzig.
SCHOTT, C. (1939): Die vorgeschichtliche Kulturlandschaft. *Z. Erdk.* 7.
SCHREPFER, F. (1923): Das phänologische Jahr der deutschen Landschaften. *G. Z.* 29.
SCHRETZENMAYR, M. (1967): Die Grenzgürtelmethode als Hilfsmittel zur Ausscheidung von Waldwuchsbereichen. *Wiss. Z. Techn. Univ. Dresden* 16 (2): 570–571.
SCHWEINFURTH, U. (1957): Die horizontale und vertikale Verbreitung der Vegetation im Himalaya. *Bonner Geogr. Abhdl.* 20.
SCHWERDTFEGER, F. (1968): Ökologie der Tiere 3. Demökologie. Verl. P. Paray, Hamburg u. Berlin.
SCHWICKERATH, M. (1944): Das Hohe Venn und seine Randgebiete. Pflanzensoziologie 6.
SCHWICKERATH, M. (1954): Die Landschaft und ihre Wandlung auf geobotanischer und geographischer Grundlage entwickelt und erläutert im Bereich des Meßtischblattes Stolberg. Aachen.
SEITZ, W. (1970): Flechten aus dem Saarland. Faun.-flor. Notizen aus dem Saarl. 3 (1): 1–4.
SKYE, E. (1958): Luftföroreningars inverkan pa Buskoch Bladlavfloran Kring Skifferoljeverket I Närkes Kvarntorp. *Svensk Bot. Tidskrift* 52 (1): 133–190.
STEUBING, L. (1970): Untersuchungen zu Immissionskomplexwirkungen im Untermaingebiet im Pflanzentest. Lufthygienisch-meteorolog. Modelluntersuchung in der Region Untermain. Frankfurt.
STRANDBERG, C. H. (1966): Water Quality Analysis. Photogr. Engineering, 234–248.
SUZUKI, T. (1954): Forest and Bog Vegetation within Ozegahara Basin-Scientific Researches of the Ozegahara Moor. Tokyo.
THIELE, H. U. (1961): Zuchtversuche an Carabiden, ein Beitrag zu ihrer Ökologie. *Zool. Anz.* 167: 9–12.
THIELE, H. U. (1964): Experimentelle Untersuchungen über die Ursachen der Biotopbindung bei Carabiden. *Z. Morphol. Ökol. Tiere* 53: 387–452.
THIELE, H. U. (1964): Ökologische Untersuchungen an bodenbewohnenden Coleopteren einer Heckenlandschaft. *Z. Morphol. Ökol. Tiere* 53: 537–586.
THIELE, H. U. (1967): Ein Beitrag zur experimentellen Analyse von Euryökie und Stenökie bei Carabiden. *Z. Morphol. Ökol. Tiere* 58: 355–372.
THIELE, H. U. (1968): Was bindet Laufkäfer an ihre Lebensräume. *Naturwiss. Rundsch.* 21 (2): 57–65.
THIELE, H. U. und KOLBE, W. (1962): Beziehungen zwischen bodenbewohnenden Käfern und Pflanzengesellschaften in Wäldern. *Pedobiologia* 1: 157–173.
TRAUTMANN, W., KRAUSE, A. und WOLF-STRAUB, R. (1970): Veränderungen der Bodenvegetation in Kiefernforsten als Folge industrieller Luftverunreinigungen im Raum Mannheim-Ludwigshafen. *Schriftenr. für Vegetationskd.* 5: 193–207.

TRICART, J., SANTOS, M. CARDOSODA SILVA, T. und DIAS DA SILVA, A. (1958): Estudos de Geografia da Bahia—Geografia e Planyamento. Publ. Univ. Bahia 4 (3): 1–243.

TROLL, C. (1939): Luftbildplan und ökologische Bodenforschung. *Z. Ges. f. Erdkd.* Berlin.

TROLL, C. (1943): Methoden der Luftbildforschung. Sber. europ. Geographen in Würzburg, Leipzig.

TROLL, C. (1948): Der asymmetrische Aufbau der Vegetationszonen und Vegetationsstufen auf der Nord- und Südhalbkugel. Zürich.

TROLL, C. (1952): Das Pflanzenkleid der Tropen in seiner Abhängigkeit von Klima, Boden und Mensch. Dtsch. Geogr. Frankfurt.

TROLL, C. (1952): Die Lokalwinde der Tropengebirge und ihr Einfluß auf Niederschlag und Vegetation. *Bonner Geogr. Abhdl.* 9: 124–182.

TROLL, C. (1963): Über Landschafts- Sukzession. Arbeiten zur Rheinischen Landeskunde 19.

TROLL, C. (1968): Landschaftsökologie, Pflanzensoziologie und Landschaftsökologie. Verl. Junk, Den Haag.

TROLL, C. (1970): Landschaftsökologie (Geoecology) und Biogeocoenology. Revue Roumaine de Géographie, Bucuresti.

TROLL, C. (1970): Die Naturräumliche Gliederung Nord-Äthiopiens. *Erdkunde* 24: 249–268.

TÜXEN, R. (1931): Die Grundlagen der Urlandschaftsforschung Nachr. Nieders. Urgesch. 5.

TÜXEN, R. (1950): Grundriß einer Systematik der nitrophilen Unkrautgesellschaften in der Eurosibirischen Region Europas. *Mitt. Flor.-soz. Arbeitsg.* 2 Stolzenau/Weser.

TÜXEN, R. (1950): Pflanzensoziologie als unentbehrliche Grundlage der Landwirtschaft. Studium Generale 3 Berlin.

TÜXEN, R. (1954): Über die räumliche, durch Relief und Gestein bedingte Ordnung der natürlichen Waldgesellschaften am nördlichen Rande des Harzes. *Vegetatio* 5/6: 454–478.

TÜXEN, R. (1956): Die heutige potentielle natürliche Vegetation als Gegenstand der Vegetationskartierung. *Angew. Pflanzensoz.* 13.

TÜXEN, R. (1956): Pflanzengesellschaften und Grundwasser-Ganglinien. *Angew. Pflanzensoziol.* 13.

TÜXEN, R. (1958): Stufen, Standorte und Entwicklung von Hackfrucht- und Garten-Unkrautgesellschaften und deren Bedeutung für Ur- und Siedlungsgeschichte. *Angew. Pflanzensoziol.* 16.

TÜXEN, R. (1965): Wesenszüge der Biozönose: Gesetze für das Zusammenleben von Pflanzen und Tieren. Biosoziologie, W. Junk, Den Haag.

TÜXEN, R. (1968): Die Lüneburger Heide. Ergebnisse aus der Arbeit der Niedersächsischen Lehrerfortbildung, 9.

TÜXEN, R. (1968/69): Réflexions sur l'importance de la Sociologie végétale pour l'Economie de l'Herbage européen. *Melhoramento* 21: 187–199.

TÜXEN, R. (1970): Pflanzensoziologie als synthetische Wissenschaft. Misc. Pap. 5: 141–159.

VAN DER HAMMEN, TH. (1961): The Quaternary climatic changes of northern South America. *Ann. New York Acad. Sci.* 95: 676–683.

VAN DER HAMMEN, TH. (1966): The Pliocene and Quaternary of the Sabana de Bogotá (the Tilatá-and Sabana formations). *Geol. en Mijnbouw* 45: 102–109.

VAN DER HAMMEN und GONZALEZ, E. (1960): Upper Pleistocene and Holocene climate and vegetation of the 'Sabana de Bogota' (Colombia, South America). *Leidse Geol. Meded.* 25: 261–315.

VAN DER HAMMEN und GONZALEZ, E. (1964): A pollen diagram from the Quaternary of the Sabana de Bogotá (Colombia) and its significance for the geology of the northern Andes. *Geol. en Mijnbouw* 43: 113–117.

VANZOLINI, P. und AB'SABER, A. N. (1968): Divergence rate in South America Lizards of the Genus Liolaemus (Sauria, Iguanidae). *Pap. Aruls. Zool.* 21: 205–208.

VARESCHI, V. (1953): La influencia de los bosques y parques sobre el aire de la ciudad de Caracas. *Acta cientifica Venezolana* 4 (3) 89–95.

VAVILOV, N. J. (1928): Die geographischen Genzentren der Kulturpflanzen., Leipzig.

VAVILOV, N. J. (1951): The origin, variation, immunity and breeding of cultivated plants. *Chronica Botanica* 13.

VUILLEUMIER, F. (1969): Pleistocence speciation in birds living in the High Andes. *Nature* 223: 1179–1180.

WAGNER, A. (1965): Zur Regionalgliederung im Saarland. *Mitt. d. Vereins f. Forstl. Standortskde. u. Forstpflanzenzüchtung.* 15: 3–23.

WEIDNER, H. (1953): Die Wanderheuschrecken. Franckh'sche Verl.-Stuttgart.

WILHELMY, H. (1954): Die klimamorphologisch und pflanzengeographische Entwicklung des Trockengebietes am Nordrand Südamerikas seit dem Pleistozän. *Die Erde* 6 244–273.

WILHELMY, H. (1957): Eiszeit und Eiszeitklima in den feuchttropischen Anden. Geomorphologische Studien. P.M. Ergänz.-Heft 262: 281–310.

WINKLER, E. (1947): Die Geographie in der Dezimalklassifikation In: Rapports de la Conférence de la Fédération Internat. de Documentation 1.

WINKLER, E. (1970): Zur Stellung der Geographie in der Umweltforschung. *Geogr. Helvetica* 25 (4): 153–155.

Diskussion

KESSLER:

Sie setzen die Kenntnis der ökologischen Valenz voraus, wenn Sie Aussagen über die Qualität von Landschaften machen. Ist die ökologische Valenz der Organismen so gut untersucht, daß man sie als bekannt voraussetzen darf?

MÜLLER:

Der Begriff 'Ökologische Valenz' geht auf HESSE (1924) zurück und verdeutlicht die Amplitude der Lebensbedingungen, innerhalb denen eine Art zu gedeihen vermag. Die Erforschung dieser ökologischen Valenz ist bei den von mir zitierten Arten einigermaßen befriedigend. Das darf nicht darüber hinwegtäuschen, daß sie für die Mehrzahl der lebenden Tier- und Pflanzenarten noch weitgehend unbekannt ist. Hinzu kommt, daß sich im Verlauf der Evolution eines Taxons die Konstanz der ökologischen Valenz verändern kann. Auch können kleinere Populationen innerhalb eines Artareals eine andere ökologische Valenz besitzen als die Hauptpopulation. *Lasiocampa quercus* (*Lepidoptera*) frißt z.B. vorwiegend an *Sarothamnus*, *Rubus* und *Prunus*, doch haben sich die nordwestdeutschen Populationen besonders auf *Calluna* als Futterpflanze spezialisiert. Wenn man von der ökologischen Valenz einer Art spricht, sollte man sich dieser Problematik voll bewußt sein. Die Erforschung der ökologischen Valenz ist Gegenstand der Ökologie. Die Kenntnis der ökologischen Valenz ist aber notwendige Voraussetzung für die kausale Interpretation eines Areals, das Forschungsgegenstand der Biogeographie ist. Um zum Ziel zu gelangen, müssen Biogeographen und Ökologen analoge Methoden benutzen (MACARTHUR und WILSON 1971).

MANSHARD:

Vielleicht darf ich in Zusammenhang mit den ersten drei Grundsatzreferaten noch auf einige wichtige internationale Entwicklungen in der Umweltforschung hinweisen:

Zunächst möchte ich das von der UNESCO ins Leben gerufene internationale Programm über den 'Menschen und die Biosphäre '(Man and the Biosphere) erwähnen, das sich aus den 'Arid Zone'—und 'Humid Tropics'—Programmen der UNESCO sowie aus dem Internationalen Biologischen Programm (IBP) und aus der 1968 in Paris abgehaltenen Biosphärenkonferenz entwickelt hat.

Eine Hauptachse dieses Biosphärenprogramms folgt den großen natürlichen Ökosystemen vom tropischen Regenwald über die Savannen und Wüsten bis in die Polarzone. Die andere 'Achse' folgt den Unterschieden zwischen den Naturlandschaften, der mehr oder weniger vom Menschen beeinflußten ländlichen Umwelt bis zu den stärker urbanisierten Landschaften, in denen sich die Probleme der Verunreinigung (Pollution) besonders stark auswirken. Aus diesem weiten Feld hat die UNESCO zunächst 31 Forschungsthemen aufgestellt, aus denen Ende des Jahres eine Prioritätsliste aufgestellt werden dürfte. Eine ausführliche Darstellung dieses Programms wird in einer der nächsten Nummern der ERDE erscheinen. Eine weitere kurze Zusammenfassung einiger Probleme erfolgte in Petermanns Geographische Mitteilungen (1970, 4) unter dem Titel: 'Reinhaltung der Biosphäre und Umweltforschung.—Eine internationale Aufgabe unter Beteiligung der Geographie'.

Neben der Forschung soll übrigens auch die Lehre in besonderen 'Biomzentren' (z.B. in Wüste, Savanne, Regenwald, Hochgebirge u.a.) intensiviert werden.

Ein zweites wichtiges internationales Ereignis ist die U.N.-Konferenz über den Menschen und seine Umwelt (Human Environment), die 1972 in Stockholm stattfinden wird, und an deren Vorbereitung ich stark beteiligt bin. In Stockholm wird eine Reihe von Themenkreisen im Vordergrund stehen:

1. Die Siedlungsplanung für Umweltqualität (The Planning of Human Settlements for Environmental Quality),

2. Aspekte der Sicherung der natürlichen Ressourcen (Environmental Aspects of Natural Resources Management),

3. Globale, regionale und nationale Bestandsaufnahmen (Monitoring) der Umweltverunreinigung.

Diese Konferenz ist jedoch in erster Linie kein wissenschaftliches Symposium, sondern eine Konferenz auf Regierungsebene, auf der die Mitgliedsstaaten Aktionen (Gesetzgebung, Verordnungen, Konventionen usw.) zum Umweltschutz in Angriff nehmen sollen.

Abschließend darf ich noch bemerken, daß ich meine Aufgabe als Leiter der Hauptabteilung Umweltforschung bei der UNESCO durchaus in engem geographischen Bezug sehe. Gerade in Zusammenhang mit den Fragen der Bodennutzung und der Urbanisierung ergeben sich für den Natur- wie auch für den Kultur- und Sozialgeographen eine Fülle von Möglichkeiten, wie sie ja auch in den Referaten von TICHY und MÜLLER sehr schön zum Ausdruck gebracht wurden.

Anschrift des Verfassers:

Prof. Dr. PAUL MÜLLER, Geographisches Institut der Universität des Saarlandes, Abteilung für Biogeographie, 66 Saarbrücken 11.

STÖRUNGEN DES ÖKOSYSTEMS PATAGONISCHER STEPPEN- UND WALDREGIONEN UNTER DEM EINFLUSS VON KLIMA UND MENSCH

WOLFGANG ERIKSEN

Abstract:

In the steppe and forest regions of Patagonia (Argentine) the vegetation cover, an important part of the ecosystem, is at present undergoing an intense process of degradation, resulting in the domination of xeromorphic scrub, the change of species, the expansion of naked sand and rock areas etc. The forest areas are continuously shrinking, for in the zone of struggle between the steppe and the forest the steppe clearly wins the upperhand. Side by side with the changes in the vegetation go changes in the fauna.

So far a climatic desiccation of Patagonia has been considered the main cause of all disturbances in the ecology. We can accept this view only in so far as a post-atlantic deterioration of climate can be held responsible for the recession of the forest margin by 50–100 km (cf. AUER and others), which can be proved to have been going on for more than 2000 years. It has been proved, however, that a slight increase of rainfall has taken place during the past 5–6 decades. So the far-reaching changes in the ecosystem since 1900 should be traced back to the interference of man in a climatic aridity boundary. The overstocking of camps, the often wasteful use of pasture, the bush and forest fires—most of them artificially set—the unsystematic woodcutting and the pastures in the forest have proved to be particularly effective and harmful.

Efforts to improve the conditions of pasture-grounds and to achieve a conservation of nature in various national parks have so far been of comparatively little success.

In einer Zeit weltweiten Bevölkerungswachstums und intensiver Bemühungen um eine Ausweitung des Siedlungs- und Anbauareals auf der Erde werden gleichzeitig in vielen Teilen der Welt durch ein überaus komplexes Ursachengeflecht physischer und anthropogeographischer Faktoren riesige Areale einer sinnvollen und intensiveren Nutzung entzogen (vgl. z.B. O'R. STERNBERG 1968, RATHJENS 1970). Dieser negative Aspekt, der sehr oft bei der leicht zu Glorifizierungen neigenden Darstellung kolonisatorischer Erschließungsprozesse übersehen oder verschwiegen wird und der teilweise katastrophale Eingriffe in die Biosphäre und irreversible Störungen der Ökosysteme beinhaltet, soll im Rahmen dieses Kurzreferates am Beispiel nordpatagonischer Steppen- und Waldregionen verdeutlicht werden. Dabei wird die Frage nach den Ursachen der Störungen in den Mittelpunkt der Betrachtung gerückt werden.

Obwohl das südlich des Rio Colorado gelegene Ostpatagonien erst seit etwa 1880, also seit 90 Jahren dem argentinischen Staat eingegliedert und mehr oder weniger systematisch kolonisiert wurde (vgl. WILHELMY/ROHMEDER 1963, ERIKSEN 1970 u.a.), kann man heute bereits erstaunliche, teilweise erschreckende Wandlungen in Landschaftsbild und Landschaftshaushalt beobachten. Diese Wandlungen erstrecken sich sowohl auf das ausgedehnte, mit 200–500 mm Niederschlag sehr aride Tafel- und Schichtstufenland im Osten, das von einer kargen Strauchsteppe (nach WALTER, 1968, 'Zwergstrauch-Halbwüste') bedeckt ist, wie auf den schmalen, mit 500–1200 mm Niederschlag feuchteren Übergangssaum der Präkordillere, in der eine parkartig aufgelockerte, baumbestandene Grassteppe vorherrscht, wie schließlich auf den mit bis über 4000 mm Niederschlag äußerst humiden Hochkordillerenbereich, der von einem dichten, teilweise immergrünen Waldkleid überzogen ist (zur Vegetation vgl. z.B. LJUNGNER 1939, KALELA 1941, SORIANO 1956, BOELCKE 1957, DIMITRI 1962, ERIKSEN 1967 u. WALTER 1968).

Durch einige Lichtbilder möchte ich die wichtigsten Veränderungen im Ökosystem dieser drei Naturräume veranschaulichen, wobei in Anlehnung an TROLL (1966) die Vegetation in den Mittelpunkt der Betrachtung dieser sich selbst zusammenhaltenden Einheiten von Lebensgemeinschaften (Biozönosen) und Umweltfaktoren (Habitat) gestellt wird.

In der östlichen Steppenzone, wie sie kurz genannt werden soll (vgl. dagegen WALTER 1968, S. 711), ist die ursprünglich weitgehend geschlossene Pflanzendecke außerordentlich stark aufgelockert, so daß regional nur noch eine Bodenbedeckung von 20–30% besteht. Unter dem Einfluß eines fast ständig wehenden, relativ starken Westwindes (mittlere Windgeschwindigkeit im Sommer in Esquel: 8 m/sec.) sind Teilbereiche dieser 'Halbwüste' großflächig der Deflation ausgesetzt. Im Florenbestand zeigt sich insbesondere in Andennähe ein zunehmender Wechsel von diversen Grasarten (vgl. BOELCKE 1957) zu xeromorphen Sträuchern, so daß etwa das ehemalig dominierende Coirón-Gras (je nach Bodenart *Festuca pallescens* oder *Stipa speciosa*) heute regional fast vollständig durch die halbkugeligen, stachligen Polster der Umbellifere *Mulinum spinosum* (Neneo) mit sehr geringem Futterwert für die hier dominierende Schafzucht verdrängt ist. An anderen, meist trockneren Stellen setzen sich holzige Sträucher wie Espino Negro (*Colletia spinosissima*), Calafate (*Berberis buxifolia*), Chapel (*Escallonia virgata*) u.a. durch, teilweise ebenfalls differenziert nach Bodenarten und Geländegestaltung (vgl. Tab. 1). Dieser Vegetationswandel entspricht physiognomisch und ökologisch durchaus den in anderen Trockengebieten der Erde zu beobachtenden Erscheinungen der 'Verbuschung' (vgl. z.B. WALTER 1963, LESER 1970 u.a.).

Im Bereich der feuchteren Präkordillere (= subandine Zone) überwiegen zwar heute noch die Grasarten in einem sonst parkartig aufgelockerten Baumbestand (mit *Austrocedrus chilensis*, *Nothofagus antarctica*, *Lomatia hirsuta*, *Maytenus boaria* u.a.), jedoch dringt auch hier bereits ein großer Teil xeromorph gebauter Steppenpflanzen in Bereiche mit über 1100 mm Niederschlag vor (vgl. DIMITRI 1962), so daß es zu einer engen Verzahnung der Wald- und Steppenvegetation, zu einem nach Exposition, Bodenart und Höhenlage differenzierten Makromosaik von andinen und patagonischen Elementen kommt (vgl. Abb. 1b). Der Wald ist meist inselartig aufgelöst. Teilweise erstreckt er sich galeriewaldartig entlang feuchter Talränder und verliert sich gegen Osten in einzelnen Gruppen und Exemplaren der trockenheitsresistenten Koniferen *Austrocedrus chilensis* (Ciprés) und (nördlich 40° sdl. Breite) *Araucaria araucana* (Pehuén) (vgl. Bild 1). Regional (z.B. bei El Bolsón, auf der Halbinsel Huemul,

Tab. 1. Bodenarten und Vegetation in der Steppe—östlich des Lago Nahuel Huapi—(nach Boelcke 1957, ergänzt)

Boden				
Profil	I		II	
Korngröße	Grobsand - Grobkies		Feinsand - Grobsand	
Geländelage	untere Hänge, Nordexposition		obere Hänge, Südexposition	
Tiefe (cm)	0–20	20–40	0–20	20–40
Humus-Gehalt	1,22	1,33	2,57	2,62
$CaCO_3$	0	0	0	0
pH-Wert	7,2	7,3	7,0	7,0
Wasserkapazität	13,30	13,30	15,75	16,50
Lösliche Salze	Spuren	Spuren	Spuren	Spuren
Vegetation				
dominante Grasart	*Stipa speciosa*		*Festuca pallescens*	
häufigste Strauch- bzw. Baumarten	*Mulinum spinosum* *Adesmia campestris* *Senecio coxi* *Colletia spinos.* *Berberis buxifolia* *Chacaya trinervis* *Fabiana imbricata*		*Senecio coxi* *Escallonia virgata* *Noth. antarctica* *Mulinum spinosum*	

im Limay- und Traful-Tal oder bei San Martín de los Andes) sind bei Niederschlagsmengen um 1200 mm allerdings erstaunlich dichte und umfangreiche Jungbestände von Ciprés ('cipresales') zu beobachten. Ein Vergleich mit älteren fotografischen Aufnahmen (z.B. Willis 1914) und Kartierungen (Rothkugel 1916) legt die Vermutung nahe, daß hier der Wald regional offenbar im Vordringen (gegen Osten) begriffen ist.

In der feuchten Hochkordillere als dem dritten Naturraum herrscht zwar unterhalb der nach Süden absinkenden Baumgrenze (am Lago Nahuel Huapi ca. 1600 m) noch der Regenwald absolut vor, vertikal nach immergrünen und sommergrünen Nothofagus-Arten abgestuft (vgl. z.B. Dimitri 1959 u.1962), doch sind auch hier markante Veränderungen und Schäden im Pflanzenkleid erkennbar. Viele Hänge sind kahl oder doch stark gelichtet und teilweise von verkohlten Baumstämmen überzogen (vgl. Bild 2) .Auf Waldlichtungen breiten sich im feuchteren Westen dichte, 4–5 m hohe Bestände von Bambus (*Chusquea culeou*, Coligue) aus, während auf Kahlflächen im östlichen, trockneren Waldbereich inselhaft xeromorphe Sträucher der Steppe an flächenhafter Verbreitung zunehmen.

Auffällige Erscheinung am östlichen Waldrand ist ein Baumartenwechsel, der darin besteht, daß an die Stelle feuchteliebender Holzarten in der Vergangenheit zunehmend trockenheitsresistentere Arten gerückt sind. Der Wald zieht sich offenbar in westlicher Richtung 'gleichsam holzartenweise aus den trockne-

Bild 1. Reliktvorkommen von *Araucaria araucana* in der Steppe sdl. Aluminé (Prov. Neuquén). Geringe Baumverjüngung in der Strauchsteppe. Aufn. ERIKSEN 1966

Bild 2. Durch älteren Waldbrand gelichteter Berghang am Cerro Catedral in der Hochkordillere wstl. Bariloche. Ausbreitung von Bambus und Steppensträuchern zwischen Resten des ehemaligen *Nothofagus*-Bestandes (oben Lenga, unten Coihue). Aufn. ERIKSEN 1966

ren Gegenden in die feuchteren näher am Gebirge zurück' (KALELA 1941, S. 134). Je nach Artenzusammensetzung lassen sich am Andenrand regional gesetzmäßige Sukzessionen rekonstruieren. So findet sich z.B. heute insbesondere die Konifere *Austrocedrus chilensis* auf Standorten, die ursprünglich, d.h. noch im 19. Jhdt. von *Nothofagus*-Beständen, insb. *Noth. dombeyi*, bedeckt waren. Durch das sukzessive Zurückweichen der Ostgrenze aller Holzarten nach Westen soll nach KALELA (1941) die heutige Grenze zwischen Wald und Steppe bis zu 50–100 km weiter westlich verlaufen als die frühere maximale Ausdehnung (ca. 71. Längengrad). Eine vom Verfasser 1966 durchgeführte Kartierung der Reliktvorkommen (Einzelbäume und Gruppen) von Ciprés und Araukarie östlich der heutigen Waldgrenze bestätigt diese Annahme einer Arealreduktion durchaus (vgl. ERIKSEN 1970, Fig. 1 u. Fig. 6). Die östliche Grenze des Vorkommens dieser Baumarten deckt sich etwa mit der 500 mm-Isohyete.

In der allmählich vom Wald verlassenen Zone zeigen sich heute verschiedene Degradationserscheinungen in der Vegetation, die nach KALELA auf ein weiteres Sterben der Wälder hinweisen. Es sind hier insbesondere das völlige Verdorren und Absterben einzelner Bestände, die häufige Kronendürre, der verbreitete Fäulnisbefall, die Krummstämmigkeit und Kleinwüchsigkeit der Bäume sowie die schwache, teilweise sogar völlig fehlende Verjüngung der Bestände zu erwähnen.

Es sei ergänzend vermerkt, daß auch die Fauna der erwähnten Teilräume beträchtlichen Wandlungen unterlegen gewesen ist (vgl. z.B. KRIEG 1951, REY BALMACEDA 1967). Es ist deutlich eine Verarmung und Umschichtung des Wildbestandes zu konstatieren. Guanaco (*Lamas guanacoe*), Strauß (*Rhea americana albescens*) und Mara (*Dolichotis patagonica*) als einheimische Tiere der Steppe, Huemul (*Hippocamelus bisulcus*), Pudu (*Pudu pudu*), Condor (*Vultur gryphus*) und Puma (*Puma concolor*) als Großtiere der Wald- und Gebirgsregionen begegnen heute nur noch in wenigen Exemplaren. Dafür haben sich eingeschleppte (anthropochore) europäische und nordamerikanische Tierarten wie das Wildschwein (*Sus scrofa*), der Feldhase (*Lepus europaeus*), diverse Hirscharten und verschiedene Forellenarten in den Andenseen teilweise erstaunlich vermehrt. In den Kordillerenwäldern der Provinz Neuquén schätzt man heute den Bestand an Hirschen (insb. *Cervus elaphus* u. *Axis axis*) allein auf über 5000 Exemplare. Sie werden sowohl von den Estancieros wie von den Forstbehörden bereits als Plage empfunden.

Soweit die Darstellung der wichtigsten Veränderungen und Schäden im Ökosystem der Steppen- und Waldgebiete. Es muß nunmehr die Kernfrage des Referates aufgeworfen werden: Wie ist es zu diesen z.T. tiefgreifenden und in Richtung auf eine allgemeine Verschlechterung der Situation hinauslaufenden Wandlungen im Naturhaushalt gekommen? Welches waren die auslösenden Faktoren?

Durchmustert man die schon recht umfangreiche Literatur, die sich teilweise ausschließlich, teilweise nur randlich mit den angesprochenen Problemen auseinandersetzt, so ist nicht zu verkennen, daß zahlreiche Autoren die entscheidende Ursache in einer Klimaverschlechterung, d.h. in einer zunehmenden

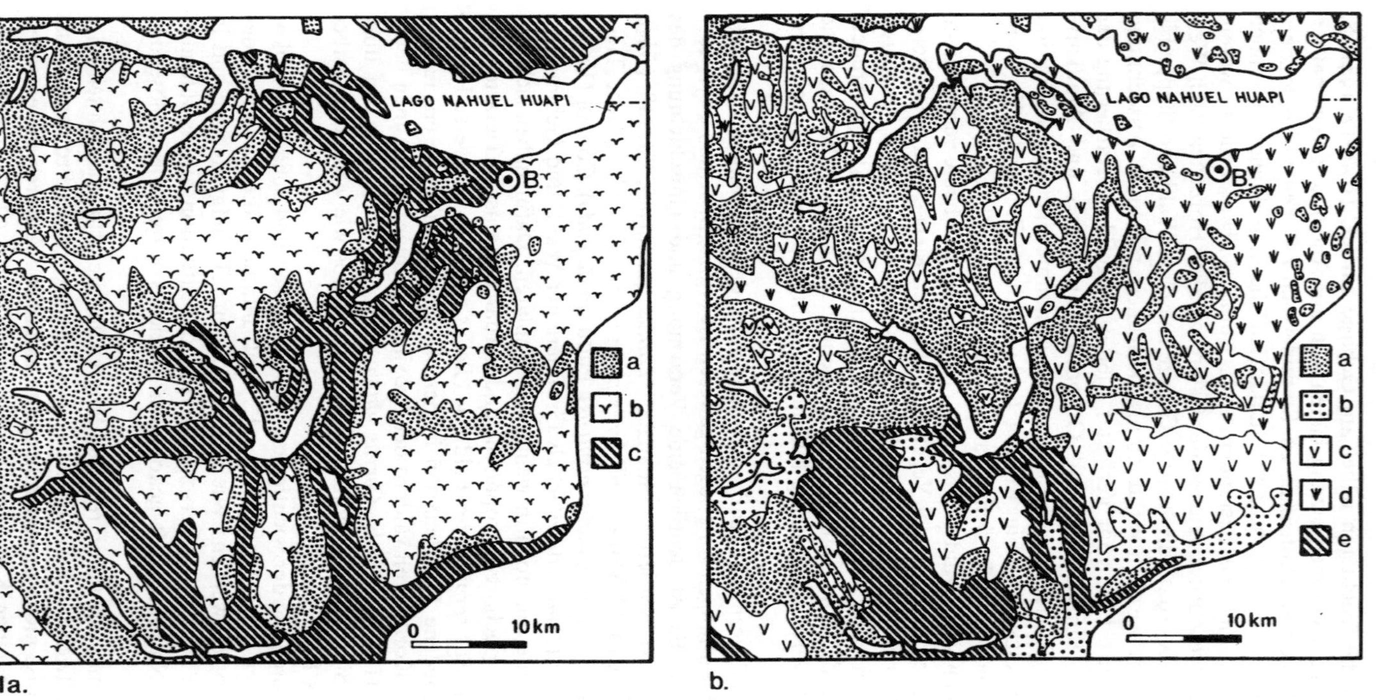

Abb. 1. Vegetationsgliederung und Brandflächen am patagonischen Andenrand (Südteil des Parque Nacional Nahuel Huapi)

a) nach Geländeaufnahme von ROTHKUGEL (1916);
a. *Nothofagus*—Wald, b. Steppenvegetation und Hochgebirgsmatten, c. Waldbrandfläche

b) nach einem Plan der Nationalparkbehörde, Luftbildauswertung durch E. J. DALPONTE (vor 1966);
a. Wald, b. Sträucher und Büsche als Sekundärformation, c. Hochgebirgsmatten (üb. 1500 m), d. Steppenvegetation (Gräser und Zwergsträucher), e. jüng. Waldbrandfläche

Austrocknung Patagoniens sehen (vgl. Zusammenstellung bei AMIGO 1965). Ganz klar formuliert es KALELA (1941) bereits im Titel seiner ausführlichen Studie 'Über die Holzarten und die durch die klimatischen Verhältnisse verursachten Holzartenwechsel in den Wäldern Ostpatagoniens'. Auch die beschriebenen Veränderungen im Steppenbereich werden von vielen Autoren primär auf eine zunehmende klimatische Austrocknung zurückgeführt. Es ist dabei bemerkenswert, daß diese Autoren fast durchgängig übereinstimmen mit zahlreichen Estancieros, die den Zwang zu einer kontinuierlichen Verminderung ihrer Schaf- oder Rinderbestände in erster Linie mit der angeblich zunehmenden Niederschlagsarmut in den vergangenen Jahrzehnten und mit der daraus resultierenden Verschlechterung der Futterbasis der Kämpe begründen.

Im Hinblick auf die Beantwortung der oben aufgeworfenen Frage liegt es nahe, dieser Hypothese nachzugehen und zu prüfen, ob diese Austrocknungstendenz tatsächlich gegeben ist und evtl. heute noch anhält. Unbestritten dürfte die von AUER (1933, 1939, 1958) und im Anschluß an ihn auch von KALELA (1941) postulierte Austrocknung und allgemeine Klimaverschlechterung (größere Wechselhaftigkeit, nach AUER 1958, 228) seit dem Klimaoptimum des Atlantikums sein, die wohl in erster Linie für den seit über 2000 Jahren anhaltenden großflächigen Rückgang der Waldgrenze nach Westen verantwortlich zu machen ist. Insbesondere die pollenanalytischen Untersuchungen AUER's und möglicherweise auch dendrochronologische Zeugnisse (vgl. z.B. SCHULMAN 1956) sowie die Tatsache der Verkleinerung einiger Andenseen sprechen für eine derartige Rückverlegung der Trockengrenze (vgl. WILHELMY 1952). Eine zunehmende Zonalzirkulation mit der Folge verstärkten Luftmassenstaus an der Westflanke der Südkordillere und intensivierter föhnartiger Absinkbewegung an der Ostflanke könnten als zirkulationsgenetische Ursachen dieses Klimawechsels angesehen werden (vgl. KALELA 1941, S. 111). Wie stark sich der Föhneffekt im Lee der Anden auswirkt, ist wohl am besten an den sehr hohen Werten der jährlichen potentiellen Verdunstung zu ermessen, die bei allen Stationen über 1000 mm, bei einigen sogar über 1400 mm (korrigiert, nach Messungen mit Class-A-Pan) liegen, so daß schon im Präkordillerenbereich bei ohnehin geringer Wasserkapazität der lockeren Aschen-, Sand- und Kiesböden (vgl. Tab. 1) die Jahresniederschlagsmenge aufgezehrt wird und die Trockengrenze unmittelbar am Fuße der Anden verläuft (vgl. LAUER 1952 u. ERIKSEN 1970). Verstärkend kommt hinzu, daß in Nordpatagonien vor allem Winterregen fallen, die pflanzenphysiologisch von relativ geringer Bedeutung sind. Die spärlichen Sommerregen verdunsten rasch bei zwar gemäßigten Temperaturen, aber geringer Luftfeuchtigkeit, intensiver Einstrahlung und durchschnittlich starker Windbewegung.

Es kann also durchaus nicht bestritten werden, daß der patagonische Andenrand in einem klimatischen Grenzbereich liegt und damit bei allen atmosphärischen Veränderungen von ökologischen Störungen bedroht ist. Die Frage ist nur, ob die oben erwähnte Austrocknungstendenz heute noch anhält und damit allein für die einleitend erwähnten jüngeren Veränderungen im Ökosystem verantwortlich zu machen ist.

Während wir für die vergangenen Jahrhunderte nur über indirekte Zeugnisse der Klimaverhältnisse verfügen (Pollenspektren, Baumringe u.ä.), stehen uns für die Zeit nach der letzten Jahrhundertwende relativ exakte Niederschlagsmessungen in ausreichender Menge zur Verfügung. Ihre statistische Analyse muß die Frage nach dem Anhalten der Austrocknungstendenz in der Gegenwart klar beantworten können.

Diese Analyse ist bereits durchgeführt worden. Eine im Auftrage des Nationalen Entwicklungsrates (Consejo Nacional de Desarrollo, CONADE) erarbeitete Studie von GALMARINI und RAFFO DEL CAMPO (1965) erbrachte unter Benutzung eines sehr umfangreichen Datenmaterials und unter Anwendung verschiedener statistischer Methoden das bemerkenswerte Ergebnis, daß für fast alle untersuchten Stationen Patagoniens eine Abnahme der Niederschlagsmenge zumindest seit dem Zeitraum 1900–1910 nicht nachzuweisen ist, ja daß vielmehr in den meisten Fällen eine leichte Niederschlagszunahme (60–100 mm), seit 1930 sogar verstärkt, zu konstatieren ist. Dabei haben sich auch im Jahresgang des Niederschlags keine einschneidenden Veränderungen vollzogen. Diese in Patagonien beobachtete und den bisherigen Vermutungen (vgl. o.) durchaus widersprechende Niederschlagszunahme hat ihre Parallele im nördlicher gelegenen Pampa-Bereich, für den SCHWERDTFEGER (1955) ebenfalls eine geringfügige Zunahme der Regenmenge in den vergangenen Jahrzehnten ermitteln konnte. Sowohl für Patagonien wie für den Pampa-Raum dürfte die genetische Begründung in einer leichten Zunahme der Meridionalzirkulation (und damit einer Verminderung des Föhneffektes) zu suchen sein, die wiederum auf einer thermisch bedingten Verminderung des Nord-Süd-Druckgefälles beruht (vgl. SCHWERDTFEGER 1955).

Bei einer insgesamt gleichbleibenden oder sogar steigenden Regenmenge könnte natürlich auch eine zunehmende Verdunstung als Ursache für die angebliche Austrocknung postuliert werden. Leider fehlen wie in vielen Teilen der Erde langjährige Verdunstungsmeßreihen. Einen gewissen Ersatz können allerdings die vorhandenen Meßreihen der Lufttemperatur bieten. Die Untersuchung GALMARINIS und RAFFO DEL CAMPOS (1965) ergab in diesem Zusammenhang, daß bei den meisten patagonischen Stationen seit etwa 1900 keine langfristigen Temperaturveränderungen, bei einzelnen eine leichte Temperaturzunahme, bei anderen eine schwache Abkühlung zu erkennen ist. Daraus dürfte — selbst unter Berücksichtigung möglicher Inhomogenitäten in den Meßreihen — der Schluß zulässig sein, daß auch die Verdunstung keine wesentlichen Veränderungen seit der Jahrhundertwende erfahren hat.

Die Vermutung und Behauptung, daß die in Vergangenheit und Gegenwart erkennbaren Veränderungen in der Natur Patagoniens im wesentlichen durch eine zunehmende Austrocknung bedingt seien, trifft also nur für die langfristige Periode seit dem Klimaoptimum des Atlantikums zu, nicht jedoch für die starken Veränderungen in der Zeit seit Beginn der Erschließung Patagoniens und seit der regelmäßigen Sammlung von Klimadaten. Für diese einleitend skizzierten Wandlungen im Naturhaushalt ist vielmehr mit anderen, nicht-klimatischen Faktoren und Ursachenkomplexen zu rechnen.

Hier verweisen uns nun zahlreiche in Steppe und Wald Patagoniens zu beobachtende Erscheinungen unmittelbar auf den teilweise verheerenden Eingriff des Menschen in den Naturhaushalt dieses Raumes. Welcher Art sind diese Eingriffe und wie wird durch sie das Ökosystem beeinflußt?

Es ist nicht ganz auszuschließen, daß bereits die vorkolonisatorische indianische Bevölkerung auf Fauna und Flora modifizierend eingewirkt hat. Insbesondere aus Berichten von Reisenden aus der Mitte und der 2. Hälfte des 19. Jhdts. (z.B. MUSTERS 1871) wissen wir, daß die nomadisierende Eingeborenenbevölkerung intensive Jagd auf Guanaco, Puma und Strauß gemacht hat. Dabei dürften sogar in Anlehnung an frühere Jagdmethoden der Pampaindianer (vgl. SCHMIEDER 1929) vereinzelt Brände in der Steppe gelegt worden sein. Die Literatur berichtet nichts darüber. Ungewiß ist es auch, ob bereits von der indianischen Bevölkerung bewußt Brände im Waldgebiet gelegt worden sind. Da kaum Weidewirtschaft und nur wenig Anbau im Präkordillerenbereich betrieben wurde, bestand im Grunde kein existenzieller Zwang zur Brandlegung im Wald. Es ist jedoch eine Tatsache, daß schon vor Beginn der intensiven Kolonisation der Präkordillere einzelne ausgedehnte Brandflächen im Waldgebiet beobachtet wurden (vgl. z.B. KRÜGER 1900). Insgesamt dürfte jedoch REY BALMACEDA (1967) darin zugestimmt werden können, daß die Eingeborenenbevölkerung nur geringfügig in den Naturhaushalt eingegriffen hat.

Das änderte sich schlagartig, als um 1900 die Kolonisation im Andenbereich und in der Steppe verstärkt einsetzte (vgl. ERIKSEN 1970) und als sich aus dem benachbarten Chile Zuwanderer in der argentinischen Präkordillere niederließen, für die das Abbrennen von Waldarealen zur Acker- und Weidelandgewinnung seit Jahrzehnten vertrauter Brauch war (vgl. LAUER 1961). Gleichzeitig wurde die einheimische Waldfauna systematisch dezimiert (vgl. o.). Zahlreich sind die Quellenhinweise auf großflächige Brände im gesamten Andenbereich, insbesondere aber am trockneren Ostrand der Kordillere, der auf Grund der Reliefgestaltung und Klimaverhältnisse relativ günstige Voraussetzungen für eine Besiedlung und Nutzlandgewinnung bot. Als ROTHKUGEL 1914/15 die patagonischen Wälder systematisch kartierte, konnte er die schon zu jener Zeit erschreckend große Ausdehnung von 6970 qkm Brandfläche ermitteln (vgl. Abb. 1a), d.h. es waren zu jener Zeit bereits rd. 25% der gesamten Waldfläche Patagoniens (rd. 28000 qkm) vernichtet (ROTHKUGEL 1916, S. 33, vgl. auch WILLIS 1914). Die Intensität des Abbrennens hielt bis in die 30-ger Jahre fast unvermindert an und ist auch in der Gegenwart nach eigenen Beobachtungen, Zeitungsmeldungen und Unterlagen der Nationalpark- und Forstbehörden trotz verschärfter gesetzlicher Verbote nicht abgeschlossen (vgl. Abb. 1b u. KALELA 1941, COSTANTINO 1946, TORTORELLI 1947, KOZDON 1956 u.a.). Durch größere Brände am Lago Epuyén, am Lago Espejo und am Fuß des Vulkans Lanín wurden allein nach 1960 über 3000 ha Wald vernichtet.

Die Ursachen der Waldbrände sind durchaus vielfältiger Natur. Teilweise handelt es sich—wie vor 1900 wohl überwiegend—um natürliche Brände durch Blitzschlag in Dürreperioden, teilweise greifen von der chilenischen Andenseite bei vorherrschenden westlichen Winden Flächenbrände auf die argentinischen

Anden über (daher wurde 1961 zwischen Argentinien und Chile ein Abkommen über den Schutz der Grenzwaldungen zwischen 36° und 45° sdl. Breite geschlossen), teilweise entstehen durch Unvorsichtigkeit der in den letzten Jahren in großer Zahl einströmenden Touristen Waldbrände (vgl. ERIKSEN 1970) und vereinzelt wird schließlich noch heute in unzugänglichen Andentälern bewußt Weideland durch Brandlegung geschaffen. Insgesamt belief sich 1956 nach Angaben von KOZDON (1956) die durch Brand vernichtete Waldfläche auf rd. 14000 qkm, d.h. rd. 50% des Waldes der argentinischen Südkordillere. Davon waren wegen mangelnder Verjüngungskraft der Baumarten noch rd. 8800 qkm als offene Waldbrandblößen ohne Sekundärwald erhalten (vgl. Bild 2 u. Abb. 1a u. 1b; die in den beiden Abbildungen meist nicht gegebene Übereinstimmung der Flächenbegrenzungen beruht auf den unterschiedlichen Kartierungsgrundlagen, d.h. Geländebeobachtung bzw. Luftbildauswertung). Mit Sicherheit beweisen die Kartierungen, daß die heutige Freifläche (Steppe) auf dem Nord- und Südufer des Lago Nahuel Huapi durch Waldbrände vor 1914 geschaffen wurde.

Die Waldbrände waren und sind jedoch nicht der einzige zerstörerische Eingriff in den Waldbestand. Vielmehr wird heute noch relativ intensiv die Waldweide betrieben, wobei das Vieh (Rinder, Schafe und Ziegen) meist unbeaufsichtigt und ohne winterliche Aufstallung auf die durch Brand gelichteten Freiflächen und in die benachbarten Waldbestände getrieben wird (vgl. COSTANTINO u.a. 1953). Man nimmt dabei durchaus größere Viehverluste durch Verlaufen, Absturz, Diebstahl und klimatische Einflüsse (Frost, Schneeverwehungen) in Kauf.

Schließlich muß auch auf die Aktivität einer Vielzahl von Sägewerken im Prä- und Hochkordillerenbereich hingewiesen werden (zwischen Lago Lolog und Trevelín existierten 1966 über 40 Sägewerke). Bis in die Mitte der 30-ger Jahre wurden von diesen Betrieben die Wälder im Raubbau geschlagen, wobei nur die besten Hölzer herausgeplentert wurden, so daß fast der gesamte verbleibende Rest heute überaltert, krank und waldwirtschaftlich fast nutzlos geworden ist (vgl. KOZDON 1956). Bereits 1942 wies LEBEDEFF mit Nachdruck auf den Raubbau und auf die daraus erwachsende Erosionsgefahr in der patagonischen Kordillere hin. Einzelne wertvollere Baumarten wie die Alerce (*Fitzroya cupressoides*), der Raulí (*Noth. nervosa*) oder Roble pellín (*Noth. obliqua*) sind durch diesen Raubbau von der völligen Ausrottung bedroht, zumal ihre Wachstumszeiten besonders lang sind. Die Araukarie (*Araucaria araucana*) in den Wäldern der Provinz Neuquén wäre von einem ähnlichen Schicksal betroffen, wenn nicht nach 1960 ein absolutes Schlagverbot für diese Baumart erlassen worden wäre. Allein das weiterhin betriebene Einsammeln der als Nahrungsmittel genutzten Araukariensamen (piñones) durch die indianische Bevölkerung kann auch für die Existenz dieses Baumes gefährlich werden.

Sind Brand, Waldweide und teilweise unvernünftige Holzwirtschaft die entscheidenden Eingriffe im Waldbereich der patagonischen Kordillere, so unterscheidet sich der Einfluß des Menschen auf das Ökosystem im Steppen- und Präkordillerenbereich davon zwar grundsätzlich, doch zeigt es sich, daß die teilweise katastrophalen Konsequenzen dieser Eingriffe von beiden Seiten gerade im Wald-Steppen-Grenzbereich durchaus ineinandergreifen.

Neben einer weitergehenden Dezimierung der einheimischen Steppenfauna, neben vereinzelten künstlich angelegten Bränden zur Weideverbesserung und neben einer regional verbreiteten Vernichtung der Strauch- und Baumvegetation durch Brennholzgewinnung (vgl. KRIEG 1951 u. KOZDON 1956) ist im Trockengebiet Ostpatagoniens insbesondere die teilweise enorme Überstockung der Kämpe mit Rindern (in der Präkordillere) und mit Schafen (in der Präkordillere und Steppe) als Ursache für die Degradation der Weideflächen, d.h. für die Auflockerung der Vegetationsdecke und für die Verbuschung anzusehen.

Zwar schwanken die Bestockungszahlen entsprechend dem regional wechselnden Feuchteangebot und der daraus resultierenden unterschiedlichen Futterbasis beträchtlich (vgl. BOELCKE 1957 u. ERIKSEN 1970), doch ergeben sich überall im Kamp ähnliche Auswirkungen auf das Pflanzenkleid (vgl. o.). Als besonders gefährlich für den Jungwuchs der Baum-, Strauch- und Grasarten erweisen sich hier wie in vielen Weidegebieten der Erde die Ziegenherden (vor allem in der Präkordillere von Neuquén).

Die Ursachen der Überstockung sind verschiedenartig (vgl. z.B. SORIANO 1958, AMIGO 1965, RODRIGUEZ ROMERO 1965, REY BALMACEDA 1967). Der 'sobrepastoreo' beruhte in den Anfangsjahren der Kolonisation mit Sicherheit auf einer absoluten Überschätzung der Futterkapazität der Kämpe, so daß in den Chroniken teilweise gewaltige Rinder- und Schafherden erwähnt werden, die in den ersten Jahren dieses Jahrhunderts noch meist unbegrenzt die Steppengebiete beweideten (vgl. ERIKSEN 1970, S. 81). Für die Gegenwart sind die vergleichsweise geringen Schaffleischpreise als wichtiger Faktor zu nennen, die keinen Anreiz zu einem Verkauf von Tieren bieten, während man gleichzeitig durch eine Ausweitung der Bestandszahlen eine größere Wollproduktion bei besseren Preisen erhofft (AMIGO 1965 u. RODRIGUEZ ROMERO 1965). Daß Wollmenge und -qualität jedoch unmittelbar von der Qualität der jeweiligen Weide abhängig sind, wird dabei nur selten in Rechnung gestellt.—Als weitere Ursachen für die Überstockung der Kämpe werden wohl mit Recht die teilweise geringen Betriebsgrößen genannt sowie die Tatsache, daß die Mehrzahl der Betriebe noch nicht im Privatbesitz ist, so daß ein Anreiz zu einer rationellen Bewirtschaftung des eigenen Landes fehlt (vgl. ERIKSEN 1971c).

Zwar haben die schon seit langem erkannten Schäden und Gefahren in den vergangenen Jahrzehnten eine generelle Verringerung des Rinderanteils zugunsten des Schaf- und teilweise auch des Ziegenbestandes eingeleitet, ebenso auch eine stetige quantitative Verringerung der Viehbestände (vgl. BOELCKE 1957 u. ERIKSEN 1970), doch wird von nordamerikanischen und australischen Weidefachleuten der Tierbestand Patagoniens noch immer als um 30–40% zu hoch angesehen (AMIGO 1965). Daran ändert auch die Tatsache nichts, daß in den meisten größeren Betrieben heute eine geregelte Umtriebsweide über eine Vielzahl von eingezäunten Koppeln (potreros) durchgeführt wird. BOELCKE (1957) weist mit Nachdruk auf die noch bestehenden Mängel dieser Potrero-Wirtschaft hin, ebenso auch auf den nach wie vor gegebenen schädigenden Einfluß von Wildtieren (insbesondere Puma, Fuchs, Wildschwein, Hasen). Zumal in Dürreperioden und in schneereichen, strengen Wintern ist der Viehverlust auch in Betrieben mit Umtriebsweide erschreckend hoch.

Ähnlich wie die spärlichen Bemühungen um eine Aufforstung oder Umfortung in der Waldkordillere (meist mit eingebürgerten Koniferenarten: z.B. *Pinus ponderosa, P. pinea, P. radiata, Picea abies, Pseudotsuga taxifolia*) bleiben bis jetzt auch die Bestrebungen um eine Verbesserung der Futtergrundlage durch die Aussaat von diversen Futterpflanzen (z.B. *Lolium perenne, Trifolium repens, Avena sativa*) und durch Düngung von Teilparzellen in einem Versuchsstadium stecken. Es ist allerdings zu begrüßen, daß sich seit einigen Jahren ein staatliches Agrarinstitut (Instituto Nacional de Tecnología Agropecuaria, INTA) mit mehreren Versuchsanlagen um eine systematische Verbesserung der Weideverhältnisse bemüht.

In der unmittelbaren Gegenwart ist es nicht ausgeschlossen, daß unter dem Einfluß der politischen Entwicklung—insbesondere auch im Nachbarland Chile—durch die wachsende Gefahr einer Enteignung der Viehbestand drastisch reduziert wird. Es wird bereits von umfangreichen Schafverkäufen in Patagonien berichtet. Hierbei dürfte auch die Situation auf dem Weltwollmarkt eine Rolle spielen, auf dem die Baumwolle immer stärker die Oberhand gewinnt.

Ich fasse zusammen: In Steppe und Wald Patagoniens lassen sich gegenwärtig teilweise tiefgreifende und zumeist wohl irreparable Veränderungen und Schädigungen im Naturhaushalt beobachten. Die in früheren Jahren vertretene Auffassung, daß diese Störungen im Ökosystem allein auf eine zunehmende klimatische Austrocknung zurückzuführen seien, wird hier zurückgewiesen. Zwar hat es in den vergangenen Jahrhunderten nach unwiderleglichen Untersuchungsergebnissen einen Klimawechsel in Richtung auf größere Trockenheit gegeben und sie hat immerhin eine beträchtliche Rückverlegung der Wald-Steppen-Grenze nach Westen zur Folge gehabt. Die rezente Ausweitung von Ciprés-Beständen scheint anzudeuten, daß diese Rückverlagerung in der Gegenwart zumindest gestoppt ist. Möglicherweise sind allerdings auch heute in diesem Grenzbereich die Vegetationsverhältnisse den trockneren Umweltbedingungen noch nicht voll angepaßt, so daß sich verschiedene Erscheinungen auf diesen Feuchtemangel zurückführen lassen wie etwa die mangelhafte Verjüngung mancher als Relikte aus feuchterer Zeit aufzufassender Baumbestände, wie die verbreitete Kronendürre oder auch die Tatsache, daß in aufgelösten Waldarealen Steppenpflanzen in der Konkurrenz die Oberhand gewinnen (Vgl. Bild 1 u. 2. Abb. 1a u. b). Zumindest seit dem Beginn dieses Jahrhunderts ist jedoch keine weitere klimatische Austrocknung nachzuweisen. Wahrscheinlicher ist sogar eine geringfügige Zunahme der Niederschlagsmenge bei etwa gleichbleibender Verdunstungsmenge. Alle jüngeren Veränderungen im Naturhaushalt werden daher in erster Linie auf anthropogene Eingriffe zurückzuführen sein. Dabei spielt allerdings durchaus die Tatsache eine entscheidende Rolle, daß wir uns in einem ausgesprochen instabilen klimatischen Grenzraum befinden, wo schon geringfügige äußere Eingriffe insbesondere im Übergangsssaum Wald-Steppe irreversible Folgen haben müssen. Eine durch Brand, Holzschlag oder Viehverbiß entstandene Lichtung im Wald konnte sich unter der Voraussetzung schlechter Verjüngungsfähigkeit, geringen Feuchteüberschusses (bei hoher Verdunstung), häufiger Dürreperioden (Winterregen!), leichter Erodierbarkeit und möglicherweise auch fortschreitender Demineralisation der Lockerböden (vgl. Tab. 1) nicht wieder bewalden. Im feuchteren Westen traten entweder andere, trockenheitsresistentere Baumarten oder dichte Bambusbestände an seine Stelle. Im trockneren Grenzraum Wald-Steppe gewinnt stets die xerophile (Strauch-)Steppenvegetation die Konkurrenz auf den anthropogen gelichteten ehemaligen Waldflächen, wenn nicht tiefe Erosionskerben jegliche Vegetationsentwicklung überhaupt verhindern. In leichter Abwandlung einer Bemerkung SCHOTTS (1956, S. 86) zum Heideproblem kann festgestellt werden, daß an solchen Stellen, an denen der Wald an der Grenze seiner Lebensmöglichkeit ist, schon geringe Eingriffe des Menschen genügen, um den natürlichen Kampf zwischen Wald und Steppe zugunsten der Steppe zu entscheiden.

Unter den geschilderten Bedingungen ist es nicht verwunderlich, daß auch die Einrichtung mehrerer Nationalparks im Grenzbereich Hochkordillere-Präkordillere-Tafelland leider noch nicht wesentlich zu einer Verbesserung der Situation beigetragen hat (vgl. ERIKSEN 1967 u. 1971 a u. b). Trotz vielfältiger Gesetze und Verbote bleibt auch in diesen Schutzgebieten der Eingriff des Menschen nach wie vor spürbar (Waldbrände, Holzschlag, Waldweide, Aussetzen eingeschleppter Tiere u.ä.). Nur die in den letzten Jahrzehnten zu beobachtende Ausweitung teilweise dichter Ciprés-Bestände nach Osten scheint (wahrscheinlich unter gleichzeitiger Einwirkung der geringfügigen Zunahme der Niederschläge in den vergangenen Jahrzehnten) eine Konsequenz der aktuellen Naturschutzbemühungen zu sein. Auch an diesem Beispiel zeigt sich wieder, wie wenig klimatische und anthropogene Einflüsse in ihrer Wirkung auf das Ökosystem letztlich voneinander zu trennen sind. Vermutlich muß daher jeder Versuch scheitern, in einem der beiden Faktoren die alleinige oder auch nur die wichtigste Ursache zu sehen.

Literatuur

AMIGO, A. (1965): El sobrepastoreo de la región patagónica, causas que lo originan y soluciones que se proponen. Cons. Nac. de Des., Proy. Espec. 14. Bs. As. 29–54.

AUER, V. (1933): Verschiebungen der Wald- und Steppengebiete Feuerlands in postglazialer Zeit. *Acta Geographica* 5 (2).

AUER, V. (1939): Der Kampf zwischen Wald und Steppe auf Feuerland. *Pet. Mitt.* 1939: 193–197.

AUER, V. (1951): Consideraciones científicas sobre la conservación de los recursos naturales de la Patagonia. Idia. 40–41. Buenos Aires.

AUER, V. (1958): The Pleistocene of Fuego-Patagonia. P. II. *Ann. Acad. Scient. Fenn. Ser. A.* 3 (50) Helsinki.

BOELCKE, O. (1957): Comunidades herbaceas del Norte de Patagonia y sus relaciones con la ganadería. *Rev. Invest. Agric.* 11.

COSTANTINO, I. N. (1946): El Bosque y su enemigo No. 1. Min. de Agric. de la Nac., *Dir. For., Publ. Misc.* 222.

COSTANTINO, I. N. u. PAPARA, A. (1953): El Bosque y la Ganadería. Min. de Agric. y Ganad. *Publ. Tec.* 17. Bs. As.

DIMITRI, M. J. (1959): Aspectos fitogeográficos del Parque Nacional Lanín. *An. de Parques Nac.* 8: 95–122.

DIMITRI, M. J. (1962): La flora andino-patagónica. *An. de Parques Nacionales* 9 Bs. As.

ERIKSEN, W. (1967): Landschaft, Nationalparks und Fremdenverkehr am ostpatagonischen Andenrand. *Erdkunde* 21: 230–240.

ERIKSEN, W. (1970): Kolonisation und Tourismus in Ostpatagonien. *Bonner Geogr. Abh.* 43.

ERIKSEN, W. (1971a): Konzeption und Realität des Naturschutzes in Argentinien—Beispiel Nationalpark Lanín. In: *Natur und Landschaft.* 46 (2): 36–40.

ERIKSEN, W. (1971b): Der argentinische Nationalpark Nahuel Huapi als Wirkungsfeld raumdifferenzierder Kräfte und Prozesse. *Geogr. Rdsch.* 1: 24–30.

ERIKSEN, W. (1971c): Betriebsformen und Probleme der Viehwirtschaft am Rande der argentinischen Südkordillere. *Zschr. f. ausl. Landwirtschaft.* 10: 24–46.

GALMARINI, A. G. u. RAFFO DEL CAMPO, J. M. (1965): Investigación sobre la existencia de posibles cambios de clima en la Patagonia. Cons. Nac. de Des., Proy. Espec. 14: 9–25.

HAUMAN, L. (1928): Les modifications de la flore argentine sous l'action de la civilisation. Mem. Acad. Roy. Belg. IX, Bruxelles.

HEIM, A. (1941): Waldzerstörung in Neuseeland und Patagonien. *Schweiz. Zschr. f. Forstwes.* 1 Bern.

IHERING, H. v. (1929): Klima und Flora von Patagonien im Wandel der Zeit. *Pet. Mitt.* 1929: 175–180, 240–245, 308–311.

KALELA, E. K. (1941): Über die Holzarten und die durch die klimatischen Verhältnisse verursachten Holzartenwechsel in den Wäldern Ostpatagoniens. *Ann. Acad. Scient. Fenn.* Ser. A.4(2) Helsinki.

KINZL, H. (1970): Bedrohte Natur in den peruanischen Anden. In: Argumenta Geographica. Festschr. f. C. Troll zum 70. Geb. Coll. Geogr. 12: 253–270.

KNAPP, R. (1965): (Hrsg.) Weide-Wirtschaft in Trockengebieten. Gießener Beitr. zur Entwicklungsforschung 1 (1).

KOZDON, P. (1956): Es stirbt der Wald—es wächst die Steppe. Freie Presse 3746/7, Buenos Aires 24.6.1956.

KOZDON, P. (1968): Das Verschwinden der autochthonen Koniferen in der Kordillere. In: Südamerika. 1/2: 29–35.

KRIEG, H. (1951): Als Zoologe in Steppen und Wäldern Patagoniens. 2. Aufl. München.

KRÜGER, P. (1900): Die chilenische Reñihue- Expedition. *Zschr. d. Ges. f. Erdk. zu Berlin.* 35: 1–126.

LAUER, W. (1952): Humide und aride Jahreszeiten in Afrika und Südamerika und ihre Beziehung zu den Vegetationsgürteln. *Bonner Geogr. Abh.* 9: 15–98.

LAUER, W. (1961): Wandlungen im Landschaftsbild des südchilenischen Seengebietes seit Ende der spanischen Kolonialzeit. Schr. d. Geogr. Inst. d. Univ. Kiel 20: 227–276.

LEBEDEFF, N. (1942): Boletin forestal 1938–1940. Buenos Aires.

LESER, H. (1970): Die westliche Kalahari um Auob und Nossob (östliches Südwestafrika). *Tüb. Geogr. Stud.* 34: 113–131.

LJUNGNER, E. (1939): A forest section through the Andes of Northern Patagonia. *Svensk Bot. Tidskr.* 33.4.

MUSTERS, G. C. (1871): At home with the Patagonians. London.

O'R. STERNBERG, H. (1968): Man and environmental change in South America. In: Biogeogr. and Ecology in South America. 1: Dr. W. Junk n.v., The Hague 413–445.

PAPADAKIS, J. (1963): Soils of Argentine. In: Soil Science. V. 95: 356–366.

RAGONESE, A. E. (1967): Vegetación y Ganadería en la República Argentina. INTA. Buenos Aires.

RATHJENS, C. (1970): Die Wüste Thar. Beispiel einer vom Menschen geschaffenen Wüste. In: Dt. geogr. Forsch. in der Welt von heute.—Festschr. f. E. Gentz. Kiel 61–67.

REY BALMACEDA, R. (1960): Geografía histórica de Patagonia: 1870. (Tes. doct.) Buenos Aires.

REY BALMACEDA, R. (1967): Modificación antropógena del paisaje patagónico en el último siglo. In: Mel. de Geogr. I., off. a M. O. Tulippe. Gembloux 387–398.

Rodriguez Romero, M. L. (1965): Ganadería y erosión en la Patagonia. Seminario 'Fr. P. Moreno', Soc. Cient. Arg. 15–17.

Rothkugel, M. (1916): Los bosques patagónicos. Buenos Aires.

Schmieder, O. (1929): Das Pampaproblem. *Pet. geogr. Mitt.* 246–247.

Schott, C. (1956): Die Naturlandschaften Schleswig-Holsteins. Neumünster.

Schulman, E. (1956): Dendroclimatic change in semiarid America. Tucson, Univ. of Arizona Press.

Schwerdtfeger, W. (1955): Betrachtungen über eine Klima-Änderung in Argentinien. Met. Rdsch. 8 (1/2): 7–10.

Soriano, A. (1956): Los districtos florísticos de la Provincia Patagónica. *Rev. Invest. Agric.* 10: 323–347.

Soriano, A. (1958): El manejo racional de los campos en Patagonia. Idia, 124, Buenos Aires.

Tortorelli, L. A. (1947): Los incendios de bosques en la Patagonia. Min. de Agric., Dir. Forest., Buenos Aires.

Troll, C. (1966): Landschaftsökologie als geographisch-synoptische Naturbetrachtung. In: *Erdk. Wissen.* 11: 1–13.

Troll, C. (1966): Die Geographische Landschaft und ihre Erforschung. 1950. In: *Erdk. Wissen* 11: 14–51.

Walter, H. (1963): Pflanzendecke und Wasser, insbesondere das Savannenproblem und die Verbuschungsgefahr. Wasserwirtschaft in Afrika. Köln.

Walter, H. (1968): Die Vegetation der Erde in öko-physiologischer Betrachtung. 2 Stuttgart.

Wilhelmy, H. (1952): Die eiszeitliche und nacheiszeitliche Verschiebung der Klima- und Vegetationszonen in Südamerika. Sitz.-ber. u. Verh. Dt. Geogr. Tg. Frankfurt 1951: 121–127, Remagen.

Wilhelmy, H. u. Rohmeder, W. (1963): Die La Plata-Länder. Braunschweig.

Willis, B. (1914): El Norte de la Patagonia. T. I. New York.

Diskussion

Seibert:

Bei dem Schluß von Einzelbaumvorkommen auf das Vorkommen ehemals geschlossenen Waldes muß man sehr vorsichtig sein. Gerade in Ostpatagonien zeigen manche Baumformen, speziell Araukarien, ausgesprochenen Solitärhabitus. Mehrere hundert Jahre alte Bäume weisen durch ihren Habitus darauf hin, daß sie nicht im geschlossenen Bestand aufgewachsen sind.

Helwig:

Sie zeigten, daß im Grenzgebiet die Zypresse z.T. vorgedrungen ist. Meine Frage: Ist dies auf planmäßige Aufforstung zurückzuführen oder ist dies eine natürliche Entwicklung? Hat man in dem einen wie dem anderen Fall die entsprechenden Konsequenzen für eine weitere Aufforstung gezogen?

Reiner:

Sind von Ihnen bestimmte Sukzessionen in ihrer räumlichen Verteilung erkannt worden, die Hinweise auf die Abfolge der zeitlichen Veränderung geben; hier die Frage nach Nothofagus?

Blüthgen:

Wenn nach den Feststellungen relativ hoher Niederschläge in devastiertem

Weideland ein Teil des heute offenen Landes potentielles Waldland sein könnte, ergeben sich drei diesbezügliche Fragen: 1. gibt es gesetzliche Vorschriften und evtl. Subventionen für Pflanzgut, Zaunschutz usw. für Privatlandeigentümer? 2. gibt es staatliche Ländereien auch außerhalb der Nationalparke, die aufgeforstet werden können? 3. wenn ja, werden gegebenenfalls als Vorwald für die schwierige Anlaufphase, auch resistentere Fremdlinge bei Anpflanzungen eingebracht?

SCHREIBER:

Es wurde viel von der Gunst des Waldes und Notwendigkeit der Aufforstung auch in Bezug wasserhaushaltlicher Sanierung gesprochen. Ich möchte aber bemerken, daß der Wald auch ein bedeutender Wasserkonsument ist, und das besonders, wenn Grundwasser genutzt werden kann und die potent. Evapotranspiration nach ERIKSENS Ausführungen jährlich 1000 mm betragen könne. Brandrodung ist dabei unerheblich. Man könnte sich vorstellen, daß 10 To/ha Trockensubstanz verbrennt. Verteilt man die dabei entstehende Energie zu 50% auf Lufterwärmung, 25% Bodenerwärmung und 25% Bodenwasserverdunstung, gehen dem Boden nur knapp 2 mm Niederschlagshöhe an Wasser verloren.

WERNER:

Gibt es für die von Ihnen untersuchten Gebiete Patagoniens, in denen Wasserhaushaltsänderungen im Sinne einer 'Aridisierung' beobachtet werden, brauchbare langjährige Abflußmessungen? Derartige hydrologische Wandlungen dürften sich in Umstellungen der Charakteristik des Abflußregimes der Ströme wiederspiegeln.

ERIKSEN:

Sicherlich können die Reliktvorkommen von Cipres und Araukarie nicht der einzige Hinweis auf die ursprüngliche (maximale) Waldausdehnung nach Osten sein. Sie sind jedoch ein Indiz und stützen die pollenanalytischen Untersuchungen AUERS. Auffällig ist auf jeden Fall die Übereinstimmung der Arealgrenze mit einer klimatischen Grenze (500 mm-Isohyete). Aus den vielfältigen Wuchsformen der Araukarie (z.B. sdl. Aluminé, vgl. Abb.) sind keine Schlüsse auf die Waldentwicklung zu ziehen.

Kennzeichnende Sukzessionen im Rahmen der Arealreduktion des Waldes wurden vor allem von KALELA (1941) ermittelt; Beispiel Noth. dombeyi—Noth. antarctica—Austrocedrus chilensis.

Bestrebungen, Steppenareale oder Waldlichtungen aufzuforsten, werden durch staatliche Kredite durchaus unterstützt. Leider fließen die ausgeschütteten Gelder jedoch nicht immer in die richtigen Kanäle, d.h. die Gelder werden nicht nur zur Aufforstung benützt. Allein auf einzelnen, den provinzialen Forstbehörden unterstehenden Parzellen wird gegenwärtig systematisch aufgeforstet (z.B. am Lago Epuyén), daneben privat in einigen Estancien. Es überwiegen bei den Aufforstungen nordhemisphärische Pinus-Arten. Der Cipres-Baum wird in keinem Falle aufgeforstet; die intensive regionale Verjüngung von Austrocedrus chilensis scheint vielmehr klimatisch (in Bereichen mit ca. 1200 mm Niederschlag) und vielleicht mehr noch anthropogen (Naturschutzbestimmungen in den Nationalparks) bedingt zu sein. Der Auffassung, daß Brandkulturen weniger negative Folgen für das Ökosystem, spez. für den Wasserhaushalt haben würden als Aufforstungen, möchte ich in Bezug auf den behandelten ariden, außertropischen Raum durchaus widersprechen, da auf Grund der geringen Verjüngungskraft der Baumvegetation die Erosionsgefährdung auf den Brandflächen sehr groß ist. Im übrigen erfolgte die bisherige Aufforstung im Untersuchungsgebiet nur auf kleinen Flächen (weniger als 1000 ha insgesamt).

Es liegen zwar Abflußmessungen vor; da sie sich jedoch nur auf kurze Zeiträume beziehen, können sie nicht zur Erfassung von klimatischen Schwankungen herangezogen werden. Über den Bodenwasserhaushalt fehlen noch eingehende Untersuchungen. Sicherlich würden ihre Ergebnisse wichtige Einblicke in das ökologische Gefüge im Andengebiet vermitteln.

Anschrift des Verfassers:

Prof. Dr. Wolfgang Eriksen, Geographisches Institut der Technischen Universität Hannover, Hannover, Schneiderberg 50.

CAMPO ARENAL (NW-ARGENTINIEN) EINE LANDSCHAFTSÖKOLOGISCHE DETAILSTUDIE

DIETRICH J. WERNER

Abstract:

The Campo Arenal, situated 125 km westsouthwest of Tucumán, is a bolson-like basin in a region with an arid climate. The study deals with the ecological micro-structure of the vegetation of a section of this bolson. The section which was mapped extends from the recent center of accumulation to one of the surrounding ranges. The mapping took place with a self-reducing tacheometer and a plane table in a scale of 1:5000. The map shows the distribution of the plant communities as depended on the interrelationships between processes of degradation and aggredation, exposition, soil properties and the hydrological regime. Also analysed are some genetic aspects of the vegetation pattern. Lastly, the paper deals with the problems of the ecological boundary of the whole basin and of its earlier greater extension in the form of a basin with centripetal drainage.

Landschaftsökologische Untersuchungen, d.h. die Erfassung von Landschaften nach ihrem Wesen, ihrem Inhalt und ihre begründete Abgrenzung gegen andere Landschaften, sind in semiariden und ariden Gebieten bisher kaum durchgeführt worden. GIESSNER hat 1964 eine derartige Landschaftsanalyse und Landschaftsdarstellung für den Bereich der tunesischen Dorsale gegeben. Während GIESSNER weitgehend großräumig gearbeitet hat, soll in den nun folgenden Ausführungen eine aride Landschaft an Hand einer kleinräumigen Ausschnittkartierung vorgestellt werden.

Vorwegzunehmen ist noch, daß der Verfasser während eines 15-monatigen Aufenthalts von Okt. 1966 bis Dez. 1967 in Argentinien die Gelegenheit hatte, sechs weitgehend für NW-Argentinien typische Landschaften in kleinen Ausschnitten zu untersuchen und zu kartieren. Es sollen nun das Wesen und der Inhalt eines dieser Gebiete vorgestellt werden, wobei allerdings gesagt werden muß, daß die Geländebefunde noch nicht restlos ausgewertet sind.

Das Arbeitsgebiet

Der Campo Arenal, etwa 125 km westsüdwestlich von Tucumán, liegt bei ca. 27°S und 66°20'W und gehört anteilmäßig zur Provinz Catamarca. Es ist ein im Mittel 2400 m hoch gelegener, länglicher, 'bolsonartiger' Raum, d.h. ein allseitig von Gebirgen umgrenztes Becken ohne oberflächlichen Abfluß nach außen. Dieses Becken wird jedoch heute im SSW von den Oberläufen des Rio Belen angezapft und im N und NE vom Rio Saladillo angeschnitten. Es stellt also nur noch teilweise ein abflußloses Becken dar. Die Abb. 1 zeigt den Campo

Arenal in seiner ursprünglichen Ausdehnung zwischen den umrahmenden Gebirgszügen. Die heutige Wasserscheide, die den jetzt abflußlosen Bereich von dem angezapften Gebiet abtrennt, verläuft von NNW nach SSE quer durch das Beckeninnere. Das Becken hatte ehemals eine doppelt so große Ausdehnung.

Die das Becken umgrenzenden Gebirgszüge sind (Abb. 1):

im W	Sierra Las Cuevas (3820 m)	
	Sierra Chango Real (5237 m)	Granodiorite
im N	Cerro Negro La Hoyada (5162 m)	Granite
im E	Sierra de Quilmes (4262 m)	Migmatite, Ektinite
	Nevados del Anconquija (5550 m)	Granite, Migmatite
im S	Cerro Durazno (3601 m)	Vulkan. Breccien und
	Sierra de Capillitas (3750 m)	Tuffe, Granite,
	Cerro Negro (4750 m)	Hornfelse

Außer den vulkanischen Breccien und Tuffen, die Bonorino 1950 ins Tertiär gestellt hat, sind alle anderen beckenumrahmenden Gesteine präkambrischen Alters. Außer einigen Resten von aufgeschlossenen Tertiärsedimenten, stellt Bonorino die Beckenablagerungen in die Zeit des gesamten Quartärs, während Turner 1962 nur den Zeitraum seit dem oberen Pleistozän dafür erfaßt.

Klimatisch liegt das Gebiet im ariden Bereich bedingt durch die große Schattenwirkung des 5550 m hohen Anconquija-Massivs für die regenbringenden Winde aus östlichen Richtungen. Zur Erläuterung der unterschiedlichen Niederschlagsmengen sei ein Landschaftsprofil (Abb. 2) vorgeführt, das neben den

Abb. 2.

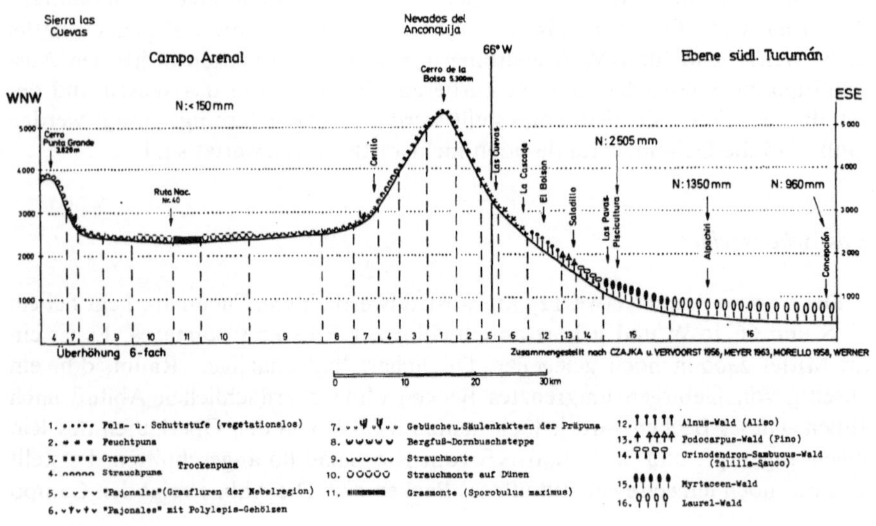

Additional material from Biogeographica,
ISBN 978-94-010-2931-5 (978-94-010-2931-5_OSFO1),
is available at http://extras.springer.com

Regenmengen auch durch die Vegetation die nach W zunehmende Aridität verdeutlichen soll. Die Sierra las Cuevas empfängt im Mittel wieder—obwohl keine Daten vorliegen—höhere Niederschläge als der Campo Arenal (Steigungsregen).

Klimadaten liegen aus dem Arbeitsgebiet nicht vor, doch lassen sich die Werte des 60 km nördlich gelegenen Santa Maria, das nicht ganz so aride Verhältnisse aufweist wie der Campo Arenal, vergleichend heranziehen.
Santa Maria (1957 m)

Niederschläge:	unregelmäßige Starkregen, Mittel aus 50 Jahren 181,7 mm, Minimum 62 mm, Maximum 316 mm, Jahresverteilung: 70% im Sommer, fast regenlos (1%) der Winter.
Temperaturen:	Monatl. Mittel Dez. 21°C, Juli 12°C, abs. Max. 41°C, abs. Min. −16°C, Tagestemperaturwechsel 20–25°C im Sommer 30–40°C im Winter >60°C am Boden.
Relative Luftfeuchtigkeit:	mittl. Max. im April u. Mai ca. 60%, mittl. Min. im Aug. u. Sept. ca. 40%.
Winde:	dominierend aus südl. und nördl. Richtungen.

Insgesamt könnte man das Klima des Campo Arenal als subtropisches Halbwüstenklima bezeichnen.

Vegetationsgeographisch gehört die Vegetation des Campo Arenal nach Cabrera (1953) und Morello (1958) zur Provinz des 'Monte', die Vegetation der Hänge der umgrenzenden Sierren jedoch je nach Höhenlage zu den Provinzen Präpuna, Puna, Altoandina (Cabrera 1953, 1957).

Ergebnisse

Wie aus anderen Arbeiten über intramontane Becken bekannt ist, liegt zwischen dem erodierten Gebirgskörper und der zentralen Aufschüttungsebene die Fußflächenzone, in der hauptsächlich Glacis- und Pedimentbildung vorherrschen. Obwohl sich der Verfasser für dieses Gebiet auch speziell mit diesen Fragen befaßt hat, würde eine Ausdeutung der Glacisbildung den Rahmen dieses Aufsatzes sprengen.

Auf Grund der vorher genannten Anordnung, Gebirgskörper—Fußflächenzone—zentrale Aufschüttungsebene, ergibt sich theoretisch bei der Betrachtung des gesamten Beckens die mehr oder weniger konzentrische Abfolge der Sedimentgrößen von Blockwerk bis hin zu den Feinstsedimenten Schluff und Ton. Im Zusammenhang mit dem Grundwasser würde diese Abfolge auch die Vegetation und die Böden konzentrisch anordnen.

Das tatsächliche Bild der Anordnung soll nun an Hand der vorgenommenen Kartierung erläutert werden. Da topographische Karten und Luftbilder als Kartierungsgrundlage fehlten, wurde mit einer Reduktions-Kippregel und Meßtisch eine Zweckkartierung im Maßstab 1:5000 durchgeführt. Hierbei bildeten die Vegetation und die Geländeformen die Grundlage der Kartierung. Die Kartierung umfaßt einen Ausschnitt aus dem Campo Arenal, der vom aktiven Beckenzentrum bis zu einer der Rahmensierren reicht (s. Abb. 1), insgesamt eine Fläche von 35 qkm mit über 600 Meßpunkten bedeckend. Dies bedeutet, daß im Mittel alle 200 m ein Meßpunkt genommen worden ist. In der Abb. 3 wird eine etwas generalisierte und verkleinerte Wiedergabe der Kartierung vorgestellt.

Die zentrale Aufschüttungsebene ist in sich stark differenziert. In der Mitte der Tiefenzone befindet sich das alleinige rezente Akkumulationszentrum des gesamten Beckens, 'barreal' genannt, eine vegetationslose Salztonebene. Den Weg bis in dieses Zentrum finden nur die vom größten und regenreichsten Einzugsgebiet im NNW herabkommenden größeren episodischen 'crecientes' (= Fluten, wörtlich: Anschwellung der Gewässer). Die kleineren 'crecientes' aus anderen Richtungen vermögen nicht bis in dieses Zentrum zu gelangen und lagern die mitgeführten Sedimente schon in der Fußflächenzone ab. Mehr oder weniger regelmäßig ziehen sich um das 'barreal' herum Flächen, die nur relativ selten überflutet werden und auf denen je nach der Mächtigkeit der neuen Deckschicht und dem Zeitraum seit der letzten Akkumulation unterschiedliche, doch verwandte Pflanzengemeinschaften wachsen. Der Grundwasserspiegel liegt in der Tiefenzone bei ungefähr 2 m unter der Oberfläche.

In der gerichteten Einschwemmung durch 'crecientes' verschiedenen Transportvermögens, und damit unterschiedlicher Reichweite, ist somit der erste wichtige Grund zur Störung der konzentrischen Abfolge gegeben. Hiermit verknüpft darf man auch auf Verlagerungen des Beckenzentrums schließen. Die ersten Hinweise auf eine Verlagerung des Zentrums der Tiefenzone geben die Düneninseln des 'barreal':

1, Die Dünenreste sind durch Vegetation teilweise fixiert.
2. Der Dünensand setzt sich im Liegenden der lehmigen Ablagerungen im 'barreal' fort, eine Tatsache, die durch Aufgraben neben den Inseln festgestellt worden ist. Das 'barreal' ist somit jünger als die in ihm liegenden Dünen.

Als weiter zur Tiefenzone gerechnet werden müssen die Flächen, die eine dichte Salzgrasvegetation tragen. Durch die Tiefenlage dieser mit *Sporobulus maximus* bewachsenen Flächen, die annähernd denselben Grundwasserstand, dieselben Sedimentgrößen und ebenso Salzausblühungen wie das 'barreal' zeigen, lag der Schluß nahe, hier ältere Beckenzentren, in denen heute nicht mehr akkumuliert wird, zu sehen.

Der zweite Grund für die Störung der konzentrischen Vegetationsabfolge und damit für das Vorhandensein eines Mosaiks ist die Windwirkung, die speziell die Fein- und Mittelsandfraktionen (0,6–0,06 mm) beeinflußt. Es kommt dadurch zu Dünenbildung, wobei Groß- und Kleinstformen teils in Bewegung be-

Additional material from Biogeographica,
ISBN 978-94-010-2931-5 (978-94-010-2931-5_OSFO2),
is available at http://extras.springer.com

Bild 1: Campo Arenal. Ausschnitt aus dem Bereich des ehemaligen Aufschüttungszentrums mit dichter Salzgrasvegetation (*Sporobulus maximus* 4.2*). Höhe der Grashorste 60–70 cm. Vordergrund: Bodenprofil Solontschak.—WERNER Febr. 1967.

findlich, teils fixiert vorliegen. Die Dünen nehmen sowohl geschlossene Areale ein, treten aber auch als Einzelformen auf. Unregelmäßige Formen, manchmal mit leichter Tendenz zu Längsdünen, herrschen vor. Der Grund dieser Gestalt der Dünen dürfte einmal dadurch gegeben sein, daß die Vegetation eine gerichtete Dünenbildung verhindert, zum anderen daß die vorherrschenden starken Winde zwar aus entgegengesetzten, aber doch leicht schwankenden Richtungen wehen. Die Bewegung des Dünensandes erfolgt abwechselnd mal nach N und mal nach S, d.h. die Dünen wandern kaum.

Drei Pflanzenarten dominieren auf den Dünen, *Chuquiraga erinacea—Atriplex aff. lampa—Sporobulus rigens*, wobei speziell die letztere Art, ein Gras mit Ausläufer bildenden Rhizomen, ein Dünenfestiger ist. Die Vergesellschaftung dieser drei Arten hängt vom Grad der Mobilität der einzelnen Dünen ab. Je mehr *Sporobulus rigens* vorhanden ist, desto fixierter sind die jeweiligen Dünen.

Nach außen, an den mehr oder weniger aufgelösten Dünenbereich anschliessend, folgen, wesentlich weniger gestört, fast konzentrisch vier Zonen. Die Abgrenzung dieser Zonen ist durch pflanzensoziologische Aufnahmen erfolgt.

* Die in den Bildern: 1 bis 3 hinter den Pflanzennamen stehenden Zahlen geben die Artmächtigkeit und Soziabilität der Arten aus den entsprechenden pflanzensoziologischen Aufnahmen wieder.

Bild 2: Campo Arenal. Blick aus der *Chuquiraga*-Zone nach NW auf die Sierra Las Cuevas mit Schwemmfächern und Tertiärhügeln. Im Vordergrund die Sträucher *Chuquiraga erinacea* 2.2 und *Atriplex aff. lampa* 1.2 auf Grobsand, dazwischen das Gras *Sporobulus rigens* 1.2.— WERNER Febr. 1967.

1. Kuppstenzone mit vorherrschend *Chuquiraga erinacea* auf Grobsand,
2. *Atriplex*-Zone auf Feinkies (2–6 mm),
3. *Junellia*-Zone auf Mittelkies (6–20 mm),
4. *Larrea*-Zone auf Grobkies (20–60 mm).

In dieser letzten Zone gedeihen außer den beiden *Larrea*-Arten, *L. divaricata* und *L. cuneifolia* (= 'creosote'-Busch Nordamerikas), andere spezifische Arten der Monte-Vegetation (MORELLO 1958). Teilweise ist in dieser Zone, wenn salzfreies Grundwasser in den unterlagernden Sedimenten innerhalb der Tiefe bis zu 20 m vorkommt, eine stark degradierte Trockenvariante des 'Waldmonte' (VERVOORST 1954, MORELLO 1958) mit *Prosopis flexuosa* anzutreffen.

Die dargestellte Zonierung in die vier Zonen ist außer der Sedimentgröße abhängig vom Stand des Grundwasserspiegels, der Grundwassergüte und der Mächtigkeit und Ausbildung eines im Unterboden sich befindlichen Kalkanreicherungshorizontes.

Während die vorstehend charakterisierte Fußflächenzone sich als überschaubarer und groß gegliederter Bereich darstellt, wird der Gebirgsrand durch ein stark wechselndes Vegetationsmuster bestimmt.

Die in Bergsporne aufgelöste Ostabdachung der Sierra las Cuevas, die aus Granodiorit aufgebaut ist, hat nur eine geringe Schuttbedeckung. An den Granodioritspornen zeigt sich, daß die nordexponierten Hänge infolge der höheren Einstrahlung eine Vergesellschaftung von stärker trockenheitsresistenten und wärmeliebenden Arten (Kakteen und Bromeliaceen) tragen als die südexponierten Hänge, die von einer Kleinstrauchvegetation bewachsen sind. Zwischen den Spornen ziehen sich in den Taltrichtern Blockschutt-Schwemmfächer herab, die von zwei bis fünf Meter tiefen Rinnen durchzogen werden. Diese Schwemmfächer laufen entweder an Resthügeln aus Tertiärsedimenten auf, die bis zu 60 m höher aufragen, oder verlieren sich auf einem jüngeren Glacisniveau. Außer diesem jüngeren Glacisniveau gibt es auch noch Reste älterer Glacis in drei verschiedenen Höhenlagen. Diese Glacisreste liegen auf den tertiären Hügeln oder sind an sie angelagert. Das verstellte Tertiär ist flächenhaft gekappt und wird von einer mehr oder weniger mächtigen Schuttdecke (bis 5 m mächtig) diskordant überlagert.

Das jüngere Glacisniveau zeigt abhängig vom Abstand zum Grundwasser und abhängig vom Grad der Schuttbedeckung unterschiedliche Pflanzengemeinschaften, die vom degradierten 'Waldmonte' bis zu einer *Chuquiraga erinacea*-Gemeinschaft auf völlig von Schutt entblößten tertiären Sanden reicht. Die älteren Glacisreste sind einheitlich von einer niedrigen Dornstrauchformation auf

Bild 3: Campo Arenal. Blick aus der *Junellia*-Zone nach NNW. Im Vordergrund die bis zu 50 cm hohen Dornsträucher von *Junellia* (= *Verbena*) *seriphioides* 1.1–2.1. Auf der NNE-Seite der Sträucher dünne Sandschleier als Zeichen der selektiven Windwirkung auf der durchschnittlich aus Mittelkies aufgeschütteten Fußfläche. Im Hintergrund die Sierra Las Cuevas (Granodiorit), davor Hügel aus Tertiärsedimenten, Glacisreste und Schwemmfächer. —Werner Juni 1967.

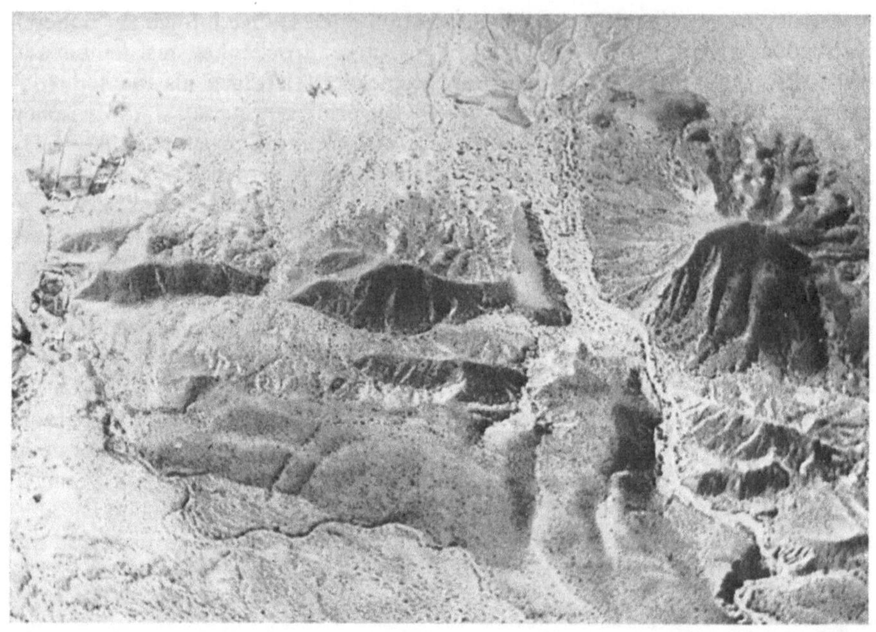

Bild 4: Campo Arenal, Palomayacu. Luftaufnahme der Hügel aus Tertiärsedimenten. Am linken Bildrand (= NE) die Kulturflächen der Ansiedlung Palomayacu. Man vergleiche diese Abb. mit dem NW-Teil der Kartierung. Die Bildoberkante entspricht der Grobkies-Fußfläche. —WERNER Okt. 1967.

Böden mit Kalkanreicherungshorizonten besiedelt. *Plectrocarpa rougesii*, eine Art aus der Familie der *Zigophyllaceen*, ist die dominierende Pflanze. Diese Art ist für viele Glacis mit einem Kalkanreicherungshorizont im Unterboden auch in anderen nordwestargentinischen Landschaften dieser Höhenstufe charakteristisch. Die entsprechenden Böden auf den Glacis zeigen einen unterschiedlichen Entwicklungsgrad, der wahrscheinlich vom Alter der Flächenreste abhängt. Dies äußert sich in den unterschiedlichen Mächtigkeiten und Carbonatgehalten der Kalkanreicherungshorizonte und in der farblichen Ausprägung (d.h. Fe-Freisetzung) der darüber liegenden rotbraunen Verwitterungshorizonte.

Ebenso wie an den Granodioritspornen bedingt die Exposition auch an den Hängen der Tertiärhügel und der Flächenreste die Pflanzenvergesellschaftung. Allerdings ist die Artenzusammensetzung wegen der tieferen Lage eine von den Bergspornen verschiedene. Die schon erwähnten Rinnen, die aus der Sierra herabkommen, sich in die Schwemmfächer eingetieft haben, durchschneiden die Tertiärhügel und Glacisniveaus und tragen sie noch weiter ab. Das in diesen Rinnen transportierte Material wird wegen der zwar episodischen, aber nur relativ geringen Wasserführung der Gerinne nur bis in die Fußflächenzone mitgeführt. Im Bereich der Fußflächenzone wird die Eintiefung der Rinnen immer geringer, bis sie sich dann auf der Fläche auflösen. Die Vegetation dieser Rinnen besteht aus 'phreatophilen' (= grundwasserliebenden; MORELLO 1958) Arten. Im Unterlauf und Auflösungsbereich der Gerinne gedeihen aber auch höhenstufenfremde Arten, deren Samen aus der mehr Niederschlag empfangenden Sierra herabgespült worden sind und die hier auf diesen Standorten ähnliche Wuchsbedingungen wie in der Höhe vorfinden. Als Beispiel mag eine *Fabiana*-Art gelten, ein Kleinstrauch, der erst oberhalb 2700 m bestandesbildend gedeiht.

Die Fußflächenzone mit den Auflösungsbereichen der Rinnen kann nach MENSCHING u. RAYNAL (1954), MENSCHING (1958) als Piedmont-Glacis, und damit ebenfals im Sinne dieser Autoren als polygenetisches Glacis bezeichnet werden.

Das vorstehend charakterisierte Vegetationsmosaik zwischen zentraler Aufschüttungsebene und erodiertem Gebirgsrand ist für den kartierten Ausschnitt in Abb. 3 dargestellt. Da diese Karte keine Höhenangaben enthält, ist in der Abb. 4 (unteres Profil), etwas vereinfacht, die Abfolge der Vegetation in einem Profilschnitt vom Beckenzentrum zur Rahmensierra mit absoluten Höhenwerten veranschaulicht. Das obere Vegetationsprofil der Abb. 4 ist weiter östlich im Campo Arenal aufgenommen worden (Lage dieses Profils als Profil C in der Abb. 1). Dieser Profilschnitt liegt im tiefsten Bereich des gesamten Beckens und zeigt ebenfalls eine Salztonebene mit *Sporobulus maximus*-Horsten als Zeichen eines älteren Akkumulationszentrums, in dem heute nicht mehr akkumuliert wird. Die Vegetationssymbole sind in diesem Profil statistisch entsprechend den pflanzensoziologischen Aufnahmen verteilt. Die Vegetationsaufnahmen für dieses Profil ähneln denen aus dem kartierten Ausschnitt.

Die vorgeführte teils mehr konzentrische, teils mehr mosaikartige Anordnung der Pflanzengemeinschaften ist bestimmt durch die Wechselwirkungen der Klimaelemente. Hier sind besonders zu nennen:

Niederschlagsverteilung, sowohl in zeitlicher als auch in räumlicher Sicht,
Niederschlagsmenge,
Einstrahlung und Verdunstung,
Windrichtung und -stärke.

Die Klimaelemente stehen in enger Verbindung mit dem Wasserhaushalt, der sich in Art und Tiefe des Grundwassers äußert. Diese Wechselwirkungen spielen sich nicht nur im Raum sondern auch in der Dauer der Zeit ab (Verlegungen des Beckenzentrums, Glacisbildung, Glaciszerschneidung). Gesteuert werden die in Raum und Zeit ablaufenden Vorgänge von den umrahmenden Sierren.

Die in dem kartierten Ausschnitt gefundene Anordnung der Einheiten läßt sich mit geringen Abweichungen im gesamten Campo Arenal wiederfinden, wie vergleichende Beobachtungen ergeben haben. Der kartierte Ausschnitt ist daher, und auch weil er das einzige rezente Sedimentationszentrum enthält, ein typisches Beispiel für das ganze Becken als abflußlosem Raum.

Abgrenzung und ehemals größere Ausdehnung des Landschaftsraumes Campo Arenal

Nachdem versucht worden ist, das Wesen und den Inhalt des Campo Arenal darzustellen, muß noch seine Abgrenzung gegen andere Landschaften vorgenommen werden. Orographisch stellen die umrahmenden Gebirge eigene Landschaftseinheiten dar und können somit vom Becken abgegrenzt werden. Betrachtet man dagegen die Gebirgszüge als Steuerorgane für die Sedimentation und die Grundwasseranlieferung mit der daraus folgenden Vegetationsgliederung im Becken, so muß man sie zwangsläufig mit in die Landschaft des Campo Arenal einbeziehen. Die Abgrenzung wäre somit in den Wasserscheiden gegeben.

Für das heutige Becken, gesehen als Gebiet ohne oberflächlichen Abfluß nach außen, sind die Wasserscheiden als Grenzen in der Abb. 1 eingezeichnet worden. Es stellen sich, da die östliche Grenze den eigentlichen Beckenraum durchquert, die Fragen nach einer früheren größeren Ausdehnung des Beckens und seit welcher Zeit die Einengung erfolgt ist? Diese Fragen sollen noch abschließend in wenigen Sätzen auf Grund einiger Beobachtungen erläutert werden.

1. Entlang der Piste (Ruta Nacional No. 40), die von km 927 bis km 950 (WSW-ENE) geradlinig das Becken quert und das Relief des Beckeninnern gut nachzeichnet, sind in einigen Abständen barometrisch die Höhenwerte ermittelt worden (s. Abb. 1). Bei km 937 quert die Piste die tiefste Stelle des Beckens und steigt weiter nach E zu bis etwa km 943 wieder an. Erst ab km 948 senkt sich der Pistenverlauf stärker ab in Richtung auf den Rio Saladillo zu.

2. Vom tiefsten Punkt des Beckens bei etwa km 937 erfolgt nach NE und E eine Größenzunahme der abgelagerten Sedimente bis hin zur Kiesfraktion. Der Anteil an Migmatiten unter den Geröllen ist sehr hoch. Diese Migmatitgerölle können nur von der Sierra de Quilmes im NE oder den Nevados del Anconquija im E stammen. Sie müssen, da heute von beiden Gebirgszügen keine 'crecientes' mehr in diesen Bereich gelangen, schon abgelagert worden sein, ehe der Rio Saladillo die Sierra de Quilmes als Sedimentlieferant vom Becken abgetrennt hat.

3. Von km 951 an, nachdem die Ruta Nacional No. 40 geradlinig das Becken gequert hat, zieht sie sich in Serpentinen ca. 50 m Höhenunterschied überwindend ins Tal des Rio Saladillo hinunter. Es sind hier die unteren Beckensedimente aufgeschlossen. Sie liegen fast horizontal und sind charakterisiert durch zwei eingeschaltete Dazittuffbänke. Diese Sedimente zeigen Ähnlichkeit mit der von Ruiz Huidobro 1965 und Galvan u. Ruiz Huidobro 1965 ins Pliozän gestellten Formation Andalhuala aus dem nördlich anschließenden Tal von Santa Maria.

Trifft diese Korrelation mit den Sedimenten des Tals von Santa Maria zu, so kann man annehmen, daß der Campo Arenal an der Wende Pliozän—Pleistozän noch in seiner ganzen Ausdehnung ein nach außen abflußloser Raum war. Die Eintiefung des Rio Saladillo und damit die Abtrennung des Beckens von der Sierra de Quilmes und teilweise auch von dem Anconquija-Massiv als Sedimentlieferanten ist somit erst im Verlaufe des Pleistozäns erfolgt und hält bis heute an. Dafür sprechen auch die verschiedenen Glacisterrassen, die im NE, wo der Rio Saladillo den Campo Arenal nach N verläßt, zwischen Beckenniveau und rezentem Talniveau des Flusses eingeschaltet sind (Abb. 1).

Literatur

BONORINO, F. G. (1950): Geologia y petrografia de las Hojas 12d, Capillitas, y 13d, Andalgalá (Catamarca).—Bol. No. 70, Direction Nacional de Mineria, Buenos Aires.

CABRERA, A. L. (1953): Esquema fitogeografico de la Republica Argentina.—*Rev. Museo de La Plata* (*N.S.*), 8; 87–168, Sección Botánica, La Plata.

CABRERA, A. L. (1957): La vegetación de la Puna Argentina.—*Rev. de Investigaciones Agricolas*, 11 (4): 317–412, Buenos Aires.

GALVAN, A. F. u. R. HUIDOBRO, O. J. (1965): Geologia del valle de Santa Maria.—*Acta Geológica Lilloana*, 7: 217–230, Tucumán.

MENSCHING, H. (1958): Glacis—Fußfläche—Pediment.—*Ztschr. f. Geomorph.*, 2, (3): 165–186.

MENSCHING, H. u. RAYNAL, R. (1954): Fußflächen in Marokko.—*Pet. Mitt.*, 98 (3): 171–176.

MORELLO, J. (1958): La provincia fitogeografica del Monte.—*Opera Lilloana*, 2, Tucumán.

RUIZ HUIDOBRO, O. J. (1965): Hidrogeologia del valle de Sante Maria (Provincia de Catamarca, Argentina).—*Rev. Asociacion Geologica Argentina*, 20 (1): 29–66, Bs. Aires.

TURNER, J. C. M. (1962): Estratigrafia de la región al naciente de la Laguna Blanca (Catamarca).—*Rev. Asociacion Geologica Argentina*, 17 (1–2): 11–45, Buenos Aires.

VERVOORST, F. B. (1954): Observaciones ecologicas y fitosociologicas en el bosque de algarrobo del Pilciao, Catamarca.—Diss. Fac. Cienc. Exact. y Natur. Buenos Aires 1954.

Diskussion

MÜLLER-HOHENSTEIN:

Sie haben uns sehr klar die mosaikartige, dann auch im weiteren Sinn catenenartige Anordnung der Vegetations- und Bodenvergesellschaftungen im Campo Arenal vom Bodenzentrum bis zu der Gebirgsumrahmung vorgestellt! Dazu zwei Fragen:

1. Wo grenzen Sie nun das eigentliche Becken ab?
2. Wie weit lassen sich Ihre regelhaft erscheinenden Ergebnisse auf benachbarte Beckenlandschaften und überhaupt auf Becken in ariden Räumen anwenden?

WERNER:

Die Antwort auf Ihre erste Frage ist in der etwas erweiterten Fassung meines Vortrages enthalten. Die Frage 2 kann ich dahingehend beantworten. Die von mir dargestellte sich sowohl im Raum wie in der Dauer der Zeit abspielende, gerichtete Einschwemmung von Sedimenten in ein Becken und damit die Anordnung der Vegetation läßt sich in anderen Becken in ähnlicher Weise darstellen. Die an diesem Vegetationsmuster beteiligten Pflanzenarten sind allerdings abhängig von der geographischen Lage des Beckens jeweils andere, jedoch ökologisch in ihrer Lebensform verwandte Arten. Festzuhalten ist, daß ebenso wie im Campo Arenal auch in anderen Beckenlandschaften die Vegetationsanordnung, wenn nicht andere als die von mir festgestellten Faktoren hinzukommen, sich ähnlich darstellt.

HOFMANN:

Ich möchte unterstreichen, daß Vegetationseinheiten sich nicht mit Reliefeinheiten decken brauchen. Ferner drei Fragen: 1. Welche Art der pflanzensoziologischen Kartierungsmethoden haben Sie benutzt? 2. Wie weit konnten Sie differenzieren (in Gesellschaften, Untergesellschaften, Varietäten...)? 3. Wie groß waren Ihre kleinsten auskartierten Flächen (Ökotope)?

WERNER:

Als pflanzensoziologische Kartierungsmethode wurde die von BRAUN-BLANQUET benutzt. Zu der Frage der Differenzierung der Vegetation bis zu Gesellschaften, Untergesellschaften, Varietäten... möchte ich folgendes sagen. Ich glaube, daß die pflanzensoziologischen Aufnahmen, die von mir im Campo Arenal gemacht worden sind, nicht ausreichen um Pflanzengesellschaften zu kennzeichnen. Einmal ist die Zahl der Aufnahmen zu gering, un des müßten durch weitere Aufnahmen in benachbarten Gebieten, die von mir festgestellten Pflanzenvergesellschaftungen bestätigt werden. Ich spreche deshalb nur von Pflanzengemeinschaften. Außerdem wurden die Aufnahmen durch mich in einem Trockenjahr mit vorhergehenden weiteren vier Trockenjahren gemacht. Durch Fehlen der Geophyten sind deshalb meine pflanzensoziologischen Aufnahmen zu unvollständig um Assoziationen etc. herauszustellen.

Die Größe der auskartierten Einheiten ergibt sich aus der Karte meiner Vegetationseinheiten, die maßstabsgerecht angefertigt wurde.

HERRMANN:

Bei grundwassernahen Standorten in Trockengebieten ist vor allem der Grundwasserflurabstand und die ungesättigte Leitfähigkeit des Substrates oberhalb des Grundwassers entscheidend für die Vegetationsverbreitung. Daher ist die gezeigte, vergleichsweise gleichförmige Verbreitung der Vegetationseinheiten überraschend. Führen Sie diese auf eine räumlich wenig differenzierte Sedimentationsgeschichte zurück?

WERNER:

Auf die Frage nach der vom Grundwasser bedingten weiteren ökologischen Differenzierung der Fußflächenzone kann ich antworten, daß der Grundwasserspiegel im Beckenzentrum bei 2 m, im Bereich der Dünen bei 2,3 bis 2,5 und im *Larrea*-Gürtel bei Palomayacu bei 14 m liegt. Es ist deshalb anzunehmen, daß der Grundwasserspiegel in der Fußflächenzone immer einen Flurabstand größer als 3 m hat und deshalb eine weitere Differenzierung der von mir genannten Pflanzengemeinschaften durch Therophyten und Hemikryptophyten ausgeschlossen werden kann.

Anschrift des Verfassers:

Dr. DIETRICH, J. WERNER, Geographisches Institut der Universität, Kiel.

EIN MULTIVARIATES MODELL DER SCHWEBSTOFFBELASTUNG EINES HESSISCHEN MITTELGEBIRGSFLUSSES

Reimer Herrmann

Abstract:

In order to build an effective regression equation for predicting suspended sediment load factor analysis is used as a numerical procedure for screening hydrological variables. For a sample of 10 predicting variables changing with time in a Vogelsberg river basin the multivariate structure is found. It can be seen that variables within the factor 'runoff' and the erosionfactor are explainig best the variance of the suspended sediment load.

Aufgabenstellung

Die Hydrologie, soweit sie Teilbereich der Landschaftsökologie ist, untersucht vor allem Prozesse, die gekennzeichnet sind durch eine endlose Kette von Ursachen und Wirkungen mit räumlichen und zeitlichen Änderungen. Es ist außerordentlich schwierig, wenn nicht unmöglich, hydrologische Prozesse in Form funktionaler Beziehungen zu beschreiben. Die verwickelten hydrologischen Erscheinungen müssen daher durch bestimmte Annahmen und durch Vernachlässigen von weniger wichtigen Variablen vereinfacht dargestellt werden. Selbst wenn genaue Beziehungen gefunden werden könnten, so würden die Fehler, die bei der Stichprobennahme entstehen, Fehler in der Vorhersage der Wirkungen erzeugen.

Aus diesen Gründen wurde versucht, statistische Beziehungen zwischen den hydrologischen Variablen aufzustellen. Soll die Beziehung zwischen der Schwebstoffbelastung und den sich räumlich ändernden Variablen (z.B. Bodentyp, Relief, Gestein usf.) gefunden werden, so sind Ergebnisse von Messungen der vorhersagenden und vorherzusagenden Variablen aus einer großen Anzahl naturräumlich und kulturräumlich unterschiedlicher Einzugsgebiete notwendig. Ein diese Bedingungen erfüllendes Meßnetz besteht in der Bundesrepublik Deutschland nicht.

Werden jedoch die sich räumlich ändernden Variablen konstant gehalten und die sich zeitlich ändernden (z.B. Abfluß, Niederschlag, Infiltrationskapazität usf.) gemessen, so wird es möglich sein, die Beziehungen zwischen diesen vorhersagenden Variablen und der Schwebstoffbelastung als der vorherzusagenden Variablen zu ermitteln. Das statistische Modell gilt dann nur für jeweils ein Einzugsgebiet, da nur so die Bedingung der räumlichen Invarianz erfüllt ist.

Nachdem noch A. van Rinsum (1950: 103) es wegen der Fülle der Ursachen für nicht möglich hielt, ein mathematisches Modell der Schwebstoffbelastung aufzustellen, entwickelten E. Rémy-Berzencovich (1960: 7–55) und J. Bogárdi

(1956: 59–66) einfache Regressionsgleichungen, wobei ersterer die Beziehung zwischen der Schwebstofführung und der sich zeitlich ändernden Variablen Abfluß in der Form $Q_S = a.Q^b$ (Q_S = Schwebstofführung, Q = Abfluß, a und b = Koeffizienten) aufstellte. Ähnliche Abhängigkeiten finden dann auch W. TILLE (1965: 107–117) und D. FÜGNER (1966: 1413–1419). Die Beziehungen zwischen einigen räumlich sich ändernden Variablen stellen J. BOGÁRDI (1956: 59–66), W. WUNDT (1962: 107–112) und W. JAROCKI (1967: 387–398) auf, wobei aber nur hydraulische Variable wie MQ, HQ, F_N und v ausgewählt werden.

Der entscheidende Schritt, nämlich mit Hilfe multivariater Methoden aus einer großen Stichprobe von räumlich sich ändernden Variablen, die möglicherweise die Schwebstoffbelastung beeinflussen, diejenigen herauszufinden, die den größten Varianzanteil erklären, wurde von J. WALLIS und H. ANDERSON (1965: 357–378) getan. Ihr statistisches Modell beruht auf einer Hauptkomponentenregression, wie sie von J. WALLIS (1965: 447–461) näher erläutert wird.

Der Aufbau des vorliegenden Modells für zeitlich sich ändernde Variable aufbauend auf einer Faktorenanalyse und einer mutiplen Regression ähnelt dem Modell von J. WALLIS und H. ANDERSON (1965: 357–378) insofern, als auch die Hauptkomponentenregression auf einem faktorenanalytischen Modell aufbaut.

Grundsätzlich ist die Aufdeckung der Zusammenhänge zwischen der Schwebstoffbelastung und den verursachenden Variablen eine weitere Methode, die Gesetzmäßigkeiten der Erosion besser zu erkennen. Sie ergänzt somit die Methode der direkten Messung [s. dazu vor allem W. WISCHMEYER et al. (1958), H. KURON und L. JUNG (1958) und G. RICHTER (1965)].

Lösungsweg

a). Untersuchungen im Gelände

Ausgewertet wurde eine einjährige Meßreihe der Schwebstoffbelastung (= Gewicht der Schwebstoffe in 1 m^3 Wasser [$g\ m^{-3}$]) der *Lumda*. Dieser Fluß hat sein Einzugsgebiet im Vorderen Vogelsberg. Die sich räumlich ändernden Variablen des Flußgebietes sind in der Übersicht 1 stichwortartig zusammengefaßt. Diese Angaben und ein Teil der Schwebstoffmessungen wurden der Arbeit von J. KLOES (1968) entnommen. Die Messungen der Schwebstoffbelastung während der Sommerhochwasser wurden vom Autor selbst durchgeführt.

Aufgrund der sehr wechselhaften Witterung im hydrologischen Jahr 1966 konnten sehr weit auseinanderliegende Werte der hydrologischen Variablen gemessen werden. Die Abflüsse lagen im Oktober im Bereich der langjährigen Monatsmittel. Regen und tauender Schnee führten aber schon im November zu mittleren Hochwasserabflüssen. Milde Witterung mit anhaltenden Niederschlägen hatten dann eine starke Aufsättigung der Böden zur Folge. Wegen geringer Schneevorräte kam es zu keinen nennenswerten Schmelzwasserabflüssen. Einige ungewöhnliche Wetterlagen waren mit hohen Niederschlägen verbunden: So regnete es Anfang Januar infolge Eindringens feuchter Meeresluft, und am 19. und 20. 7. entstanden ergiebige Aufgleitniederschläge und Schauer im Zusammenhang mit Luftmassen, die aus Südosten durch ein Mittelmeertief herangeführt wurden. Diese Niederschläge von > 50 mm/48 h führten zu extremen Sommerhochwässern.

Die Werte der einzelnen Variablen, die im folgenden kurz erläutert werden, sind in Tabelle 1 wiedergegeben:

S = Schwebstoffbelastung [g m^{-3}]. Diese wurde nach einem von G. HINRICH (1965: 49–60) entwickelten Verfahren ermittelt, indem 5–20 l Wasser im Stromstrich an der Wasseroberfläche entnommen und durch ein Filter gegeben wurden. Aus dem Filtergewicht vor der Messung und nach der Messung, wobei jeweils eine Trocknung bei 105°C vorausging, wurde der Schwebgehalt der Wasserprobe errechnet und daraus und aus der Wassermenge der Probe die Schwebstoffbelastung errechnet.

QS = Abflußspende [l s^{-1} km^{-2}], gemessen zur Zeit der Schwebstoffmessung

DQ = Änderung der Abflußspende mit der Zeit dq/dt[l $s^{-2}km^{-2}$] zur Zeit der Schwebstoffmessung

DT = Zeit [h] der Schwebstoffmessung vor oder nach dem nächsten Abflußmaximum

QSA = zeitlich nächstes Abflußspendenmaximum [l $s^{-1}km^{-2}$]

NO = Niederschlagshöhe [mm] von 7 Uhr des Vortages bis 7 Uhr am Meßtag

N1 = Niederschlagshöhe [mm] in 24 h bis 7 Uhr am Tage vor dem Meßtag

N2 = Niederschlagshöhe [mm] in 24 h bis 7 Uhr 2 Tage vor dem Meßtag

SN = Niederschlagshöhe in 120 h bis 7 Uhr am Meßtag

ST = Bodenfeuchtevorrat zur Zeit der Messung [mm]. Die Werte dieser Variablen wurden nach der von R. Pfau (1966: 33–46) aufgestellten Beziehung $ST = ST_0/\exp(A/WK)$ errechnet.

ST_0 = Bodenfeuchtevorrat am Vortage

A = |N − PE|, N = Niederschlagshöhe [mm]

PE = Potentielle Evapotranspiration. R. PFAU (1966: 36) berechnet diese nach der Methode von THORNTHWAITE; in der vorliegenden Untersuchung wurde die Gleichung von W. HAUDE (D. BÉRENYI, 1967: 272–273): PE = k(E − e)[mm d^{-1}], k = monatlich ändernde Konstante, (E − e) = Sättigungsdefizit um 14 Uhr in [mm Hg] verwandt.

WK = geschätzte mittlere Wurzelraumkapazität im Einzugsgebiet

EF = Erosionsfaktor Ef = c(t).FG/FH + k(t)

c(t) = zeitabhängiger Erosionsfaktor für Getreideflächen FG

k(t) = Zeitabhängiger Erosionsfaktor für Hackfruchtflächen FH

Dabei gilt für Getreide:

1. Unbestellter Acker: c(t) = 1
2. Beginn des Schossens zum Ährenschieben linear abnehmend: c(t) = 1 bis 0,09
3. Ährenschieben bis zur Ernte: c(t) = 0,09

und für Hackfrüchte:

1. Unbestellter Acker: k(t) = 1
2. Beginn des Aufgangs bis Bestandsschluß linear abnehmend: k(t) = 1 bis 0,20
3. Bestandsschluß bis zur Ernte: k(t) = 0,20

Dabei wurden die Hackfruchtflächen als einheitlich mit Spätkartoffeln bestanden angenommen. Die Werte für c(t) und k(t) wurden der Arbeit von W. H. WISCHMEYER (1960: 322–326) entnommen.

Tabelle 1, Variablenmatrix: *Lumda*

Nummer	S	QS	DQ	QSA	DT	NO	N1	N2	SN	ST	EF
1	4.3	3.64	0.16	3.64	0.	0.0	0.0	0.0	0.1	158.	3.1
2	3.2	3.88	0.23	4.88	3.	2.0	0.6	1.1	3.5	142.	3.9
3	0.7	4.50	0.62	4.50	0.	0.0	0.1	0.5	3.8	133.	3.9
4	88.4	22.87	0.70	25.35	2.	6.2	2.8	13.6	22.7	200.	3.9
5	17.0	20.54	1.32	41.94	4.	2.1	6.4	0.1	10.6	156.	3.9
6	43.6	56.20	2.17	65.12	5.	4.4	22.0	7.0	40.6	190.	3.9
7	23.2	44.96	1.01	68.99	17.	4.3	17.6	0.0	26.2	200.	3.9
8	10.4	26.36	0.16	31.78	16.	3.2	8.2	2.7	14.2	200.	3.9
9	48.6	25.89	0.31	41.94	12.	8.6	8.0	6.8	29.7	200.	3.9
10	0.1	8.06	0.47	8.99	2.	0.0	0.0	0.0	4.8	200.	3.9
11	0.1	4.73	0.00	4.73	0.	0.2	0.2	0.1	2.7	200.	3.9
12	7.2	10.85	0.16	13.49	8.	2.5	0.7	1.2	4.4	200.	3.9
13	19.2	16.05	0.31	16.05	0.	5.5	0.5	0.1	7.2	198.	3.9
14	30.4	29.53	1.09	117.83	38.	0.0	7.8	12.8	45.7	200.	3.9
15	2.9	10.23	0.00	11.78	6.	0.1	4.8	0.0	4.9	200.	3.9
16	3.1	7.44	0.00	7.44	0.	0.6	0.4	2.0	4.2	200.	3.9
17	1.4	5.74	0.00	5.74	0.	0.7	1.8	0.0	2.5	193.	3.9
18	4.9	4.88	0.16	5.04	3.	1.5	1.0	0.0	2.6	190.	3.9
19	9.5	13.95	17.05	18.22	8.	5.6	1.8	2.9	28.7	187.	3.9
20	5.7	7.13	0.62	8.37	2.	2.3	1.5	3.2	7.7	200.	3.9
21	43.6	27.91	22.87	65.12	15.	4.7	4.8	2.6	28.1	197.	3.8
22	5.4	7.13	0.70	10.54	3.	0.1	17.2	2.7	20.5	190.	3.0
23	7.5	4.88	0.00	5.04	4.	3.2	8.7	0.2	18.2	186.	1.5
24	20.1	5.27	0.16	7.13	5.	5.9	0.0	0.0	3.0	167.	0.7
25	11.1	13.95	0.23	17.36	7.	9.4	7.2	1.2	19.4	130.	0.5
26	778.0	231.01	55.04	368.22	2.	30.2	0.4	19.0	69.9	200.	0.5
27	6.1	5.27	0.00	5.50	4.	0.0	0.0	1.0	1.8	200.	2.0
28	11.2	5.50	0.23	6.43	4.	12.1	0.0	0.0	12.1	197.	3.1
29	9.6	6.43	0.23	8.68	10.	8.2	0.0	0.0	8.2	189.	3.1
30	8.9	4.50	0.16	5.74	7.	5.9	0.0	0.0	0.0	184.	3.7
31	0.5	4.88	0.16	5.04	2.	0.0	0.0	0.0	3.1	160.	3.9
32	0.8	6.90	0.16	7.44	1.	12.6	2.6	0.1	15.3	147.	3.9
33	90.4	41.94	1.55	86.82	5.	18.0	25.3	4.0	64.5	200.	3.9

b). Das multivariate statistische Modell

Unter hydrologischen Variablen werden im folgenden mit dem Verhalten des Wassers zusammenhängende Geofaktoren verstanden, die meßbare Eigenschaften aufweisen, und die sich mit der Zeit und/oder im Raum ändern. Außerdem enthalten sie in ihrer Änderung ein Zufallselement.

Das statistische Modell besteht in einer empirisch angenommenen Verknüpfung (linear, logarithmisch, ...) zwischen der vorherzusagenden und den vorhersagenden Variablen. Es handelt sich nicht, wie später noch nachzuweisen sein wird, um ein stochastisches Modell, dessen Charakteristik vor allem darin besteht, daß die Reihenfolge der Messungen nicht vertauscht werden darf. Es tritt also keine Erhaltensneigung oder Autokorrelation auf (s. J. TAUBENHEIM 1969: 201 u. D. R. COX and H. D. MILLER, 1970: 276), eine Eigenschaft ,die mit vielen hydrologischen Variablen verbunden ist.

Übersicht 1: Lumda bis zum Pegel Lollar (F_N = 129 km²)

1. Bodennutzung in % des F_N (1965): Wald: 32%, Dauergrünland: 23%, Getreide: 21%, Hackfrüchte: 7%, andere Flächen: 13%
2. Hangneigungen der landwirtschaftlich genutzten Flächen:
   Hangneigung < 10% auf 88% der LN
   Hangneigung 10–20% auf 11% der LN
   Hangneigung 20–30% auf 1% der LN
   Hangneigung > 30% auf 0% der LN
3. Gesteine: Löß, Basalt und -tuff, weniger verbreitet: miozäne Sande und Sandsteine.
4. Bodenarten: Tiefgründige schluffige Lehme, mittelgründige anlehmige-lehmige Sande, mittel-flachgründige sandige-tonige Lehme.
5. Höhenlage des Pegels: 171 m üb. NN, höchste Erhebung 339 m.

Der erste Schritt zur Aufstellung des Modells gilt dem Auffinden von Gruppen derjenigen vorhersagenden Variablen aus der oben angeführten Stichprobe, die von nicht erkennbaren, im Hintergrund stehenden Einflußgrößen gemeinsam gesteuert werden. Zur Lösung dieser Aufgabe bietet sich die Faktorenanalyse an. [Eine ausführliche Einführung in die Faktorenanalyse geben K. ÜBERLA (1968) und M. G. KENDALL (1968)]. Zuvor muß jedoch jede Variable auf Normalverteilunggeprüft werden und gegebenenfalls eine Transformation vorgenommen werden (s. dazu M. S. BARTLETT, 1957: 39–52). Bei den Variablen, die den Wert 0 annehmen, wurde eine Erhöhung um + 1 vorgenommen.

Die Faktorenanalyse ist eine hypothesebildende Methode, welcher der Informationsgehalt der Korrelationskoeffizientenmatrix der (in unserem Beispiel: der vorhersagenden) Variablen zugrunde liegt und mit welcher diese Daten in geschickter Weise so neugeordnet werden, daß sie die Struktur des diese Daten erzeugenden Geosystems besser erklärt. Ein Korrelationskoeffizient kann hierbei als ein Maß für die erklärte Varianz verstanden werden. Daher zeigt die Korrelationskoeffizientenmatrix, wie gut die Varianz jeder Variablen durch ihre Beziehung zu jeder anderen beschrieben wird.

Die Faktorenanalyse nimmt die erklärte Varianz aus der Korrelationskoeffizientenmatrix auf und ordnet sie einem Satz von sogenannten Faktoren zu, der die unterliegenden linearen Beziehungen zwischen den Faktoren und den ursprünglichen Variablen aufdeckt. Es werden also Abhängigkeiten zwischen den vorhersagenden Variablen aufgefunden und die Zahl der ursprünglichen Variablen auf eine kleinere Zahl von einander unabhängigen (orthogonalen) Faktoren zurückgeführt, die die Struktur der multivariaten Abhängigkeiten auf einfache Weise deuten.

Die der multiplen Regressionsanalyse vorangehende Faktorenanalyse erlaubt es also, die Variablen auszuwählen, die, da sie jeweils nur für einen Faktor die am 'höchsten ladenden sind', den größten Informationsgehalt weitergeben und mit keiner anderen interkorreliert sind. Nach N. C. MATALAS und W. B. LANGBEIN (1962: 3441–3448) ist der Informationsgehalt interkorrelierter hydrologischer Variabler geringer als wenn diese Interkorrelation nicht besteht, weil jeweils ein Teil der Information, die von der einen Variablen ausgeht, schon in der anderen steckt. Außerdem wird die Korrelation unzuverlässig.

Nachdem mit Hilfe der Faktorenanalyse die vorhersagenden Variablen in der Weise ausgewählt wurden, daß so viel Information als möglich enthalten ist und eine Interkorrelation vermieden wird, wird dann das multivariate Modell mit Hilfe einer multiplen Regressionsrechnung aufgestellt.

Es werden der multiple Korrelationskoeffizient R und die sogenannten β-Werte (s. V. YEVDJEVICH, 1964: 8.64), die ein Maß sind für den Anteil, den jede

Übersicht 2: Lumda

1. Varimaxrotierte Faktorenmatrix der vorhersagenden Variablen

Variablen / Faktoren

	1	2	3	4
1. lg QS	−0,8263	0,2393	0,3971	−0,0948
2. lg DQ	−0,8248	0,2025	−0,0501	0,0599
3. lg QSA	−0,7769	0,2603	0,5000	−0,0631
4. lg DT	−0,0187	0,3878	0,7815	0,0869
5. lg NO	−0,7498	−0,2449	0,0031	0,2092
6. lg N1	−0,3030	−0,1530	0,8191	−0,2146
7. lg N2	−0,6439	0,3640	0,3385	−0,0285
8. lg SN	−0,7432	0,0355	0,5690	−0,0208
9. exp (ST/100)	−0,1714	0,8467	0,0865	−0,1317
10. exp EF	0,0838	0,1192	0,0685	−0,9624
Spaltenquadratsumme	3,6242	1,2646	2,1423	1,0587

2. Regressionsgleichung

$$\lg S = -1{,}677 + 1{,}354 \lg QS + 0{,}031 \exp(ST/100) + 0{,}113 \lg N1 - 0{,}015 \exp EF$$

3. Varimaxrotierte Faktorenmatrix der vorhersagenden Variablen der Regressionsgleichung

	1	2	3	4
1. lg QS	0,2947	0,0110	−0,2003	−0,9343
2. exp (ST/100)	0,0511	0,0889	−0,9791	−0,1757
3. lg N1	0,9573	0,0751	−0,0519	−0,2745
4. exp EF	0,0671	0,9941	−0,0847	−0,0110

4. Multipler Korrelationskoeffizient R und β_i

R = 0,803 R ist hochsignifikant [Irrtumswahrscheinlichkeit $\alpha \leq 0{,}01$, Test bei Überla (1968: 368)].

$\beta_1 = 0{,}703$
$\beta_2 = 0{,}047$
$\beta_3 = 0{,}066$
$\beta_4 = -0{,}325$

5. Mit dem Durbin und Watson-Test konnte keine Autokorrelation nachgewiesen werden ($\alpha \leq 0{,}01$).

vorhersagende Variable an der Erklärung der Varianz der vorhergesagten Variablen hat, mitgeteilt. Zum Abschluß wird mit Hilfe des Testes von J. DURBIN und G. S. WATSON (1951: 159–178) getestet, ob eine Autokorrelation in diesem durch Regressionsrechnung aufgestellten Modell vorhanden ist.

Ergebnisse

Im folgenden sind für die Variablen des Flußgebietes in Übersicht 2 die rotierte Faktorenmatrix aller vorhersagenden Variablen, die Regressionsgleichung, die rotierte Faktorenmatrix der ausgewählten vorhersagenden Variablen, der multiple Korrelationskoeffizient, die β-Werte und das Ergebnis des Tests auf Autokorrelation mitgeteilt. Die Extraktion der Faktoren wurde nach dem Scree-Test (K. ÜBERLA, 1968: 127) vorgenommen. Bei dem vorliegenden faktorenanalytischen Modell handelt es sich um eine sogenannte Hauptkomponentenmethode.

Eine statistische Prüfung mit Hilfe des χ^2-Tests an Hand der vorliegenden Stichprobe sprach nicht gegen die Linearität der gewählten Regressionsgleichung ($\alpha = 0{,}01$).

Diskussion

Wie schon eingangs erklärt, gibt die Faktorenmatrix einen ersten Einblick in die Struktur der multivariaten Abhängigkeiten der beteiligten Variablen. Für das Flußgebiet wird der Faktor 1 (s. Übersicht 2, Punkt 1) von den Variablen QS, DQ, QSA, die den Abfluß beschreiben, hoch geladen, d.h. sie sind hoch mit ihm korreliert. Weniger klar ist der Einfluß der den Niederschlag charakterisierden Variablen NO, N1, N2, SN. Die anderen drei Faktoren, die nach dem Scree-Test weiterhin extrahiert wurden, sind jeweils nur noch von einer Variablen hoch geladen, so daß sie einfach zu interpretieren sind: Im Einzugsgebiet der *Lumda* laden ST und EF gleichfalls je einen Faktor (2 und 4) und N1 den Faktor 3. Aus der Spaltenquadratsumme der Faktoren ist zu erkennen, daß der Faktor 1 die höchste Varianz erklärt. Dagegen erklären die Faktoren, die hoch mit den Variablen EF und ST korreliert sind nur einen geringen Anteil der Varianz.

Die Ausschaltung der Interkorrelation wird an den Faktorenmatrizen der vorhersagenden Variablen gezeigt (Übersicht 2, Punkt 3): Jede Variable ist jeweils mit nur einem Faktor hoch korreliert.

Zusammenfassung

Eine Stichprobe von 10 sich zeitlich ändernden hydrologischen Variablen aus einem Einzugsgebiet des Vogelsberges wird einer Faktorenanalyse unterworfen, um die Struktur der multivariaten Abhängigkeiten zu erklären. Die Variablen, die innerhalb eines Faktors die höchste Ladung aufweisen, werden für ein multivariates statistisches Modell, das mit Hilfe der Regressionsrechnung aufgestellt wird, als vorhersagende Variable für die Schwebstoffbelastung ausgewählt. Es zeigt sich, daß Variable aus der Gruppe 'Abflüsse' und der Erosionsfaktor die Varianz der Schwebstoffbelastung am besten erklären.

Der Untersuchung lag eine einjährige Meßreihe mit 33 Messungen der Schwebstoffbelastung als vorherzusagender und den 10 vorhersagenden Variablen zugrunde.

Literatur

BARTLETT, M. S. (1947): The Use of Transformations. In: *Biometrics*. 3: 39–52.

BAUER, L. und W. TILLE (1966): Die Sinkstofführung der Fließgewässer des Unstrutgebietes. In: *Petermanns Geogr. Mitt.* Jg. 110: 97–110.

BOGÁRDI, J. (1956): Über die Zu- und Abnahme des Schwebstoffgehaltes in den Flüssen mit Änderung des Abflusses. In: *Die Wasserwirtschaft*. 47: 59–66.

COX, D. und H. MILLER (1970): The Theory of Stochastic Processes.—London: Methuen 398 S.

DURBIN, J. und G. WATSON (1951): Testing for Serial Correlation in Least Squares Regression. II. In: *Biometrica*. 38: 159–178.

FÜGNER, D. (1966): Die Ermittlung einer Schwebstoffunktion auf Grund von Messungen am Gletscherbach. In: *Wiss. Z. TU Dresden*. 15: 1413–1419.

HINRICH, H. (1965): Beitrag zur Schwebstoffmessung in Wasserläufen mit Beschreibung eines einfachen Filterverfahrens. In: *Deutsche Gewässerkundliche Mitteilungen*. 9: 49–60.

JAROCKI, W. (1957): Méthodes empiriques de calcul des matériaux en suspension. In: Intern. Assoc. Sci. Hydrol. General Assembly Toronto, 387–398.

KENDALL, M. G. (1968): A Course in Multivariate Analysis.—London: Griffin, 185 S.

KLOES, J. (1968): Untersuchungen zur Schwebstofführung in ausgewählten Flußgebieten.—Gießen, 76 S., Wiss. Hausarbeit im Fach Geographie an der Justus-Liebig-Universität Gießen.

KURON, H. und L. JUNG (1957): Über die Erodierbarkeit einiger Böden. In: Intern. Assoc. Sci. Hydrol. General Assembly Toronto, 157–161.

MATALAS, V. C. und W. B. LANGBEIN (1962): Information content of the mean. In: *J. Geophys. Res.* 67: 3441–3448.

RÉMY-BERZENCOVICH, E. (1960): Analyse des Feststofftriebes fließender Gewässer. In: *Schrift.-Reihe Österr. Wasserwirt.-Verb.* 41: 7–55.

RICHTER, G. (1965): Bodenerosion-Schäden und gefährdete Gebiete in der Bundesrepublik Deutschland.—Bad Godesberg, 564 S. Forschungen z. dt. Landeskunde. 152.

RINSUM, A. VAN (1950): Die Schwebstofführung der bayerischen Flüsse. Beiträge zur Gewässerkunde. Festschr. 50-jähr. Bestehen Bayerische Landesstelle Gewässerkunde. München, S. 103–110.

TAUBENHEIM, J. (1969): Statistische Auswertung geophysikalischer und meteorologischer Daten.—Leipzig: Akademische Verlagsgesellschaft, 386 S.

TILLE, W. (1965): Ergebnisse von Sinkstoffmessungen an thüringischen Fließgewässern. In: *Wiss. Z. Univ. Jena*, Math.-Nat. Reihe. 14: 107–118.

ÜBERLA, K. (1968): Faktorenanalyse.—Berlin: Springer, 399 S.

WALLIS, J. and W. ANDERSON (1965): An Application of Multivariate Analysis to Sediment Network Design. In: *Int. Assoc. Sci. Hydrol. Publ.* 67: 357–378.

WALLIS, J. (1965): Multivariate Methods in Hydrology—A Comparison Using Data of Known Functional Relationship. In: *Water Resources Res.* 1: 447–461.

WISCHMEIER, W., D. SMITH und R. UHLAND (1958): Evaluation of Factors in the Soil Loss Equation. In: *Agricult. Engineering*. 39: 458–462.

WISCHMEIER, W. (1960): Cropping-management factor evaluations for a universal soil loss equation. In: *Proc. Soil Sci. Soc. Am.* 24: 322–326.

WUNDT, W. (1962): Zur Schwerstoffführung der Flüsse und Abtragung des Landes. In: *Die Wasserwirtschaft*. 52: 107–112.

YEVDYEVICH, V. (1964): Statistical and Probability Analysis of Hydrological Data. In: VEN TE CHOW (Hrsg.): Handbook of Applied Hydrology.—New York: Mc Graw-Hill: 8–II, 43–67.

Diskussion

TICHY:

Wenn ich Sie richtig verstanden habe, dann ist in der Abflußberechnung ja der Niederschlagsart z.B. der so wirksame Starkregen enthalten?

LUFT:

1) Können Sie etwas zur Genauigkeit der Bodenfeuchteerfassung, die ja abhängig ist von Substrat, Ort, Zeit, Niederschlag, Vegetation, Bodenbearbeitung, sagen? Sie wurde ja nicht gemessen, sondern nach Plan berechnet.

2) Warum Verdunstung nach HAUDE und nicht nach THORNTHWAITE?

3) Können Sie etwas zur Methodik und Genauigkeit der Schwebstoffmessung sagen?

MORGENSCHWEIS:

Wie groß ist der Stichprobenumfang der Untersuchung, aus dem die 10 getesteten Variablen als Stichprobe ausgewählt wurden?

HERRMANN:

Es wurden innerhalb eines Jahres an 33 Tagen Schwebstoffmessungen durchgeführt.

S. UHLIG hat gezeigt, daß mit Hilfe des Sättigungsdefizits berechnete Werte der pET den gemessenen näher kommen als die nach THORNTWAITE ermittelten. Die Gleichung von HAUDE ist einfacher zu handhaben, als die von S. UHLIG!

Über die Genauigkeit der Bodenfeuchtebestimmung nach R. PFAU ist für das Einzugsgebiet der *Lumda* nichts bekannt, da keine direkten Vergleichsmessungen vorliegen.

Die Schwebstoffbelastung wurde nach einem Verfahren von H. HINRICH gemessen. Vergleiche mit anderen Meßgeräten sind dort nicht angegeben. Die Methode selbst berücksichtigt Schwebstoffgewichtsdifferenzen 1 mg. Die Genauigkeit hängt daher von der gefilterten Wassermenge ab.

Anschrift des Verfassers:

Prof. Dr. R. HERRMANN, Geographisches Institut der Universität, (D) 5 Köln-Lindenthal, Albertus-Magnus-Platz.

ÖKOLOGISCHE ASPEKTE DER AUFFORSTUNGEN IM WESTLICHEN MITTELMEERRAUM

KLAUS MÜLLER-HOHENSTEIN

Abstract:

Ecological aspects of the afforestations in the Western Mediterranean countries.

Two main problems, the changing of the natural environment after the afforestation and limiting geofactors for afforestations, are discussed for different projects in Northern Morocco. Some observations, made in Spain, Portugal and Tunisia, are added.

Even among recent afforestations remarkable changes, concerning soils, vegetation layers and ecoclimate, can be established, nevertheless it seems still too early to give definite answers. The two chosen examples point out furthermore, that even in close adjacent places a quick alternation of dominant geofactors is characteristic. Before rational land managements, not necessarily refering to forests but also to grazing or even food crops, small scale investigations of the natural resources and their dynamics are indispensable.

Die Waldfläche hat in den Ländern des westlichen Mittelmeerraumes in den letzten beiden Jahrzehnten durch Aufforstungen erheblich zugenommen (Abb. 1).

In Spanien und Portugal beträgt ihr Anteil an der gesamten land- oder forstwirtschaftlich genutzten Fläche zwischen 5 und 10%, was jeweils etwa einem Viertel der gesamten Waldfläche entspricht. In den Maghrebstaaten liegen die entsprechenden Werte zwar wesentlich niedriger, doch müssen wir berücksichtigen, daß hier politische Gründe größere Projekte erst zu Beginn der 60er Jahre ermöglichten. (Die absoluten, bis 1970 fortgeschriebenen Zahlen der Aufforstungsflächen betragen für Spanien 2.400.000 ha, für Portugal 670.000 ha, für Marokko 270.000 ha, für Algerien 100.000 ha und für Tunesien 140.000 ha).

Die genannten Zahlen sind deshalb so erstaunlich, weil die hier betrachteten Länder für diese kostspieligen und tief in die Lebens- und Wirtschaftsgewohnheiten der Bevölkerung einschneidenden Arbeiten denkbar ungünstige wirtschaftliche, soziale und—abgesehen von den humiden Bereichen der Iberischen Halbinsel—auch schlechte natürliche Voraussetzungen besitzen. Mit dieser 'Aufforstungsbewegung' und der damit verbundenen Verschiebung des Verhältnisses zwischen Acker-, Weide- und Waldflächen sind Prozesse eingeleitet und Veränderungen bewirkt worden, die den Naturhaushalt der betroffenen Räume ebenso tangieren wie die in ihnen lebenden und wirtschaftenden Menschen. Aus den sich hieraus ergebenden Fragen von geographischem Interesse können nur einige, ökologische Probleme betreffende, herausgegriffen werden.

Zwei Fragen stehen im Mittelpunkt des Referates:

1. Wie verändern sich die Standortsqualitäten nach der Aufforstung?

WALD- UND LANDNUTZUNGSFLÄCHEN (1970) IN DEN STAATEN DES WESTLICHEN MITTELMEERRAUMES UNTER BESONDERER BERÜCKSICHTIGUNG DER AUFFORSTUNG (A)

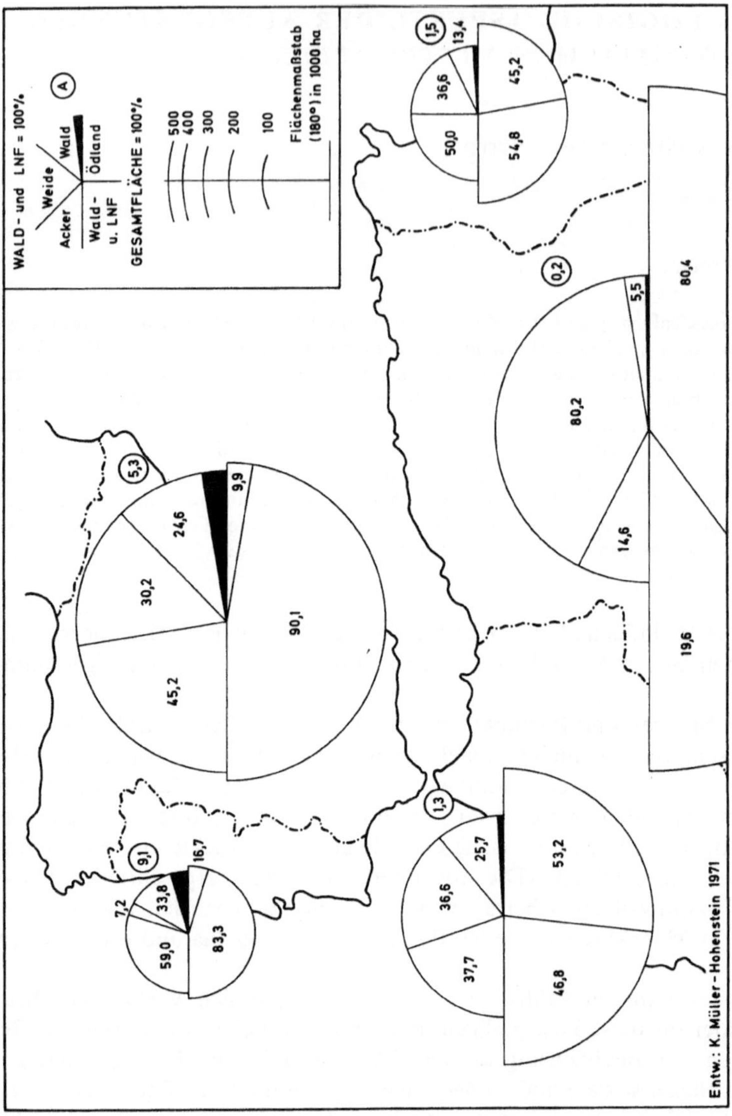

Abb. 1.

2. Welche natürlichen Grenzwerte lassen Mißerfolge bei Aufforstungsversuchen erkennen?

Zwei Beispiele sollen unter den Aspekten dieser Fragestellungen näher betrachtet werden. Beide Projekte liegen in Nordmarokko, der 'Forêt de la Mamora' im semihumiden bis semiariden atlantischen Küstenbereich, das 'Rideau forestier de l'Oriental' im semiariden bis ariden kontinentalen Osten des Landes. (Die hier vorgetragenen Beobachtungen und Ergebnisse wurden auf zwei Reisen im Herbst 1968 und im Frühjahr 1971 gesammelt. Für die Unterstützung der ersten durch die Dr. Richard Busch-Zantner-Stiftung und der zweiten durch die Deutsche Forschungsgemeinschaft danke ich auch an dieser Stelle sehr herzlich, ebenso den zahlreichen marokkanischen und französischen Behörden, Wissenschaftlern und Förstern und deutschen Freunden, die meine Arbeit im Gelände förderten).

Aufforstungen im Gebiet des 'Forêt de la Mamora'.

Der Mamorawald liegt im NO von Rabat. Er stockt auf mehreren Plateaus, die von N-S-verlaufenden Tälern getrennt werden. Diese Plateaus werden aus quartären Sedimenten aufgebaut, insbesondere der lehmig-tonigen 'formation rouge' des Villafranchien, die von einer Decke meist fossiler Dünensande überlagert wird. Hierauf haben sich kalkfreie und humusarme, oft leicht lessivierte Böden entwickelt, die zu den meridionalen Braun- oder Parabraunerden zu stellen sind.

Das Makroklima des Mamorawaldes läßt sich durch die Diagramme der küstennahen Station Kenitra und der weiter im Landesinneren gelegenen von Sidi Slimane kennzeichnen (Abb. 2). Von besonderer Bedeutung für die Vegetation sind der deutlich mediterrane Niederschlagsgang und sommerliche Heißlufteinbrüche aus dem O mit Maximaltemperaturen um 50°C, die sich nachteiliger auswirken als die höchstens −5°C erreichenden Fröste an wenigen Wintertagen.

Edaphische und klimatische Grundlagen bieten der Korkeiche (*Quercus suber*) gute Wuchsbedingungen. Sie bestimmte zusammen mit den Begleitern der *Quercetalia ilicis* weitgehend das natürliche Waldkleid im Mamoragebiet und dominiert auch heute noch in den hochstämmigen Wirtschaftswäldern.

Die ersten Aufforstungsversuche mit *Eucalypten* wurden hier bereits 1922 vorgenommen, größere Projekte folgten nach 1945. Die von der staatlichen Forstverwaltung und Privateigentümern bepflanzten Areale umfassen heute einschließlich der Flächen im nördlich angrenzenden Rharb rund 60.000 ha. Aufgeforstet wurde in den Grenzbereichen der Korkeichenbestände oder auf größeren Lichtungen und an Stelle unproduktiver Strauchgesellschaften im Mamoragebiet selbst. Auf mittel- bis tiefgründigen Sandböden dominieren *Eucalyptus camaldulensis*, auf flachgründigen, stärker verlehmten *Eucalyptus gomphocephala*. Bewirtschaftet werden die Pflanzungen vorwiegend im Niederwaldsystem.

Fragen wir zunächst am Beispiel von Perimetern am Qued Touirza im nordöstlichen Mamoragebiet nach Standortsveränderungen durch die Aufforstungen. In einer 1971 aufgenommenen Karte (Abb. 3) liegen zwischen einem lichten, degradierten *Quercus suber*-Bestand (1) und der Aue des Qued Touirza verschieden alte Eucalyptusaufforstungen, so ein Niederwald aus mehreren Eucalyptusarten (2) und ein etwa 20 Jahre alter *Eucalyptus camaldulensis*-Hochwald

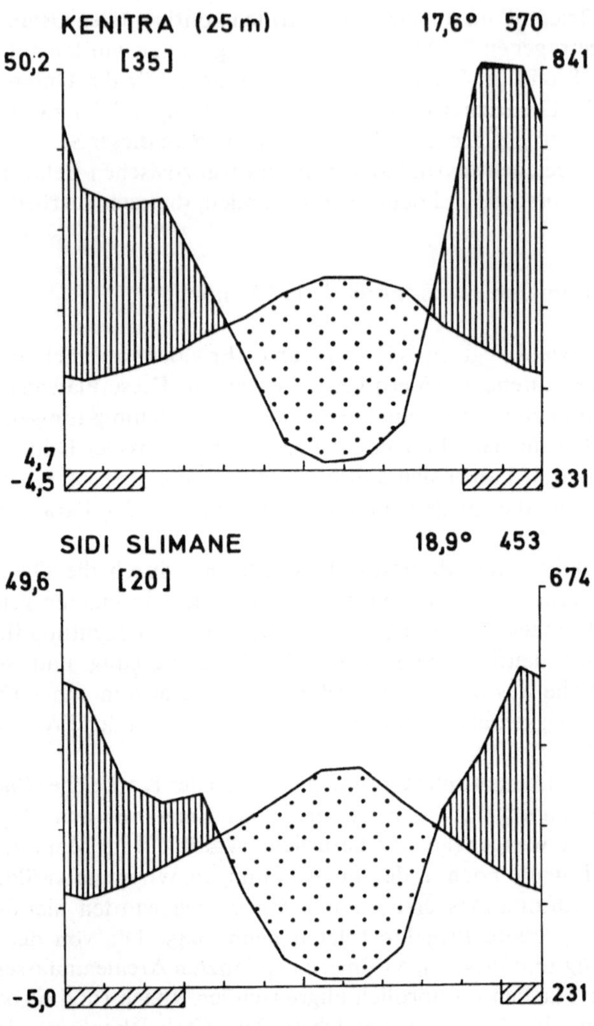

Abb. 2.

(3). Betrachten wir diese 3 Standorte in einem nach TROLL (1950) abgewandelten, vergleichenden Ökotopschema (Abb. 4), so lassen sich gegenüber den Verhältnissen vor der Aufforstung (1) in den beiden Eucalyptusbeständen (2, 3) folgende Veränderungen beobachten:

1. zum Ökoklima: Der tägliche Temperaturgang ist ausgeglichener, die Windgeschwindigkeiten werden ganz erheblich reduziert, durch das fast geschlossene Kronendach werden die Lichtwerte gegenüber dem Umland auf Bruchteile herabgesetzt.

PERIMETER QUED TOUIRZA-MAMORA
(AUSSCHNITT)
0 200 400 600 800 1000 m
N
Degradierter Quercus suber-Wald
Eucalyptus div.-NW
Eucalyptus camaldulensis-HW
Auwald und -wiesen
50 Jahr der Pflanzung (ca.)
•80 Höhenangabe
Böschung (ca. 15°)
① Standorttyp für Ökotopschema I
•80
•76
•83
•84
•67
①
②
③
50
50
60
Tranchée D 1
Qued Touirza
LNF
Entw.: K. Müller-Hohenstein 1971

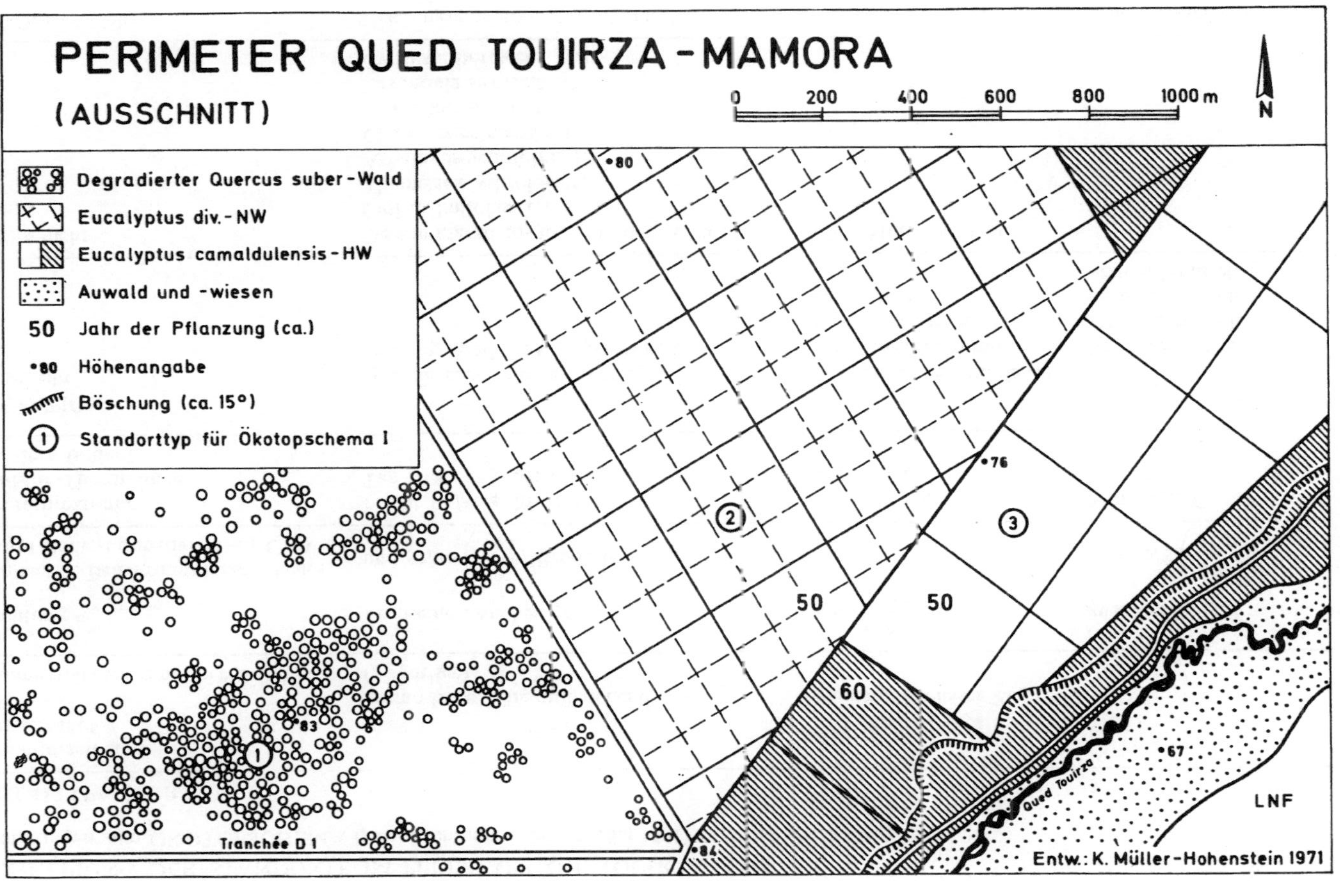

Abb. 3.

BESCHREIBUNG DER STANDORTE IM PERIMETER QU. TOUIRZA-MAMORA
(Erläuterungen zum ÖKOTOPSCHEMA I, Beobachtungen am 15./16.4.1971)

STANDORTFAKTOR	1	2	3
Beobachtungen zum ÖKOKLIMA* Wind (Handanemometer, 2 m über Boden)	leichte Brise, böig auffrischend (2–3 m/sec)	windstill bis leiser Zug	
Beleuchtung (photo-elektr. Belichtungsmesser, helles Tuch am Boden; dunstig, 12–14 Uhr)	wechselnd zwischen 50/11 und 50/22 $\left(\frac{\text{sec}}{100}/\text{Blende}\right)$	50/4 $\left(\frac{\text{sec}}{100}/\text{B}\right)$	zwischen 50/5, 6 und 50/8 $\left(\frac{\text{sec}}{100}/\text{B}\right)$
Temperaturextreme (Mini-Max-Thermometer, 50 cm über Boden)	Nacht 15./16.4. Min: 16,4°C Tag 16.4. Max: 27,3°C	Min: 17,1°C Max: 26,0°C	Min: 17,2°C Max: 26,2°C
VEGETATION Baumschicht B	Quercus suber, ungleichaltrig Deckungsgrad 5–25%, 3–6 m hoch	Eucalyptus camaldulensis HW, Deckungsgrad 80–100%, 8 m hoch, ca. 11 Jahre	NW, Deckungsgrad 100%, 4 m hoch ca. 6 Jahre nach letztem Umtrieb
Strauchschicht Str	Deckungsgrad 20–30% mit den Arten: Cytisus linifolius 1.1 Thymelaea lythroides 1.1 Asparagus acutifolius 1.1 Chamaerops humilis 1.2 Cistus salviifolius 1.1 Lavandula stoechas 1.1 Cytisus arborescens +.1	ohne Strauchschicht	
Kraut-Gras-Schicht KG	Deckungsgrad 10–20% mit den Arten: Asphodelus microcarpus 1.1 Asphodelus fistulosus +.1 Urginea maritima +.1	nur ganz vereinzelt: Cynodon dactylon Arenaria emarginata	ohne KG-Schicht

	Loeflingia hispanica +.1 Ferula communis +.1 Gladiolus segetum +.1 Centaurea pungens +.1 Tolpis nemoralis +.1 Iris sisyrinchium +.1 Linaria spec. +.1 Arenaria emarginata +.1 Cynodon dactylon +.1 Lolium rigidum +.1	
BODEN		
Bodenart	mittlerer bis feiner, mitunter anlehmiger Sand	
Bodentyp	Braunerde mit Übergängen zur Parabraunerde	
Charakterisierung des Oberbodens	unter einer dünnen, lückenhaften Laubstreu 1(–2) cm Mull und 15–20 cm stark durchwurzelter, humusarmer Mineralboden (7.5 YR, 5/4, braun), pH-Wert des durchgehend kalkfreien Bodens 6.0, konstant durch das gesamte Profil	3–8 cm starke Laubstreu über 1–2 cm Mull, darunter ein 15–20 cm mächtiger A_h, der durch unterschiedlich hohen Humusgehalt und starke Durchwurzelung im oberen Teil in zwei Horizonte gegliedert werden kann (7.5 YR, 5/4, braun, bzw. 7.5 YR, 6/4, hellbraun), pH-Wert des durchgehend kalkfreien Bodens 7.0, mit größerer Tiefe abnehmend (bei 100 cm: 6.0) Weitere Veränderungen gegenüber (1) nach DE BEAUCORPS und METRO (1959, 1955): 1. geringe Anreicherung von Kalisalzen im obersten Mineralboden, merkliche Abnahme aller Nährsalze in unteren Horizonten 2. geringe Humusabnahme trotz hohen Anfalls organischen Materials
MUTTERGESTEIN	1,50 bis 2,00 m mächtige, kaum verfestigte Dünensande über rötlichen, lehmigtonigen Sedimenten des Villafranchien, 'formation rouge'	

* Mittelwerte von 4–6 Meßreihen.

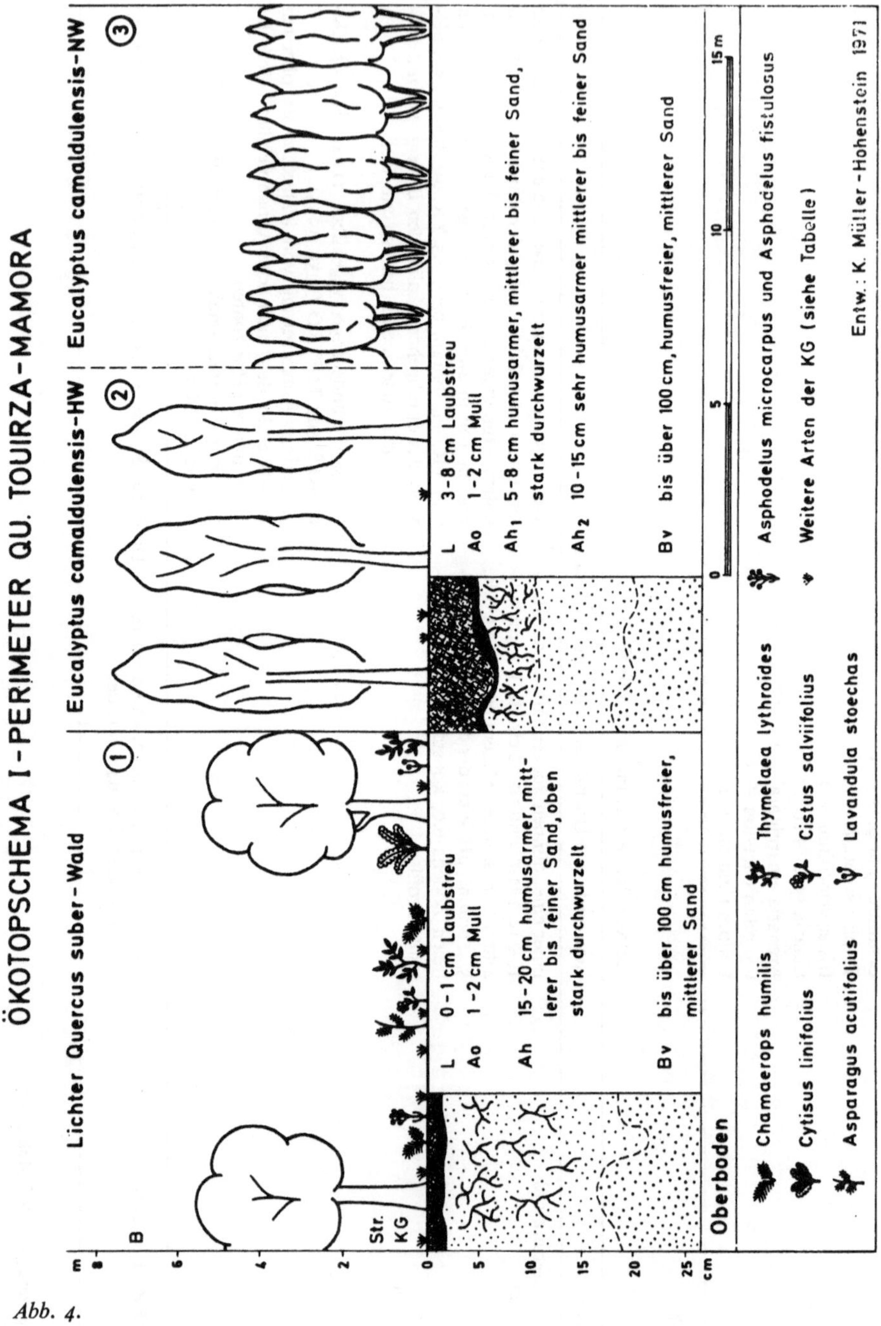

Abb. 4.

ÖKOTOPSCHEMA I-PERIMETER QU. TOUIRZA-MAMORA

Lichter Quercus suber-Wald ①
Eucalyptus camaldulensis-HW ②
Eucalyptus camaldulensis-NW ③

m
8
B
6
4
2
Str.
KG
0
5
10
15
20
25
cm

L 0-1 cm Laubstreu
Ao 1-2 cm Mull
Ah 15-20 cm humusarmer, mittlerer bis feiner Sand, oben stark durchwurzelt
Bv bis über 100 cm humusfreier, mittlerer Sand

L 3-8 cm Laubstreu
Ao 1-2 cm Mull
Ah_1 5-8 cm humusarmer, mittlerer bis feiner Sand, stark durchwurzelt
Ah_2 10-15 cm sehr humusarmer mittlerer bis feiner Sand
Bv bis über 100 cm, humusfreier, mittlerer Sand

Oberboden
0 5 10 15 m

Chamaerops humilis
Cytisus linifolius
Asparagus acutifolius
Thymelaea lythroides
Cistus salviifolius
Lavandula stoechas
Asphodelus microcarpus und Asphodelus fistulosus
Weitere Arten der KG (siehe Tabelle)

Entw.: K. Müller-Hohenstein 1971

2. zur Vegetation: Die Baumschicht erreicht einen wesentlich höheren Deckungsgrad, die Strauchschicht fällt völlig aus, nur vereinzelt wachsen in lichteren Hochwaldbeständen noch Arten der KG-Schicht.
3. zum Boden: In fast allen Aufforstungen bedeckt eine geschlossene, mehrere cm mächtige Laubstreu den Boden. Im Ah-Horizont fällt ein oberer, stark mit sehr feinen Wurzeln durchsetzter Teil auf. METRO und DE BEAUCORPS (1955, 1959) haben geringe Humuseinbußen und eine merkliche Abnahme aller Nährsalze in den unteren Horizonten bei gleichzeitiger Anreicherung von Kalisalzen im obersten Mineralboden festgestellt.

Die in Luftbildern besonders klar hervortretenden inselhaft oder auch zonal angeordneten Flächen mit deutlichen Mißerfolgen führen zur Frage der natürlichen Grenzwerte für die Aufforstungen in diesem Raum. Da die klimatischen Grundlagen für die Pflanzungen mit *Eucalyptus camaldulensis* ausreichen, müssen Erfolg oder Mißerfolg hier auf Unterschiede von Boden, geologischem Substrat und Relief zurückzuführen sein. Zahlreiche Einzelbeobachtungen und Auskünfte von Forstleuten erlauben uns, in einem schematischen Profil die Abhängigkeit der Land- und Forstnutzung von diesen Faktoren vor und nach der Aufforstung darzustellen (Abb. 5). Die größte Dichte erreichen die Korkeichenbestände auf Standorten, in denen die über der wasserstauenden 'formation rouge' liegende Sanddecke 1–2 m mächtig ist. Nimmt die Sandmächtigkeit zu, so werden die Korkeichenwälder lichter; nimmt sie ab und treten sogar die Lehme und Tone an die Oberfläche, so werden sie von mediterranen Strauchgesellschaften (*Pistacia lentiscus*, *Olea oleaster*, zahlreiche Zistrosen) verdrängt. Wo sich schließlich die Sande mit den lehmigen Alluvionen des Rharb verzahnen, wurden bis vor kurzem die meisten Flächen durch extensive Beweidung genutzt. Auch die *Eucalyptus camaldulensis*-Aufforstungen sind auf den 1–2 m mächtigen Sanden am erfolgreichsten, auf den anderen Standorten bleiben aus edaphischen und hydrologischen Gründen viele Lücken.

Aufforstungen in Ostmarokko, 'Rideau forestier de l'Oriental'.

Der hier zu betrachtende Raum ist ein nur 1 km breiter, doch über 100 km langer Streifen beiderseits der Straße zwischen Guercif und Oudjda. Von W nach O durchquert diese Straße eine allmählich von 350 auf fast 700 m ansteigende, leicht gewellte Ebene, die durch mehrere flache Becken gegliedert und im N von dem Beni Snassen-Gebirge (1535 m), im S von den Gebirgsstöcken von Debdou (1683 m) eingerahmt wird. Von den Gebirgen ziehen mehrfach gestaffelte, stark verkrustete Fußflächen in die Ebene hinein. Sie tragen eine sandiglehmige Deckschicht oder sind von Schutt oder Schottern überlagert. Nur stellenweise bilden gipshaltige miozäne Mergel die Oberfläche. Die Ausbildung der Böden hängt wesentlich vom Vorhandensein verkrusteter Horizonte, ihrer Mächtigkeit, chemischen Beschaffenheit und Lage zur Oberfläche ab. Auf höher gelegenen Standorten sind die heute als Ca-Horizonte entkalkter Böden gedeuteten Krusten (ROHDENBURG und SABELBERG 1969) exhumiert und zeigen kaum Ansätze rezenter Bodenbildung. In den Senken herrschen reliktische Rot- und

SCHEMATISCHE PROFILE DER LAND- UND FORSTNUTZUNG IM MAMORAGEBIET VOR (I)
UND NACH (II) DER AUFFORSTUNG
I
Lichter
Korkeichen-Weidewald
Lockerer
Korkeichen-Wirt-
schaftswald
Mediterrane
Strauchgesellschaft
Äcker, Weiden
II
0
2
4
m
Eucalyptus camaldulensis-Pflanzung
Lockere-leicht
verfestigte, meist
fossile Dünensande
Rötliche Lehme und Tone,
„formation rouge"
des Villafranchien
Lehmige Alluvionen
des Rharb
Entw.: K. Müller-Hohenstein 1971
mit, ohne Erfolg

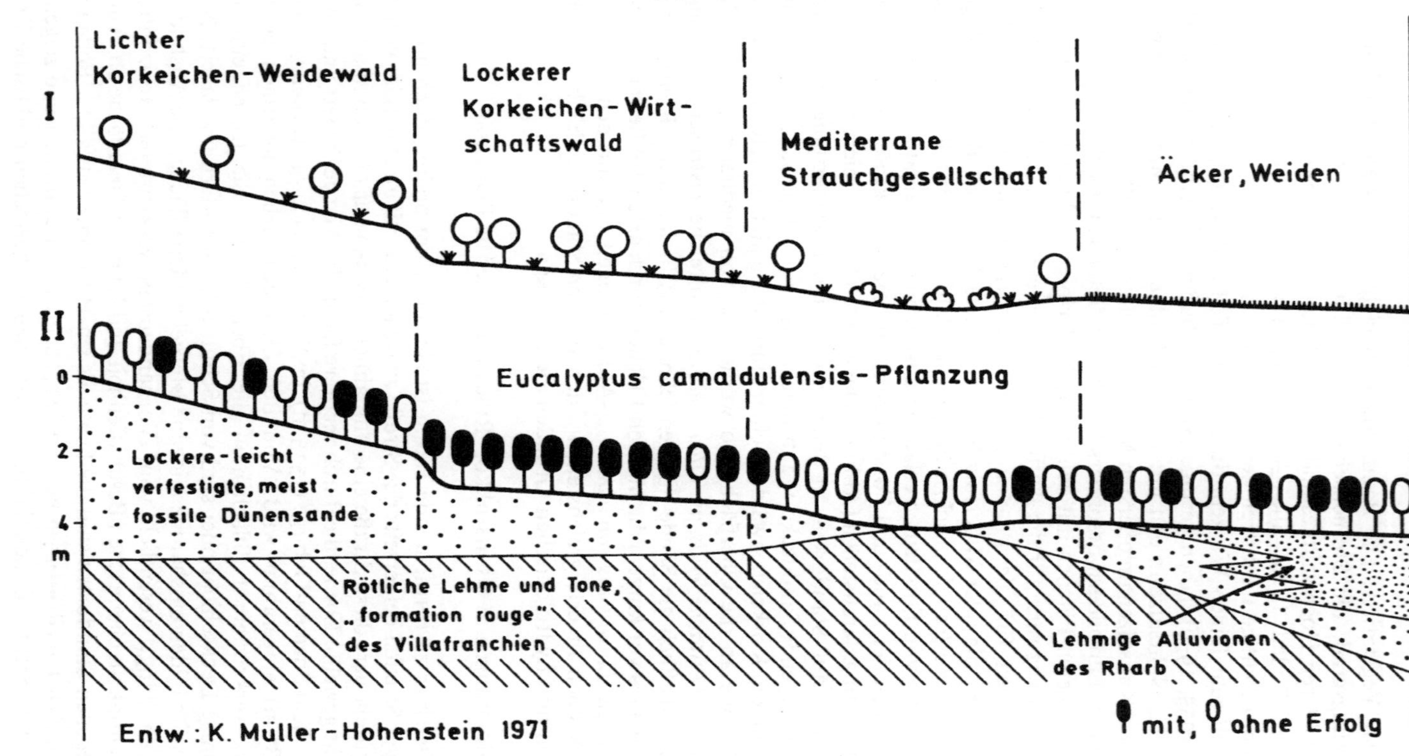

Abb. 5.

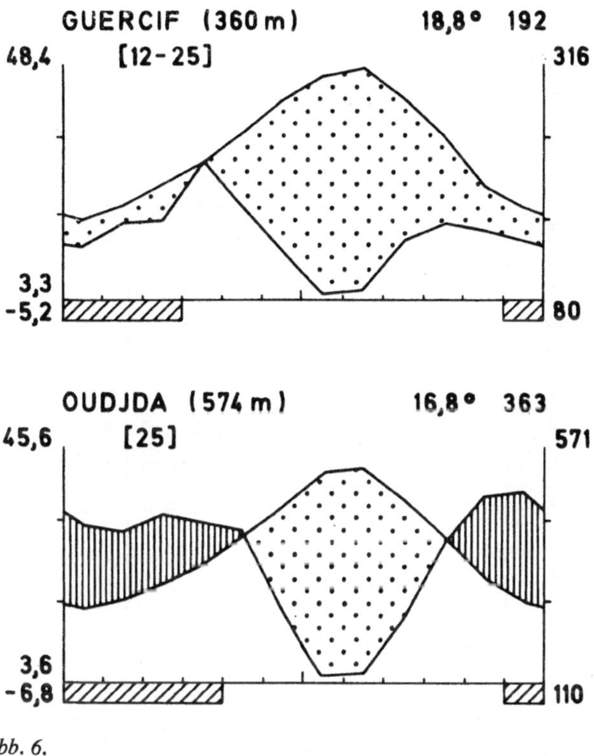

Abb. 6.

Braunlehme vor. Alle Böden sind humusarm und kalkreich. Das Makroklima wird durch die Diagramme von Guercif und Oudjda umrissen (Abb. 6). Im Regenschatten der bei Taza zusammentreffenden Ausläufer des Rifs und des Mittleren Atlas bleiben die Niederschläge in Guercif im Mittel unter 200 mm und liegen in Trockenjahren unter 100 mm. Zusammen mit den hohen Sommertemperaturen führen diese Werte in Guercif zu 11–12, in Oudjda zu 5–6 Trockenmonaten. Ein großer Teil des Raumes gehört somit zum vollariden Klimabereich. Das wird auch durch die Vegetation unterstrichen. Im W dominieren weitständige Trockensteppengesellschaften mit *Artemisia herba-alba* in feuchteren Senken und *Machrochloa tenacissima* auf trockeneren Fußflächen, an besonders salzhaltigen Standorten treten zahlreiche *Halophyten* hinzu. Im O wird die Vegetationsdecke dichter, ohne daß sich der Artenbestand wesentlich ändert.

Hier erfolgten 1956 die ersten Aufforstungsversuche. Von staatlicher Seite sollte damit die Inwertsetzung natürlicher Grenzbereiche vorangetrieben werden. Für die Pflanzungen eigneten sich nur besonders trockenheitsresistente Holzarten (*Eucalyptus occidentalis*, *Acacia cyanophylla*, *Pinus halepensis*) oder Salz- und Gipsgehalt des Bodens tolerierende (*Eucalyptus torquata*, *Eu. brock-*

BESCHREIBUNG DER STANDORTE IM PERIMETER OULJAMANE-GUERCIF
(Erläuterungen zum ÖKOTOPSCHEMA II, Beobachtungen am 21./22.4.1971)

STANDORTFAKTOR	1	2	3
Beobachtungen zum **ÖKOKLIMA*** Wind (Handanemometer, 2 m über Boden)	konstante, schwache Brise (4–5 m/sec)	windstill bis leichte Brise (max. 2 m/sec)	leichte Brise, böig auf- frischend (2–3 m/sec)
Beleuchtung (photo-elektr. Belichtungsmesser, helles Tuch am Boden; im Wolkenschatten, 12–14 Uhr	50/22 $\left(\frac{sec}{100}/B\right)$	zwischen 50/8 und 50/16 $\left(\frac{sec}{100}/B\right)$	wie 1
Temperaturextreme (Mini-Max-Thermometer, 50 cm über Boden)	Nacht 21./22.4. Min: 14,0°C Tag 22.4. Max: 25,1°C	Min: 16,4°C Max: 25,7°C	Min: 14,8°C Max: 25,1°C
VEGETATION Baumschicht B	ohne Baumschicht	Eucalyptus torquata HW, Deckungsgrad 60%, 4–5 m hoch, 13 Jahre alt	Pinus halepensis Deckungsgrad 30% 1–2 m hoch, 8 Jahre alt
Strauchschicht Str	Deckungsgrad 10–20% mit den Arten: Frankenia corymbosa 1.1 Atriplex glauca 1.1 Suaeda fruticosa +.1 Lycium intricatum +.1 Ziziphus lotus +.1 Launea arborescens +.1 Atriplex halimus +.1 Salsola vermiculata (?) +.1 Ephedra fragilis (?) +.1	nur vereinzelt: Frankenia corymbosa	Deckungsgrad unter 5% mit den Arten: Frankenia corymbosa +.1 Atriplex glauca +.1 Lycium intricatum +.1
Kraut-Gras-Schicht	Deckungsgrad unter 10% mit	nur vereinzelt:	Deckungsgrad unter 5%

	Thymus longiflorus 1.1 Stipa parviflora +.1 Pioridium lingitonum +.1 Helianthemum glaucum +.1 Helianthemum pilosum (?) +.1 Artemisia herba-alba +.1 Asteriscus odorus +.1	Helianthemum glaucum	Stipa parviflora +.1 Pioridium lingitonum Thymus longiflorus +.1 Asteriscus odorus +.1
BODEN			
Bodenart	sandiger Lehm		
Bodentyp	Karbonatrohboden, stellenweise mit Charakteristika einer Xerorendzina		
Charakterisierung des Oberbodens	0 bis 10 cm mächtiger, sandiglehmiger, humusarmer, stark durchwurzelter Mineralboden über kompakter, insgesamt bis über 50 cm starker Kalkkruste, in der oberflächennah zahlreiche Gerölle konglomeratartig verbacken sind; Farbe: 10 YR, 6/4 (Hellgelbbraun); pH-Wert des mäßig bis stark $CaCO_3$-haltigen Bodens 7.0; stellenweise $CaSO_4.2\,H_2O$-Anreicherungen	bis auf die im Zuge der Bodenbearbeitung vor der Aufforstung erfolgten Eingriffe—Tiefpflügen, Graben, Anlage von Banketten nach dem Impluvium-System—noch keine sichtbaren Veränderungen des Bodens	
MUTTERGESTEIN	geschlossene, kompakte Kalkkruste mit Kies- und Gerölleinschlüssen	Kalkkruste (wie 1) und das darunterliegende lehmigsandige und geröllhaltige, mit zunehmender Tiefe mergelige Material (Miozän?)	

* Mittelwerte von 4–6 Meßreihen.

PERIMETER OULJAMANE - GUERCIF
(AUSSCHNITT)
0
200
400
600
800
1000 m
N
Pinus halepensis
Eucalyptus torquata
Eucalyptus brockwayi u. Eu. salmonophloia
Verschiedene Arten, v. a. Eucalypten
56/57 Jahr der Pflanzung
•380 Höhenangabe
Steilabfall
Standorttyp für Ökotopschema II
Trockensteppe
Eisenbahn Taza - Oujda
Route Principale No. I
Oued Melloulou
Arboretum
58/60
58/59
57/58
56/57
63/64
380
362
369
400
410
Entw.: K. Müller-Hohenstein 1971

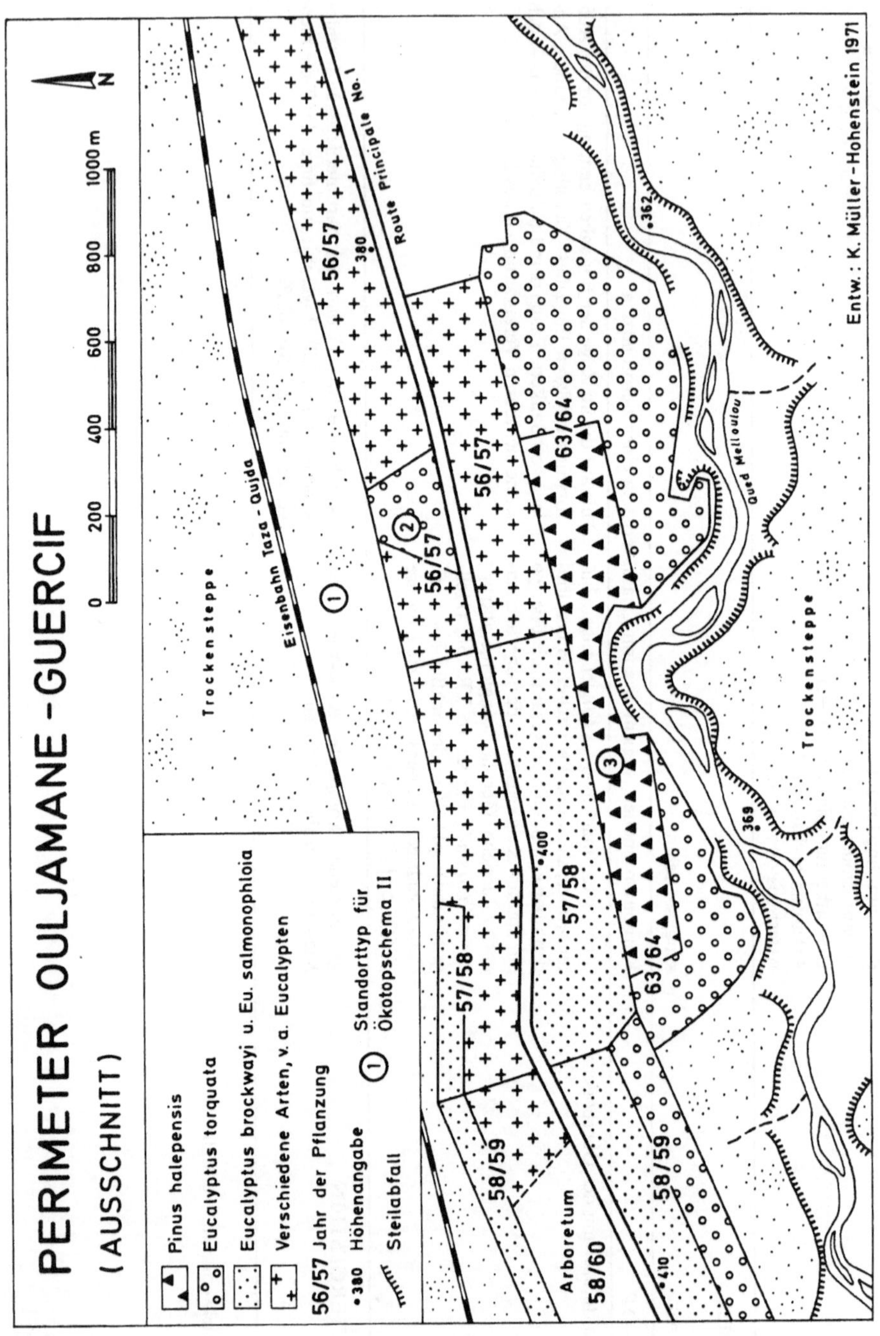

Abb. 7.

wayi). Die Böden erforderten umfangreiche Vorbereitungsarbeiten unter Einsatz von Schleppern und Tiefpflügen. Kleine Dämme wurden nach dem Impluviumsystem angelegt, um den Abfluß zu drosseln und den Bäumen erhöhte Feuchtigkeit zuzuführen. An eine wirtschaftliche Nutzung dieser Bestände ist wegen hoher Ausfallquoten und geringer Zuwachsraten nicht zu denken.

Wenden wir uns wieder der Frage der Standortsveränderungen durch die Aufforstungen zu. Wir stellen sie für den Perimeter Ouljamane bei Guercif, der unter ungünstigsten natürlichen Voraussetzungen 1956 begonnen wurde. In der 1971 aufgenommenen Karte (Abb. 7) sind schematisch gegeneinander abgesetzte Parzellen zu erkennen, in denen verschiedene Holzarten in Rein- oder Mischbeständen gepflanzt wurden. Gegenüber dem Standort Trockensteppe (1) wurden in dem *Eucalyptus torquata*-Hochwald (2) und in dem *Pinus halepensis*-Bestand (3) folgende Veränderungen beobachtet (Abb. 8):

1. zum Ökoklima: Der tägliche Temperaturgang ist ausgeglichener, die Lichtwerte sind etwas geringer. Die Windgeschwindigkeiten sind merklich reduziert. Im Windschatten der Pflanzungen werden erst nach ca. 200 m die Freilandwerte wieder erreicht.
2. zur Vegetation: Der Deckungsgrad von Strauch- und KG-Schicht nimmt merklich ab, zusammen mit der Baumschicht wird jedoch ein wesentlich höherer Deckungsgrad erreicht.
3. zum Boden: Bis auf die Kulturmaßnahmen bei der Pflanzung sind noch keine sichtbaren Unterschiede erkennbar. Den Bäumen steht jedoch durch das Tiefpflügen auch das Material unter der sonst geschlossenen Kruste zur Verfügung.

Bei der Beobachtung natürlicher Grenzwerte muß beachtet werden, daß zum einen die jungen Bäume in den beiden ersten Jahren nach der Pflanzung je zweimal gegossen, Lücken in den folgenden Jahren durch Nachpflanzen wiederholt geschlossen wurden. Ohne diese Maßnahmen wäre ein Erfolg von vornherein auszuschließen gewesen. Dies zeigt ein Blick in das 'Arboretum', eine Testparzelle, in der eine Vielzahl von Arten sich von Beginn an selbst überlassen blieb. Trotzdem erlauben Beobachtungen und Auskünfte den Schluß, daß die Eukalypten—ganz unabhängig von ihrem Alter—durch zu geringe Wassergaben in Trockenjahren absterben, die Akazien in den ersten Jahren vor allem durch leichte, aber anhaltende Fröste gefährdet sind.

Ein schematisches Profil (Abb. 9) zeigt eine weitere Abhängigkeit der Aleppokiefer von den edaphischen Voraussetzungen. Die stärkere Versalzung der Senken gegenüber den höhergelegenen Flächen ist schon in der Trockensteppe an der Zunahme der *Halophyten* zu erkennen. Während die salztolerierende *Eucalyptus torquata* keine merklichen Wachstumsänderungen zeigt, reagiert *Pinus halepensis* auf diese Salzanreicherungen sehr empfindlich.

Wenn zusammenfassend versucht wird, einige allgemeingültigere Antworten auf die eingangs gestellten Fragen zu geben, so muß betont werden, daß sowohl der Stand der Untersuchungen als auch das Alter vieler Aufforstungen keine endgültigen Aussagen erlauben.

Die Eingriffe in das Pflanzenkleid eines Standortes durch die aufgeforstete

ÖKOTOPSCHEMA II - PERIMETER OULJAMANE - GUERCIF
Trockensteppe
Eucalyptus torquata - HW
Pinus halepensis
①
②
③
m
6
4
2
0
B
Str.
KG
10
20
30
40
50
cm
0 - 10 cm sandiger Lehm, humusarm stark durchwurzelt
5 - 10 cm Kies und Geröll, fest in Kalkkruste verbacken
20 - 40 cm kompakte Kalkkruste mit zunehmender Tiefe lamellenartig aufgelöst, geht ohne scharfe Grenze über in
> 50 cm lehmigen Sand, mit einzelnen Geröllen
2/3 Bis auf die durch versch. Kulturmaßnahmen erfolgten Eingriffe (Tiefpflügen, Graben) keine sichtbaren Veränderungen der Böden
Legende zur Str. und KG-Schicht:
Ziziphus lotus
Frankenia corymbosa
Suaeda fruticosa
Atriplex glauca
Lycium intricatum
Thymus longiflorus
Lygeum spartum
Entw.: K. Müller-Hohenstein 1971
Boden:
0
5
10
15 m

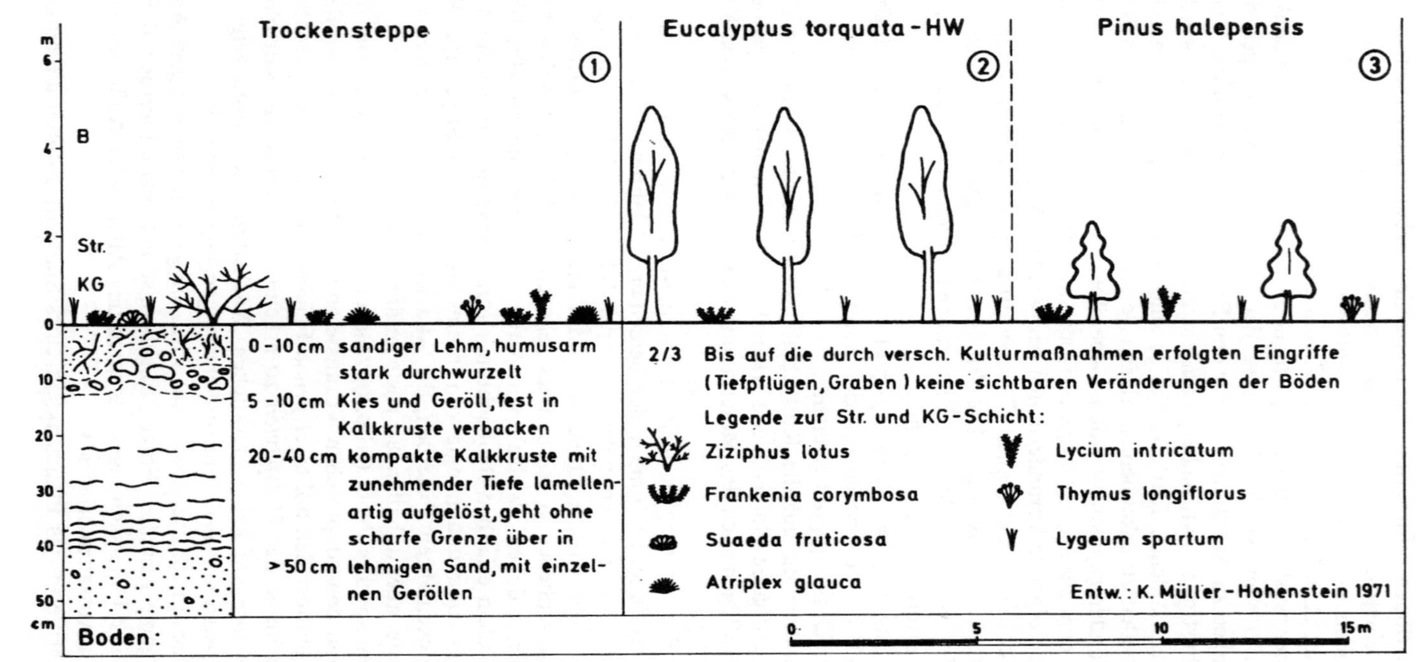

Abb. 8.

Baumschicht und die damit verbundenen Verschiebungen innerhalb der Strauch- und KG-Schicht lassen jedoch folgende Veränderungen erwarten, teilweise auch schon erkennen:

1. Die Bodenabtragung wird in den Aufforstungen durch die Vegetation selbst, in ebenen Lagen im Lee der Aufforstungen durch die gebremste Windwirkung eingeschränkt. Dadurch sind innerhalb der Bestände zusammen mit dem ausgeglicheneren Ökoklima und dem erhöhten Anfall organischen Materials gute Voraussetzungen für die Bodenentwicklung geschaffen. Im Einzugsbereich von Talsperren und bei der Dünenfestlegung wurden hier schon Erfolge erzielt. In den Randbereichen der Bestände können die Eindämmung der mechanischen Kraft des Windes und der verminderte Feuchtigkeitsverlust zur Sicherung einer landwirtschaftlichen Produktion beitragen.
2. Mit Sicherheit ist jedoch unter Nadelholzaufforstungen mit einer Zunahme der Bodenazidität zu rechnen. Dagegen scheint die verbreitete Annahme einer schnellen Verminderung der Nährsalze unter Eukalypten noch nicht ausreichend gesichert. Gerade bei *Eukalypten* wird aber eine Art 'forstlicher Fruchtwechsel', z.B. mit Akazien, vorteilhaft sein.
3. Aufforstungen greifen in das Verhältnis von Abfluß, Interzeption und Verdunstung ein. Durch einen langsameren Abfluß ist in hochwassergefährdeten Gebieten ein gewisser Schutz zu erreichen. Der Bodenwasserhaushalt unter den Beständen wird jedoch bei geringfügig größerer Wasseraufnahmefähigkeit des Bodens durch die gleichzeitig wesentlich erhöhte Verdunstung der Pflanzen negativ beeinflußt. In Trockensteppen wird eine maßvolle Weidenutzung einer Aufforstung auch aus diesem Grund vorzuziehen sein.

Auch die bisher bekannten ökologischen Grenzwerte für Aufforstungen könnten, getrennt nach Holzarten und für die einzelnen Geofaktoren in einer Liste zusammengestellt werden. Wir verzichten hierauf aber bewußt, hoffen vielmehr an unseren Beispielen gezeigt zu haben, daß die Standortsunterschiede selbst eng benachbarter Räume ganz erheblich sein können. Neben dem Makroklima haben sich weitere Faktoren—Muttergestein, Bodenart, -mächtigkeit, -versalzung, Geländeform—unter rasch wechselnder Dominanz als entscheidend erwiesen.

Mit einem allgemeinen Überblick wird dem Praktiker im Gelände keine Entscheidungshilfe zuteil. Vielmehr wird vor der optimalen Inwertsetzung, vor allem natürlicher Grenzbereiche, immer wieder eine kleinräumige ökologische Erforschung stehen müssen. Gerade in den Ländern des westlichen Mittelmeerraumes, insbesondere in Nordafrika, zwingt der Bevölkerungszuwachs zum raschen Erkennen des 'Eignungsraumes' (OTREMBA 1953, MENSCHING 1966). Hier warten auch auf den Geographen, oder besser noch auf Arbeitsgruppen interessierter Wissenschaftler aller beteiligten Disziplinen, viele Aufgaben, bei deren Lösung in der Praxis anzuwendende Beiträge zur Ökologie der Biosphäre geleistet werden können.

SCHEMATISCHE PROFILE DER LAND- UND FORSTNUTZUNG IM RAUM GUERCIF VOR (I)
UND NACH (II/III) DER AUFFORSTZUNG
I
Trockensteppe (stark beweidet)
Ziziphus lotus
Halophyten
übrige Arten der KG
mit
Erfolg
ohne
II
Eucalyptus torquata - Pflanzung
III
Pinus halepensis - Pflanzung
0
2
4
m
Bis 60cm mächtige Kruste aus fest zementierten Geröllen über lehmig-sandigem, stellenweise gipshaltigem Material
Aufgelöste Kruste, von lehmig-tonigem, gipshaltigem Material überlagert
Stark salz- und gipshaltiges, lehmig-toniges Material, von dünnen Kalklamellen und einer Geröllschicht durchsetzt
Entw.: K. Müller-Hohenstein 1971

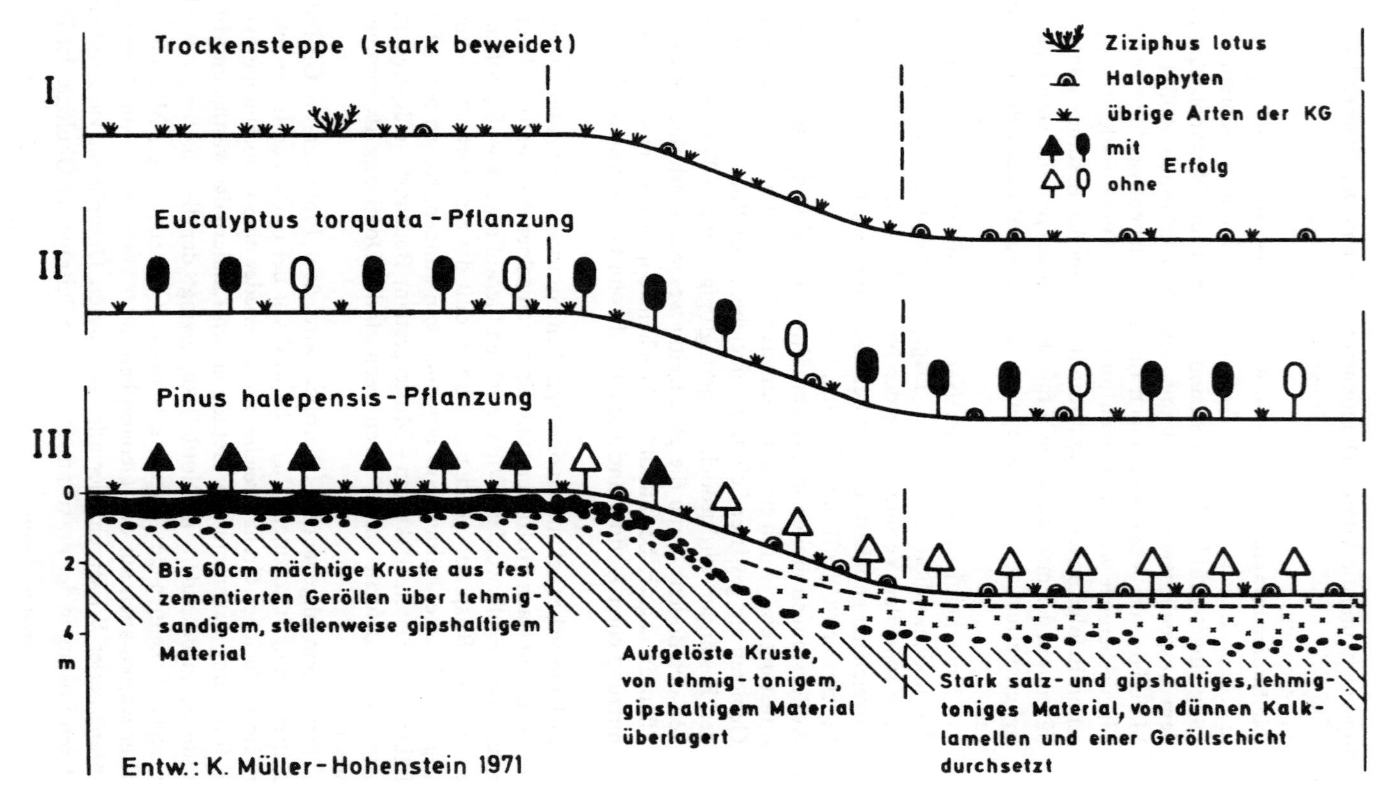

Abb. 9.

Résumé

Les questions centrales du rapport sont:

1) Quelle est la base de terrain naturelle des régions sélectionnées pour reboisement, quels sont les endroits où les mauvaises réussites indiquent les limites des éléments géographiques individuels?
2) Quelles sont après le reboisement les modifications dans les qualités des régions sélectionnées?

On a posé ces questions pour plusieurs exemples des régions situées au nord du Maroc. Des observations faites en Espagne, Portugal et Tunisie complètent les résultats.

On a déjà pu constater des modifications remarquables même dans les régions récemment réboisées. Il s'agit surtout de l'évolution de la terre, de la constitution des couches individuelles de la végétation et du climat écologique. Mais quoiqu'il en soit, il est trop tôt pour tirer déjà des conclusions définitives. D'ailleurs on a constaté que les facteurs géographiques individuels pris sur une surface limitée subissent des modifications considérables. Afin de réorganiser la cultivation de la terre, s'il s'agit des reboisements, des amendements des prés ou bien d'autres mesures agraires, il faut considérer que seuls des recherches de l'écologie régionale, faites sur une vaste échelle, sont propres à éviter des planifications fautives et de mauvaises réussites.

Literatur

AUBERT, G. (1962): Arid zone soils. A study of their formation, characteristics and conservation.—*Unesco, Arid Zone Res.* 18: 115–137.

BEAUCORPS, G. DE (1959): Rapports entre les peuplements d'eucalyptus et les sols sableux de la Mamora et du Rharb.—*Ann. Rech. for. Maroc*, Rapp. annu. 1957, Rabat Bd. 5: 27–216.

BEAUCORPS, G. DE (1958): Aspects de l'évolution de l'humidité des sols et forêt marocaine.—Abh. 12. Kongr. Intern. Verb. Forstl. Forsch. Oxford 1956, Bd. 1: 116–120.

BENNUONA, A. (1968): La mécanisation dans l'implantation du rideau forestier de l'Oriental Marocain.—FAO World Symp. on Man-Made For., Canberra, Australia, 14.—24.4.67, Bd. 2, Rom 1099–1120.

EMBERGER, L. und LEMÉE, G. (1962): Plant ecology.—*Unesco, Arid Zone Res.* 18: 197–211.

GOUJON, P. (1961): Un exemple de reboisement industriel au Maroc.—FAO, 2nd World Eucalyptus Conf., Report and documents, São Paulo 13.—28.8.1961, 2: 839–856.

MATHIEU, L. (1962): Géomorphologie appliquée à la prospection des sols à reboiser dans la plaine de Guercif (Maroc Oriental).—*Rev. Géogr. du Maroc*, 1–2: 49–53.

MENSCHING, H. (1966): Die Maghrebländer; Eignungsraum und geographische Grenzen in Nordafrika. —*Verh.d. dt. Geographentages* 35: 106–115.

MENSCHING, H. und RAYNAL, R. (1954): Fußflächen in Marokko.—P.M. 98: 171–176.

MÉTRO, A. (1949): L'écologie des eucalyptus: son application au Maroc.—*Mem. Soc. Sci. Nat. Maroc*, Rabat.

MÉTRO, A. (1958): Fórêts, Atlas du Maroc, notices explicatives, planche No. 19a.—Rabat.

MÉTRO, A. und SAUVAGE, Ch. (1955): Flore des végétaux ligneux de la Mamora.—Rabat.

RAYNAL, R. (1961): Plaine et piedmonts du bassin de la Mouloya (Maroc Oriental). Etude géomorphologique.—Rabat.

ROHDENBURG, H. und SABELBERG, U. (1968): 'Kalkkrusten' und ihr klimatischer Aussagewert—neue Beobachtungen aus Spanien und Nordafrika.—Göttinger Bodenkundl. Ber. 7: 3–26.

RÜBEL, E. und LÜDI, W. (1939): Ergebnisse der Internationalen pflanzen-geographischen Exkursion durch Marokko und Westalgerien 1936.—Bern.

SAUVAGE, CH. (1961): Recherches géobotaniques sur le chêne-liège au Maroc.—*Trav. Inst. Sci. Chérif., Ser. bot.* 21.

SAUVAGE, CH. (1963): Etages bioclimatiques. Atlas du Maroc, notices explicatives, planche No. 6b.—Rabat.

TREGUBOV, V. (1963): Etude des groupements végétaux du Maroc oriental méditerranéen.—*Bull. Mus. d'Histoire Naturelle de Marseille* 1: 121–196.

WILM, H. G. (1957): The influence of forest vegetation on water and soil.—Unasylva 11: 160–164.

Diskussion

REIMER:

Ich sehe in dem Hinweis, daß sich bei der Wiederaufforstung Unterschiede zwischen unterschiedlichem Relief und Boden und Bestandsdichte bzw. Wuchs zeigen einen Beweis, wie wichtig eine naturräumliche Gliederung im Sinne des Landsystems von CHRISTIAN und STEWART (1968) ist, um eine optimale Wiederaufforstung zu erreichen. Bestehen homo-klimatische—im Sinne der Sitzung homo-ökologische Untersuchungen, um die bestmögliche Aufforstung durchzuführen?

HELWIG:

Man hat in den letzten 20–30 Jahren im Mittelmeerraum in großem Umfang Aufforstungen vorgenommen, die meistens nur erfolgreich waren, wenn sie eine gewisse Zeit gepflegt, d.h. begossen wurden, wie ich es aus verschiedenen Gebieten kenne. Mit einer Ausnahme: Seit etwa 10 Jahren hat man die Methode entwickelt, durch Schweröl- bzw. Schaumstoffteppiche, die die Verdunstung hemmen, aber nicht das Wachstum der jungen Pflanzen, solche Aufforstungsgebiete gerade in den ökologischen Grenzgebieten vorzubereiten. Ist dieses auch in Ihrem Untersuchungsgebiet erfolgt, evtl. bei den letzten Anpflanzungen? Wie lange und wie oft im Jahr wurden die Pflanzen begossen? Hat sich als Folge der Aufforstung schon Unterholz gebildet und im Schutz dieser Streifen eine natürliche Ausweitung des Bewuchses?

JÄTZOLD:

Die Beispiele waren nicht typisch für das allgemeine Aufforstungsproblem im Mittelmeerraum. Sind Sie als Geograph noch den erforderlichen Schritt über das, was auch ein Forstökologe machen könnte, hinausgegangen, und haben diese Art der Landnutzung gegen andere abgewogen? Im Bereich der semiariden Trockensteppen scheinen Waldstreifen und planmäßiges Ranching ökonomisch sinnvoller als flächenhafte Aufforstung zu sein.

MÜLLER-HOHENSTEIN:

Ich habe versucht, die Bedeutung einer kleinräumigen ökologischen Erforschung potentieller Aufforstungsgebiete zu betonen. Nur bei wenigen Projekten, insbesondere auf der Iberischen Halbinsel, wurden ausreichende homo-ökologische Untersuchungen vor den Aufforstungen durchgeführt. Bei den meisten mir bekannten Projekten, so auch den hier vorgestellten, lernt man erst aus den gemachten Fehlern. Die gründlichen, umfangreichen Untersuchungen—fast ausschließlich autökologisch- in forstlichen Versuchsanstalten sind oft unzureichend auf ihre Anwendung in den Projektgebieten abgestimmt.

Die von Herrn HELWIG genannten Methoden zur Einschränkung der Verdunstung sind meines Wissens in Marokko noch nicht angewandt worden. Dagegen wurden junge Pflanzungen in ariden Gebieten—wie ich auch schon ausführte—häufig gegossen. Im Perimeter Ouljamane in den beiden ersten Jahren je zweimal, in anderen Projekten in Ostmarokko und in Südtunesien auch in den ersten drei bis fünf Jahren. Eine Unterholzbildung mit natürlicher Verjüngung konnte in vergleichsweise alten Aufforstungen, so in den Pinus-silvestris-Beständen der Sierra de Guadarrama, beobachtet werden, nicht in marokkanischen Eukalyptuspflanzungen. Im Windschutz der maximal 15 Jahre alten Aufforstungen in Ostmarokko wurde in der angrenzenden Trockensteppe kein höherer Deckungsgrad der Vegetation festgestellt.

Die zur Verfügung stehende Zeit hätte nur eine zu knappe Skizzierung aller typischen Beispiele von Aufforstungen im westlichen Mittelmeerraum erlaubt, denn zweifellos müßten dazu Projekte aus den Gebirgslandschaften herangezogen werden. Auch ergeben sich erhebliche charakteristische Unterschiede, wenn man den Träger (Staat, Genossenschaften, Private) oder das Hauptmotiv der Aufforstungen (Produktions- bzw. Protektionsforst) in den Mittelpunkt der Betrachtungen stellt. Hier standen zwei typische Beispiele zur Diskussion, in denen der Gegensatz humid-arid betont wurde. Bei meinem zweiten Beispiel habe ich keinen Zweifel daran gelassen, daß dieses Projekt keineswegs eine optimale oder auch nur erstrebenswerte Lösung ist, weder von den ökologischen Grundlagen und vielleicht eintretenden positiven Veränderungen im Naturhaushalt, noch vom wirtschaftlichen Ertrag her. Aufforstungen im Bereich der Trockensteppe sind m.E. nur dann zu vertreten, wenn sie—richtig angelegt als Windschutzstreifen—eine agrarische Landnutzung ermöglichen oder sichern. Das wurde z.B. mit den 'bandes forestiers nationals' in Südtunesien erreicht. Für eine ökologisch und wirtschaftlich zu vertretende Landnutzung in den ostmarokkanischen Steppen hätten die bisher verbrauchten Mittel weit sinnvoller eingesetzt werden können, etwa für Versuche der Weideverbesserung und -regulierung und für die Erhaltung der ohnehin spärlichen Waldreste in den Gebirgsumrahmungen.

Anschrift des Verfassers:

Dr. KLAUS MÜLLER-HOHENSTEIN, Geographisches Institut der Universität, Erlangen.

EINGLIEDERUNG UND WIRKUNG DES MENSCHEN IM NATURRAUM DER OSTTÜRKEI

LIESA NESTMANN

Abstract:

Adaptation of Man to his environment and the various effects of Man on his environment are considered within a system of human ecology. The data utilized are those of the KÖY ENKETLERI, a comprehensive village survey conducted in Turkey since 1962.

Research on the interconnection of Man and his environment and on the associated physical, economic and civilizational developments is particularly rewarding in Eastern Turkey because the geographical and ecological conditions as well as the ethnic composition and functional adaptation of the population to environment vary widely. Also the conditions are still primitive or in the take-off phase, because government planning and aid started late, so that the original mode of interaction between Man and his environment and its modification in the present phase of development can still be studied.

The following aspects are discussed:

1. Adaptation to environment in landutilization. (functional adaptation.)

2. Transformation of the environment by Man with its positive and negative effects as exemplified by the replacement of 'natural vegetation' by field associations, degradation of forest and steppe, soil erosion, terracing, irrigation and fertilization of soils.

3. Eco-pathology This includes pathological processes within the natural environment, diseases, malnutrition and generally poor condition of Man due to environmental factors and a faulty relationship between Man and his environment. This complex is exemplified by degradation of the vegetation, soil erosion, salinity due to irrigation, overgrazing particularly by goats and the continued prevailence of malaria, trachoma and leprosy in the underdeveloped regions where control measures started late. Anomalous or disadvantageous social structure or tendency to friction as well as civilizational retardation may also be due to environmental conditioning.

4. Exposition to civilizational stimuli in relation to environmental conditions and ecoadaptation. Here particularly the mountain regions, the entire southeastern sector of the country and the nomadic and seminomadic population are rarely reached by innovations. The aligned northern and southern plains of Erzurum-Kars and Elaziğ-Van on the other hand as well as the western borderzone of the underdeveloped 'East' show a remarkable civilizational acceleration. This becomes apparent in the distribution pattern of iron ploughs, farm machinery, motor vehicles, radios, sugar beet cultivation, consumption of artificial fertilizer, village schools, illiteracy, particularly the proportionally high illiteracy of women and transfer of children to secondary schools. As also in land utilization the present civilizational condition is of course determined not only by spatial and ecological factors but also by those inherent in the population.

The varied material that has become available in the Turkish Village Survey permits the delimitation of human ecological regions which might be considered as natural units of human geography and population development.

Die Osttürkei ist für Untersuchungen über Mensch-Umwelt Zusammenhänge besonders geeignet, weil dort die geographisch-ökologische Varianz bedeutend ist und weil sich die verschiedenen ethnischen Gruppen, jedenfalls wenn sie verschiedenen Zivilisationsfeldern ausgesetzt sind, auf unterschiedliche Weise mit dem Raum auseinandersetzen. Außerdem sind die Verhältnisse noch primitiv, da sich die staatliche Entwicklungsinitiative nur verzögert und langsam auswirkt, so daß man das ursprüngliche Mensch- Umweltgefüge und seine Veränderung im gegenwärtigen Entwicklungszyklus studieren kann und damit die human-ökologischen Zusammenhänge unter derartigen geographischen und poly-ethnischen Bedingungen.

Die wichtigste Quelle für die vorliegende Studie sind die Köy Enketleri, Dorfbefragungen, die seit 1962 in der Türkei durchgeführt werden. Sie vermitteln besonders in den detaillierten, unveröffentlichten Angaben, trotz unvermeidlicher Fehler und Mängel, einen ersten quantifizierten, multifaktoriellen Überblick über Raum und Bevölkerung. Ein 14 jähriger Aufenthalt in der Türkei und mehrere Reisen in den Ostprovinzen erleichterten die Evaluation dieses bislang nicht systematisch ausgewerteten wertvollen Materials. Besonderer Dank gebührt der Deutschen Forschungsgemeinschaft, die die Arbeiten über fast 2 Jahre unterstützte.

Das Ermittelte soll hier unter 4 Aspekten dargestellt werden:

1. Adaption der verschiedenen menschlichen Gruppen an ihre Umwelt in der Landnutzung. (Funktionale Adaption).
2. Umformung der Umwelt durch den Menschen mit ihren positiven und negativen Auswirkungen.
3. Öko-pathologie d.h. umweltbedingte Schäden am Menschen, anthropogene Schäden an der Umwelt und ungünstiges und schädliches Mensch- Umweltverhältnis.
4. Ausbreitung von Zivilisationseinflüssen in Abhängigkeit von den ökologischen Gegebenheiten.

Überblick über Raum und Bevölkerung

Human-ökologisch entscheidend sind neben der Globallage vor allem Landformen und Klima und damit der Gegensatz zwischen dem ostanatolischen Hochland und dem südöstlichen Vorland. In dem Gesamtraum vollzieht sich der Übergang vom ost-europäisch beeinflussten Hochlandklima um Kars zum Mediterranen und zum syrischen Wüstensteppenklima. Regionalvarianten sind: das subpontische Hochlandklima um Kars, das mediterranoid kontinentale des Berglands von Elaziğ-Tunceli und des Van-beckens, das kontinentale des Plateaus von Ağri, das submediterrane des süd-östlichen Hügel- und Berglands und das semi-aride der Becken von Urfa bis Nusaybin und von Diyarbakir und Iğdir. Niederschlagsmenge und Verteilung wie auch die thermischen Bedingungen variieren stark von Jahr zu Jahr und wohl auch in Zyklen, was human-ökologisch von großer Bedeutung ist.

(Ökologisch wichtige Klimawerte: Mittleres Januar Minimum: Kars- 17.9°, Urfa 1.1°— Frosttage im Jahr: Kars 182, Iğdir 126, Elaziğ 84, Urfa 26.—Tage mit Maximum über 30°:

Kars 8.5, Urfa 137.—Jahresniederschlag: Kars 529 mm, Iğdir 256 mm, Urfa 452 mm.—Potentielle Verdunstung: Erzurum 957 mm, Urfa 2248 mm.—Anteil der Sommerniederschläge: Kars 36%, Urfa 0.9%).

Innerhalb der beiden Regionalkomplexe ist die Gliederung in geschlossenes Bergland (Tunceli-Bingöl, Hakkari, Bergland von Mardin und Siirt) und offenes Plateau und Becken (Kars, Agri, Urfa) von ökologisch besonderer Signifikanz, nicht nur wegen der unterschiedlichen landschaftsökologischen Voraussetzungen. In den offenen, optimalen Siedlungsräumen vollziehen sich die Hauptentwicklungen, kam es aber auch zu den Hauptstörungen und Bevölkerungsumschichtungen. Letzteres war für den historischen Verlauf der Gesamtentwicklung entscheidend. Das Bergland wird hingegen von den Zivilisationsströmen umspült. Hier fanden Bevölkerungsgruppen Zuflucht und halten sich Zivilisationsreste. (Christliche Syrer im Tur Abdin, Armenier östl. von Siirt, Bevölkerung von Pertek).

Auch die Ineinanderschachtelung von Landschaftselementen im Dreietagenbau Ostanatoliens ist für die Differenzierung der Landnutzung und Umweltadaption von Bedeutung. Besonders wichtig als Siedlungsräume und für die zivilisatorische Progression sind die durch Straße und Bahn verbundenen Ovareihen von Erzincan-Erzurum und von Elaziğ bis Van.

Die Osttürkei wird von verschiedenen ethnischen Gruppen vor allem Kurden und Türken, im Süden auch Arabern und Syrern besiedelt. Bis zum Ende des ersten Weltkrieges war die ethnische Zusammensetzung wesentlich vielfältiger; Armenier, Griechen, Nestorianer, Russen, Wolgadeutsche, Schweizer und Juden sind aus dem Bevölkerungsagglomerat ausgeschieden oder im Bevölkerungssubstrat mehr oder weniger untergetaucht. Diese verschwundenen Minoritäten wirken sich auch heute noch in der Landnutzung durch Bevölkerungsreste und übernommenes Zivilisationsgut aus. Molkereiwirtschaft und Kartoffelanbau um Kars (Lokalname Kartüf), Obstbau im Arastal, Gewerbeorganisation und Wirtschaftsgeist in den Bazarvierteln der Städte und in kleinen Orten wie Catak oder Savur wie auch das Bild der Siedlungen und Feldfluren im Tur Abdin sind Beispiele für solche Beharrungserscheinungen.

Die Grenzzone zwischen dem dominant türkisch besiedelten Anatolien und der von einem Bevölkerungsagglomerat mit kurdischer Dominanz besiedelten Wurzelzone der Halbinsel verläuft etwa im Arasbergland, südlich von Erzurum und entlang dem Euphrat. In der Grenzzone und in den grösseren und entwickelteren Ebenen ist der türkische Bevölkerungsanteil stark und wird allgemein Türkisch gesprochen, was die Entwicklung dieser Gebiete erleichtert. In den Becken nahe der syrischen Grenze ist das Arabische stark verbreitet. Eine grössere arabische Sprachinsel liegt im Raum Siirt Sason, einzelne Dörfer auch nördlich des Taurus im Becken von Musch und Van. Bei diesen nördlicheren Vorkommen dürfte das Arabische an Stelle des Nord-Syrischen getreten sein, das noch heute vereinzelt von den christlichen Minderheiten im Bergland von Mardin und Siirt gesprochen wird.

Die Adaption des Menschen an seine Umwelt in der Landnutzung und die Umformung der Umwelt

Obwohl man generalisierend behaupten kann, daß verschiedene ethnische Gruppen insbesondere Kurden, mediterranide oder europide Türken und syrische Christen ein verschiedenes verhältnis zu ihrer Umwelt haben, so gibt es doch im einzelnen sehr atypische Verhalten. So bevorzugen die Kurden im allgemeinen die extensive Nutzung des Raums in der Viehzucht, wobei es auch heute noch zu Wanderungen über 200 km kommt, oder sie kombinieren eine starke Viehhaltung mit extensivem Ackerbau und primitiver Nachnutzung einst armenischer Gärten. Daneben gibt es aber auch zahlreiche Bergkurdendörfer im Hakkari, im Bergland von Tunceli oder um Siirt und Diyarbakir in denen intensiver Acker- und Gartenbau auf bewässerten Land betrieben wird. Ob es sich dabei um eine duale Umweltadaption bei ein und derselben ethnischen Grundeinheit handelt oder ob eine andere vollbäuerliche Bevölkerung durch Nomadenstämme kurdisiert wurde lässt sich kaum entscheiden. Ausserdem kommt es bei den weit verbreiteten ethnischen Gruppen auch zu einer Differenzierung des Umweltverhaltens entsprechend den regionalen ökologischen und zivilisatorischen Bedingungen. So gelten die aus dem Transkaukasus ins Gebiet von Kars zugewanderten Kurden als gute Bauern, die bei Göle sind hingegen vorwiegend Viehzüchter und lassen auch gute Böden unbeackert.

Auf jeden Fall ist der Dualismus in der Landnutzung sowohl bei dem dörflichen Gruppen, wie auch für die getrennte Entwicklung in Ackerbauer-Viehzüchter und nomadische Hirten für das Vangebiet schon in urartäischer Zeit belegt. Das regionale Gleichgewicht zwischen Ackerbau und Viehzucht und damit zwischen Feldflur und Weide verändert sich mit der Bevölkerungsdichte und den wirtschaftlichen, zivilisatorischen und politischen Gegebenheiten wie die Entwicklungen innerhalb des letzten Jahrhunderts zeigen. Gegenwärtig herrscht auf dem Hochland noch die Weidewirtschaft vor. Nur in den am weitesten entwickelten Becken ist der Ackerbau dominant. In den südöstlichen Becken und im westlichen submediterranen Bergland überwiegt der Ackerbau. Daß hierfür agrarökologische Faktoren nicht allein bestimmend sind, erkennt man am vorherrschen der nomadischen Weidewirtschaft auf dem potentiell fruchtbaren Lavaplateau von Cizre und an der gegenwärtigen Umstellung von extensiver Weidewirtschaft zum Feldbau im Becken von Musch.

Kurdischer Nomadismus und Seminomadismus als Prototyp der extensiven Direktnutzung des Naturangebots ist heute nur noch in Resten erhalten. Die landschaftsökologischen Bezüge werden klar, wenn man Standort und Wanderwege der Stämme nach Besikci und Hütteroth sowie die Gebiete mit Fernweide über 100 km nach Angaben der Dorfenquete in eine Karte der Trocken- und Feuchteräume nach de Martonne (Büyük Atlas) einträgt. Die Gebiete mit Persistenz der Fernweide und der Stammesorganisation liegen um die feuchten Gebirgsinseln im winterwarmen Trockenland. Die Pendelwanderungen sind ökologisch indiziert und erfolgen in feiner Anpassung an die ökologischen Verhältnisse. Die Wirtschaftsform ist damit hochentwickelt, nicht primitiv.

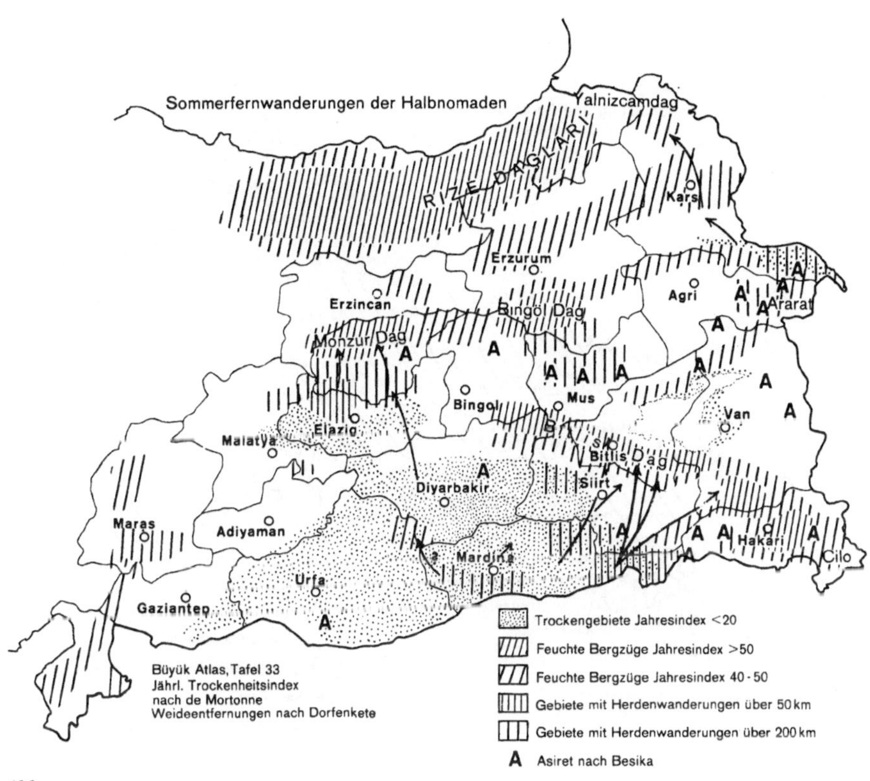

Abb. 1.

Sozialstruktur und Kultur sind auf das ökologische Verhalten abgestimmt. Die Landschaftsschäden sind bei dieser Art der Nutzung, wie schon Planhol festgestellt hat, gering, da die Bevölkerungsdichte niedrig bleibt. Bei Bevölkerungszunahme wird ein Teil der Gruppe seßhaft, ergänzt seinen Lebensunterhalt durch Raub oder Tribut von der bäuerlichen Bevölkerung oder wandert ab. Daraus ergeben sich die sozio-politischen Störungen. Diese Tendenz wird noch verstärkt während der häufigen Krisen, die durch Veränderungen des ökologischen Gleichgewichts während Dürren, Seuchen oder Kälteeinbrüchen ausgelöst werden, und durch die sozialen Spannungen, die sich zwischen Nomaden und Seßhaften notwendigerweise durch die unterschiedliche Chance zur Übernahme von Innovationen und damit zum zivilisatorischen Wandel wie auch zur Erhöhung des materiellen Lebensstandards ergeben. Die Koppelung zwischen ökologischem, zivilisatorischem und sozialem Bereich tritt hier besonders klar hervor.

Auch beim Ackerbau des ostanatolischen Hochlands ist die Abstimmung auf die ökologischen Gegebenheiten fein. Es werden nur kleine optimale Flächen bestellt, der Rest bleibt Weide. Die Weiden liegen in maximal etwa 20 km Ent-

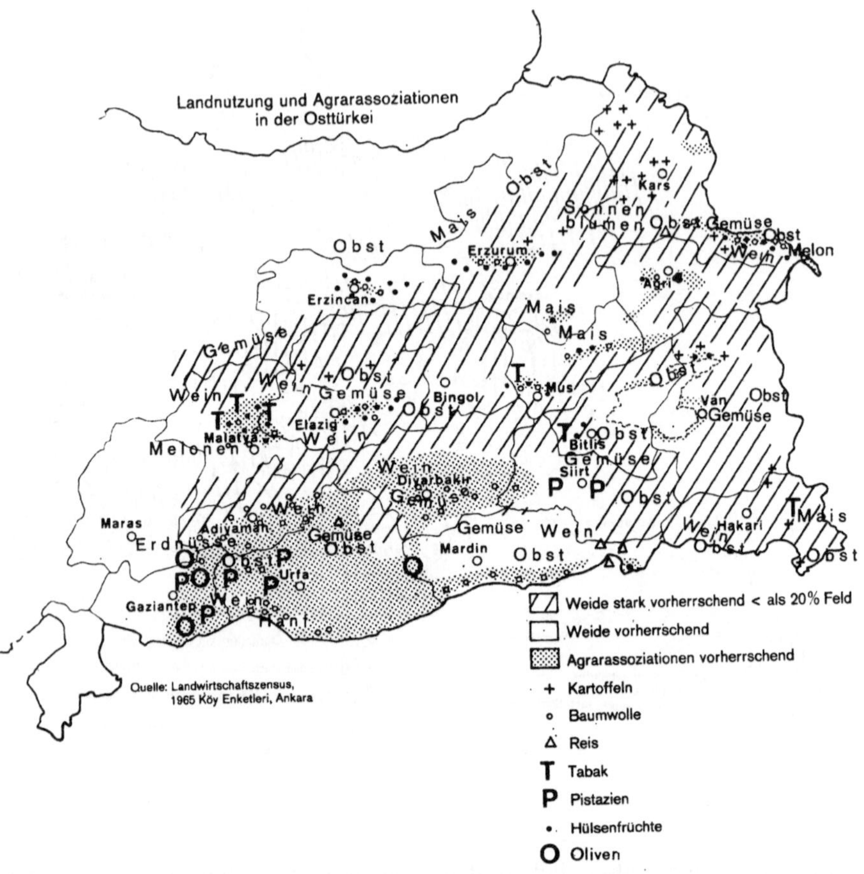

Abb. 2.

fernung. Steigt die Bevölkerungsdichte so kommt es zur agraren Expansion und zur Bestellung auch marginalen und geneigten Landes. Die Weiden werden verkleinert und besonders in Ortsnähe überweidet, das führt zu den bekannten ökologischen Kettenreaktionen und zu schweren Landschaftsschäden, außerdem zum Konflikt mit den Hirten. Das Ausmass der agraren Umformung und Nutzung war, wie Terrassenreste, Feldsteinhaufen und Kanäle zeigen in urartäischer und hoch-armenischer Zeit grösser. Gegenwärtig dehnt sich die Feldflur wieder aus.

Die Zusammensetzung der Agrarassoziationen inklusive der Baumbestände variiert mit den ökologischen und traditionell zivilisatorischen Bedingungen, außerdem mit dem Stand der gegenwärtigen agrarzivilisatorischen Umentwicklung. Natürliche Determinanten wirken sich vor allem aber nicht allein aus bei der Höhengrenze des Ackerbaus, die zwischen 2000 und 2400 m liegt, beim Sommerweizenanbau um Kars, bei der Verbreitung des Obst-, Wein-, und Pistazienbaus, beim Baumwoll- und Reisbau.

Obstbau ist verbreitet im Innerpontischen Bergland, in den Becken von Erzincan und in den südlicheren Becken und Tälern wie auch im Bergland südlich des Taurus; er ist selten oder fehlt auf den östlichen Hochplateaus von Kars und Ağri und mit Ausnahme der Bewässerungsoasen in den südlichen Steppenbecken. Weinbau ist vor allem verbreitet im südöstlichen submediterranen Hügelland, er kommt aber auch im zentralen Bergland bis Erzincan und in den Becken von Iğdir und Van vor. Das Hauptgebiet der Pistazienerzeugung liegt im Hügelland von Gaziantep bis Urfa, ausserdem um Siirt. Gegenwärtig wird die Ausdehnung mit staalicher Hilfe im Bergland von Mardin, Elaziğ und Van gefördert.

Daß neben ökologischen Determinanten auch zivilisatorische die Areale der verschiedenen Nutzpflanzen bestimmen, erkennt man beim Getreide-, Zuckerrüben-, Kartoffel-, Obst-, Pistazien-, Mandel-, Wein-, und Reisanbau. Sie alle werden nicht in dem gesamten ökologisch möglichen Raum angebaut, sondern nur dort wo auch gewisse zivilisatorische Voraussetzungen erfüllt sind; so die Kartoffel um Kars-Ardahan, wo sie während der russischen Okkupation eingeführt wurde und sich später ausbreitete, die Zuckerrübe in den Ebenen von Erzincan, Erzurum, Iğdir, Malatya, Elaziğ und Musch, wo über Bahn und Strasse die Rüben zu den Fabriken gelangen können und wo Saatgut, Dünger und Kredit bei bereits höherem Entwicklungsstand durch den Staat zur Verfügung gestellt werden. Mit dem Anstieg des Entwicklungsstandes dehnt sich der Zuckerrübenanbau aus und wird zum wichtigen Schrittmacher für weitere Entwicklungen.

Ökologisch und humanökologisch entscheidend ist auch, wie der Mensch Wald und Steppe nutzt, und wie diese sich damit weiterentwickeln. Der Wald—Nadelmischwald im Norden, sonst im Bergland Eichenmischwald—ist weitgehend degradiert oder vernichtet. Das gleiche gilt für die Steppe des Südostens (Ausnahmen bei geringer Besiedlung, bei edaphischer Gunst und in Schutzlage). Auf dem Hochland sind im allgemeinen die Steppenweiden wegen der geringen Siedlungsdichte und anhaltenden Unterentwicklung noch in bedeutend besserem Zustand als in Zentralanatolien. Wald und Steppe werden fast überall ungeregelt beweidet. Ausserdem wird im Walde Brennholz geschlagen. Dies führzu progressiver Schädigung und Verkleinerung des Waldes. Andererseits könt nen nur dort die Felder gedüngt werden, wo Brennholz geschlagen wird, da sonst der Dung als Brennmaterial benötigt wird. Auf dem waldfreien östlichen Plateau von Kars und Ağri und in den Becken des Südostens wird nicht oder allenfalls mit Asche oder nach Umstellung der Landwirtschaft mit Kunstdünger gedüngt.

Besonders wichtig für den Verlauf der Umwelt- und Zivilisationsentwicklung ist auch, wie der Mensch das Hydropotential nützt und entwickelt. Die hydrotechnologische Entwicklung war schon zu urartäischer Zeit weit fortgeschritten. Heute variieren Nutzungsausmass und relativer Nutzungsgrad des Wassers zu Bewässerungszwecken regional sehr stark. Zur Brauchwasserversorung und Bewässerung wird vor allem Bachwasser verwendet. Viel bewässert wird in dem Gebirgsbogen von Tunceli-Elaziğ bis ins Hakkari. (Um Genç (Bingöl) sind

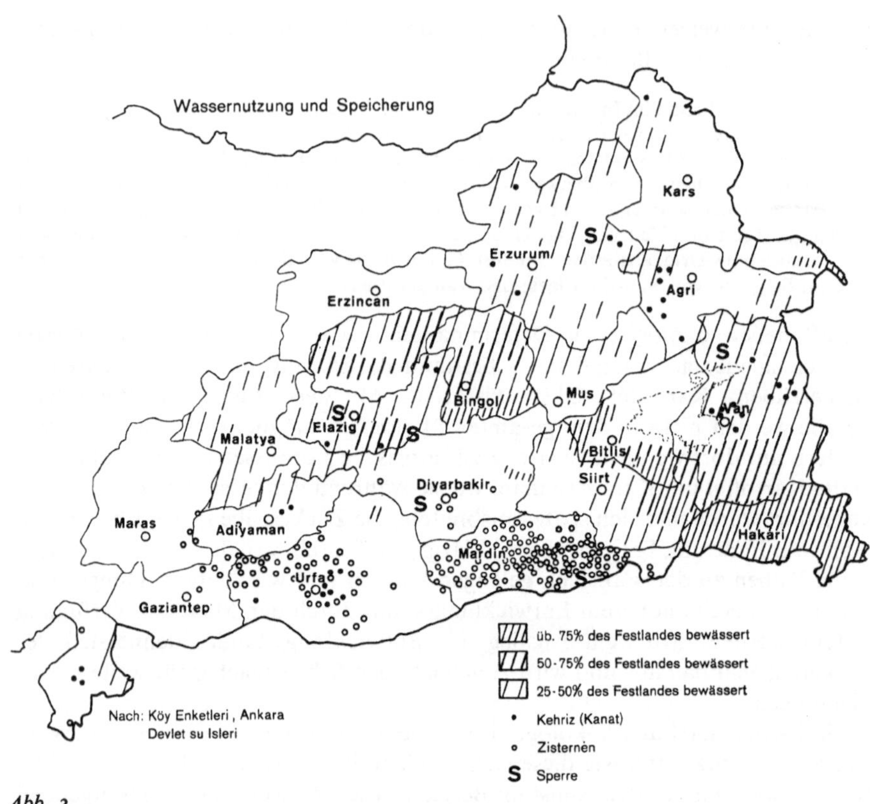

Abb. 3.

91 % des Feldlandes bewässert, um Tutak (Ağri) trotz bestehender Möglichkeiten nur 1 %. (Köy Enketleri)). Grössere Flüsse, deren Wasserführung stark schwankt, werden auch heute in der Osttürkei noch nicht genutzt. Der Bau des Staudamms von Keban am Euphrat ist der erste Ansatz zu einer solchen Entwicklung. Er soll allerdings zunächst nur der Energieerzeugung und Wasserregulierung dienen. Die ländlichen Gebiete der Osttürkei können nur voll entwickelt werden, wenn die Wasserreserven sowohl durch bäuerlichen Einsatz wie auch ni staatlichen Großprojekten bedeutend stärker genutzt werden. Die Entwicklnugsarbeiten werden durch Devlet Su Işleri und Toprak Su durchgeführt. Ausser einigen kleineren Sperren gibt es vor allem Brunnen, allerdings bislang in grösserer Zahl nur in Süd-ostanatolien. Die Erschliessungsarbeit konzentriert sich im wesentlichen auf die grösseren Becken, in denen auch artesisches Wasser gefördert wird.

Als traditionelle Art der Grundwassernutzung sind noch einzelne Kanate in Nutzung.

Ökopathologische Entwicklungen

Der Mensch bemüht sich aus seinem Lebensraum einen möglichst grossen Nutzen zu ziehen und ihn, so weit er sich aktiv mit ihm auseinandersetzt, zu verbessern. Bei den diversen Einwirkungen kommt es aber auch zu negativen Veränderungen, die kaum bemerkt und in ihrer Bedeutung richtig eingeschätzt werden, weil sie in kleinen Schritten verlaufen, zu schwer überschaubaren Kettenreaktionen führen und in unserem Gehirn auf ein Bildungsvakuum treffen.

Die Gefahr der Raumschäden und entsprechender Rückwirkungen auf den Menschen steigt mit zunehmender Siedlungsdichte, Umweltaktivität und Technisierung, also im Verlaufe der gegenwärtigen 'Entwicklungsphase'. Da die Gesamtentwicklung aber langfristig weder durch einzelne positive Veränderungen noch durch eine Summationsbilanz der positiven und negativen Veränderungen bestimmt wird, sondern durch das gesamte human-ökologische Gleichgewicht in der Region und im weiteren Regionalkomplex ,wobei auch Begrenzungsfaktoren im biologischen Sinn und Optimumkonstellationen wirksam worden, so kann trotz gezielter Entwicklungsbemühungen und prolongiert wirtschaftlich kulturellen Fortschritts die Gesamtbilanz mit der Zeit negativ werden.

Da mit vermehrtem Energieeinsatz in der Landnutzung bei dem gegenwärtigen Bildungsstand und Wirtschaftsdenken die Raumschaden zunehmen, so vermitteln die Angaben über Traktoren, Mähdrescher und Eisenpflugeinsatz nicht nur Hinweise auf den agrarwirtschaftlichen Fortschritt sondern auch auf das Ausmass der Umweltgefährdung. Die diesbezüglichen Angaben der Enquete haben deshalb Bedeutung auch als Indikatoren. Während im Vilayet Van zur Zeit der Erhebungen nur 1 Traktor auf etwa 50 Dörfer entfiel, hatte im Vilayet Urfa im Mittel jedes zweite Dorf einen Traktor, und in Konya waren 4.8 Traktoren pro Dorf eingesetzt. Mit Hilfe dieser Traktoren kann auch bei geringer Bevölkerungs- und Arbeitsviehdichte eine große Fläche auch stärker geneigten Landes bestellt werden. Die verschiedenen Folgen und Schäden wurden von Christiansen-Weniger und anderen Autoren für Zentralanatolien beschrieben.

Obwohl in der Osttürkei wegen der geringen Bevölkerungsdichte bei zivilisatorischem Rückstand die anthropogenen Raumschäden weniger verbreitet sind als in Zentralanatolien, so haben Vegetationsvernichtung und Degradation doch besonders bei starker Ziegenhaltung im Kalkhügelland des Südostens, im Eichenwald und in der Trockensteppe, speziell in Siedlungsnähe ein bedrohliches Ausmass erreicht. Dort sind auch Schäden durch Bodenerosion verbreitet, und die weichen gehobenen Sedimente am Rande des Beckens von Diyarbakir sind in Badlands aufgelöst. In Zukunft ist auch damit zu rechnen, daß Versalzungsschäden auf Feldern, die bislang in der Osttürkei nur eine untergeordnete Rolle spielen, mit der Ausdehnung der staatlich initiierten Bewässerung ähnlich wie im Konyagebiet stark zunehmen werden.

Ein wichtiger Indikator für umweltbedingte Schäden am Menschen ist die Verbreitung einzelner Krankheiten und von Ernährungsschäden. Die Enquete enthalten Angaben über das Vorkommen von Malaria, Trachoma und Lepra

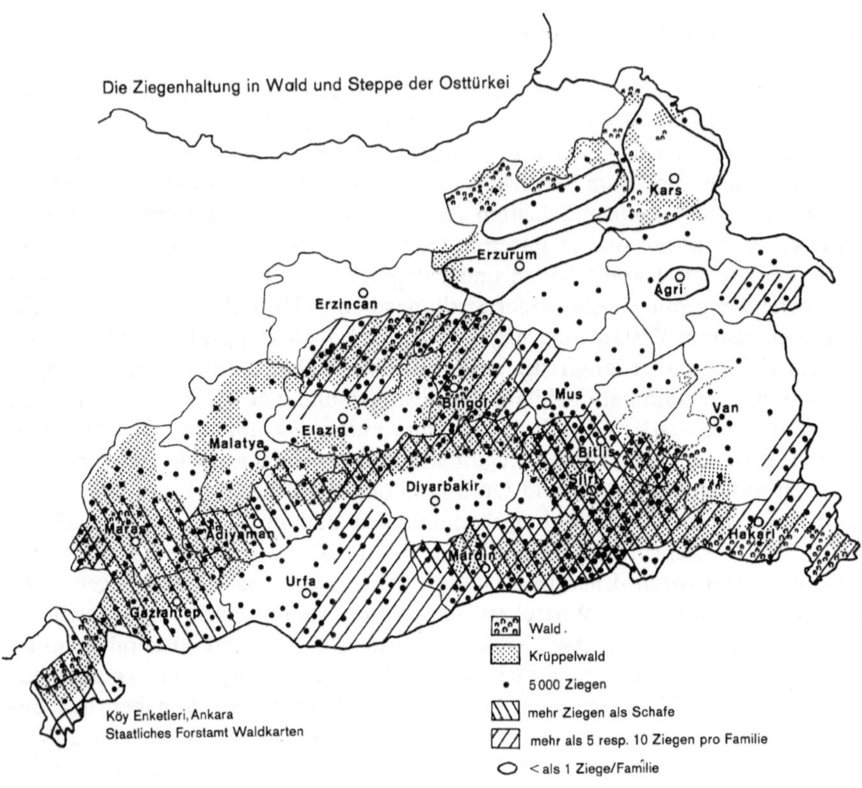

Abb. 4.

auf den Dörfern. Auf diesen Problemkomplex wurde bereits in einem früheren Aufsatz eingegangen. In der Bestimmung der Endemieregionen wirkt sich auch die unmittelbare Umwelt des Menschen, das Haus, aus, so bei der Lepra das hygienisch ungünstige sogenannte armenische Erdhaus (Vorkommen auf dem östlichen Plateau von Kars-Ağri). Neben ökologischen sind auch zivilisatorische und soziopolitische Faktoren für die gegenwärtige Verbreitung dieser Krankheiten in den Ostprovinzen entscheidend, denn in der übrigen Türkei wurden sie durch wirksame Bekämpfungsmaßnahmen und allgemeine Anhebung des Lebensstandards bis auf Restvorkommen zurückgedrängt.

Betrachtet man nicht nur die Einzelschäden oder Symptome sondern versucht die Fehleinstellungen des Menschen gegenüber seiner Umwelt und damit die Ursachen für die Krankheitserscheinungen zu erkennen so scheinen vor allem folgende Fehlverhalten in der Osttürkei von Bedeutung:

Das ungünstige Verhältnis zur Vegetation, das zur Waldvernichtung, Überweidung, ja zum Boykott der von der Regierung initiierten Baumpflanzungsaktionen führt. (Den verteilten Jungbäumen werden die Wurzeln abgeschnitten).

Die traditionelle Tendenz zu großer Herdenhaltung ohne Rücksicht auf die Weidekapazität.

Die starke Umweltverhaftung besonders der Bergbevölkerung und in den unterentwickeltsten Gebieten, die bei Bevölkerungszunahme und Expansion der Agrarfläche zu schweren Landschaftsschäden führt, wenn es nicht gleichzeitig zur Umstellung der Landnutzung und der Wirtschaft kommt.

Der jetzt einsetzende geförderte und ungelenkte Zustrom der Bevölkerung in einige Hauptentwicklungsebenen (Ballung) in denen es dann leicht, wenn die traditionellen Landnutzungsverhalten beibehalten werden, (starke Viehhaltung, ungeregelter Weidegang, verzögerte Intensivierung der Landwirtschaft und des Futterbaus) besonders in der frühen Phase der Entwicklung zu Landschaftsschäden, aber auch zu sozio-politischen Störungen kommt. Andererseits ist die Abwanderung der Bergbevölkerung in die Ebenen, die durch staatliche Maßnahmen gefördert wird, sehr positiv zu bewerten.

Der öko-zivilisatorische Effekt und die Exposition gegenüber zivilisatorischen Einflüssen

Ausmass und Art der Zivilisationseinflüsse, die eine Bevölkerung erreichen hängen unter anderem ab von Standortfaktoren und von der Art wie die Bevölkerung an den Raum adaptiert ist. So ist die Dorfbevölkerung um Kars anderen Einflüssen ausgesetzt als die von Elaziğ, Hakkari oder Nusaybin. Innerhalb einer Großregion ist das zivilisatorische Kräftefeld im Bergland bedeutend schwächer und auch qualitativ anders als in den grösseren Ebenen; und Nomaden und Seminomaden sind seiner Einwirkung ebenfalls weitgehend entzogen. Deshalb haben sich in den entlegenen Bergländern und bei den kurdischen Viehzüchtern die Lebensformen seit frühhistorischer Zeit fast unverändert erhalten. Die zivilisatorische Erfassung einer solchen Bevölkerung ist auch heute kaum möglich, und es kommt immer wieder zu Spannungen zwischen denen die innerhalb und ausserhalb der jeweiligen dominanten Zivilisation leben.

Aus diesen räumlich zivilisatorischen Effekten wie auch aus dem inhärent unterschiedlichen Respons der verschiedenen Regionalbevölkerungen ergeben sich die Zivilisationsareale, die sich mit Hilfe der Enquetangaben erfassen lassen. So wirkt sich über den Kaukasus und von Ost-europa ausgehend europäischer Einfluß über Kars bis Erzurum und Van aus (die Hintertür Anatoliens gegen Europa). Hier werden der Eisenpflug, das Pferd statt des Esels und der 4 rädrige Wagen neben dem 2 rädrigen Vollradkarren verwendet, die Kartoffel wird angebaut, manche Bäuerinnen tragen Kopftücher und das Bildungsstreben und Informationsbedürfnis ist beträchtlich. Von Süden wirken orientalische Einflüsse in die Türkei hinein, während das westliche und östliche Hügelland von Gaziantep und Mardin stärker mediterran sind. Der Taurus tritt als Hauptzivilisationsscheide in Erscheinung. Die orientalischen Einflüsse sind ersichtlich in Kleidung, Hausformen, Sprache, Vorherrschen des Großgrundbesitzes, Tendenz zum Absentismus und starker Benachteiligung der Frau indiziert durch exzessiven Analphabetismus und schlechten Schulbesuch der Mädchen. [Im Vilayet Siirt, Mardin und Hakkari, beträgt der Prozentsatz der weiblichen Alphabeten nur etwa 1 % der männlichen, (Bevölkerungszensus 1960, Orte unter 10000 E.) in den Vilayets Kars, Artvin und Kirklareli 25,50 respektive 66 %. An der syrischen Grenze südlich von Mardin besuchen 11 mal so viel Jungen die Volksschule wie Mädchen. Die entsprechenden Werte für Kars sind etwa 2 für Kirklareli 1.05. Die mediterrane Kulturprovinz ist an den Anbaucharakteristika, der starken Ziegenhaltung und allgemein schwächeren Orientalisierung erkennbar; sie erstreckt sich bis ins Bergland von Elaziğ und Tunceli, an den Vansee und ins westliche Hakkari. In den Binnengebieten ist die Durchdringung mit orientalischen und iraniden Elementen stark.

Im allgemeinen dürfte es in der Ost-türkei in historischer Zeit zu einer Verdrängung des mediterranen Elements gekommen sein in Zusammenhang mit der Ausdehnung arabischer und kurdischer Bevölkerung und Zivilisationseinflüsse, denen ökologisch eine Versteppung und damit Entmediterranisierung parallel gegangen zu sein scheint.

Gegenwärtig dringt eine Zivilisationsfront von Westen gegen die unterentwickelte Wurzelregion Anatoliens vor. Dabei kommt es zur zivilisatorischen Akzeleration besonders im Bereich dieser Front. Dort ist zum Beispiel schon heute der Übergang zur Mittelschule stärker als in Zentralanatolien. Sie verlauft entlang dem Euphrat und biegt bei Erzincan gegen Osten in die Ovareihe von Erzurum und Kars ein. Dort werden auch ältere Entwicklungsansätze der russischen Okkupation wieder weitergeführt. (Wiederbelebung der Molkereiwirtschaft um Kars, Bau von Dorfstrassen auf alten Trassen. Von dieser Entwicklungsfront breiten sich die Innovationen teils spontan, teils mit Hilfe staatlicher Initiative besonders in der ökologisch günstigen Ova-reihe von Elaziğ-Van aus.

Geht man davon aus, daß die geographisch und ökologisch unterschiedlichen Räume, von Populationen mit unterschiedlichen Charakteristika besiedelt sind, die sich auf spezifische Weise mit dem Raum auseinandersetzen, so kann man von der landschaftsökologischen Gliederung und Betrachtung zur humanökologischen fortschreiten. Man kommt dann zu humanökologischen Regionen, in denen Raum und Bevölkerung funktionale und Entwicklungseinheiten bilden. Diese könnten als natürliche räumliche Einheiten der Anthropogeographie, aber auch für Entwicklung und Planung gelten, was eine Integration der einzelnen Einheiten zu grösseren Planungskomplexen nicht ausschliesst.

Literatur

Beşikci, I. (1969): Doğuda değisim ve yapisal sorunlar (Göcebe alikan aşireti. Ankara.

Bobek, H. (1938): Forschungen im Zentralkurdischen Hochgebirge zwischen Vansee und Urmiasee. *Petermanns Mitt.* L XXX IV.

Brichambaut, P. de, Walleen C. (1963): A study of agro-climatology in semiarid and arid zones of the Near East. World Meteorological Organization.

Christiansen-Weniger, F. (1966): Feststellung von Trockenjahren und Dürrekatastrophen in den letzten Jahrhunderten in ariden Gebieten. *Mitt. d Deutsch- Türk. Ges.*

Erinc, S. Doğu Anadolu Coğrafyası. Istanbul Üniversitesi No. 572.
Horn, V. (1965): Weideverhältnisse in den Gebieten Vorderasiens. In: Weidewirtschaft in Trockengebieten, Universität Giessen.
Hütteroth, W. (1959): Bergnomaden und Yaylabauern im Mittleren Kurdischen Taurus. *Marburger Geogr. Schr.* 11.
Köy Enketleri (1962): Beginn der Erhebung 1962. Ankara Köy Işleri Bakanliği. Unveröffentlicht und schwer oder nicht zugängig.
Köy Envanter Etüdlerine Göre. 1963 beginnend. Köy Işleri Bakanliği. Zusammenfassung für die einzelnen Vilayets. Ankara.
Leidlmair, A. (1965): Umbruch und Bedeutungswandel im nomadischen Lebensraum des Orients. *G.Z.*
Louis, H. (1939): Das natürliche Pflanzenkleid Anatoliens. Stuttg.
Meteoroloji Bülteni. Ortalama ve Ekstrem Kiymetleri. 1960 Met. Amt. Ankara.
Nestmann, L. (1969): Der Geograph in der Entwicklungspraxis. *Z. f. Wirtschaftsgeogr.* 6.
Nestmann, L. Die Humanökologie. Begriff, Inhalt und Stellung im System der Wissenschaften. Deutsche Universitätsz.
Nestmann, L. (1969): Mensch, Umwelt und Entwicklung. Deutsche Univ. Zt 10.
Niederschlagskarte der Türkei. Meteorologisches Amt. Ankara.
Piotrovski, B. (1967): The Kingdom of Van and its Art. Urartu. aus dem Russischen.
Rust, R. (1963): Feasibility of agronomic development. Lower Firat River Basin in Turkey. In: Kebanbericht der Ebasco.
Schmitschek, E. (1964): Die Waldkarten der Türkei und die Gliederung in ökologische Großräume. Bustan 5.
Spiro, J. (1963): Fabrique de lait en poudre a Kars. Berne.
Türkiye Atlası. (Tanoğlu A. Erinc S, Tümertekin E.) (1961): Istanbul.
Uhlig, H. (1965): Die geographischen Grundlagen der Weidewirtschaft in den Trockengebieten der Tropen und Subtropen. Giessener Beiträge zur Entwicklungsforschung. In: Weidewirtschaft in den Trockengebieten. Fischer.
Wirth, E. (1967): Junge Wandlungen der Kulturlandschaft in NO Syrien und dem syrischen Euphrattal. Deutscher Geographentag Heidelberg. 3.
Wirth, E. (1964): Die Ackerebenen NO Syriens. G. Z.
Zednik, F. (1960): Der türkische Wald und seine Nutzung. Diss. Wien, unveröffentlicht.

Diskussion

Louis:

Frau Nestmann hat sich der Mühe unterzogen, die Dorfenqueten der Türkei für den Südosten des Landes auszuwerten. Ich habe etwas bedauert, daß eine ganze Reihe ihrer Kartenentwürfe fast ohne Erläuterung vorgestellt wurden, statt daß eine oder zwei dieser Karten genauer erläutert wurden, insbesondere auch hinsichtlich der Aussagekraft des Grundmaterials. Die recht allgemeinen Ausführungen der Einleitung des Referats waren zu umfangreich. So sehe ich keine rechte Möglichkeit, zu den gewiß mühevollen Arbeiten Stellung zu nehmen.

Hagel:

Bei der Diskussion über das Verhältnis Mensch-Umwelt stehen gegenwärtig, wie es auch das Programm dieser Sitzung zeigt, Fragen aus der Physischen Geographie, insbesondere der Biogeographie im Vordergrund. Hieraus ergibt sich die Frage, ob ein Geographielehrer mit geisteswissenschaftlicher Fächerkombination der Bedeutung, die die Umweltgestaltung im Unterricht gewinnen wird, auch entsprechen kann. Damit stellt sich aber auch die Frage nach der Lehrerausbildung und der Lehrerfortbildung überhaupt. Es ist sehr zu begrüßen, daß Frau NESTMANN in ihrem Vortrag insbesondere sozialgeographische Aspekte herausgestellt und beschrieben hat, wie verschiedene soziale Gruppen sich der Umwelt gegenüber unterschiedlich verhalten. Ich möchte sie jedoch fragen, inwieweit sie Ihre Ausführungen durch quantitative Analysen untermauern kann?

Anschrift der Verfasserin:
Prof. Dr. LIESA NESTMANN, Pädagogische Hochschule, Flensburg.

DAS PROBLEM DER ANWENDUNG VON QUANTITATIVEN WERTEN UND HAUSHALTSMODELLEN BEI DER KENNZEICHNUNG NATÜRLICHER RAUMEINHEITEN MITTLERER UND GROSSER DIMENSIONEN

HARTMUT LESER

Abstract:

The small scale division of physiogeographical units must be based on the ecological basic values of the topological dimension. To solve this problem models must be developed. Two models were developed: The model of the interior spatial structure of large physiogeographic units and the general model concerning the landscape-household of large physiogeographical units. The one mentioned first shows the ecological base-units, which form the landscape pattern of the large unit, for example the mesochore. The second model shows the geographic facts, which contribute to the structure of the large unit, e.g. radiation, soil, water.

At present the models are only graphical solutions. In future the graphic solutions will be replaced by mathematical ones. Then quantitative marks of distinction of the small scaled physiogeographic units will exist. At the same time many prospects of the practical application of the results of the physiogeographic divisioning will be held out.

Einleitung

Seit Bestehen der naturräumlichen Gliederung hat die Diskussion um das Verfahren der Ausscheidung natürlicher Raumeinheiten und um ihre Dimensionierung nicht ausgesetzt. Nicht zuletzt dieser Tatsache ist es zu verdanken, daß seitdem eine Reihe Arbeiten zur Methodik und Methodologie der ökologischen Landschaftsforschung erschienen ist. Diese Arbeiten gehören verschiedenen Kategorien an, die als einzelne ganz unterschiedliche Bedeutung für die Weiterentwicklung der Landschaftsforschung besitzen. Bei deren Studium wird u.a. deutlich, daß ein Teil der Arbeiten begrüßenswerte Experimente darstellen, die Diskussion und Forschung außerordentlich belebt haben. Andererseits darf nicht verkannt werden, daß gerade diese Arbeiten sich zwar mit der Problematik von Strukturplänen der Landschaft und der Quantifizierung des landschaftlichen Wirkungsgefüges befassen, daß sie vielfach aber nicht an bereits entwickelte Begriffsschemata anschließen. Dadurch sind Transparenz, Reproduzierbarkeit und Kontrolle dieser Arbeiten nicht immer gewährleistet. Es geht hier nicht darum, diese Versuche als minderwertig abzuqualifizieren. Es wäre nur im allgemeinen Interesse, wenn die Autoren Korrelationen zwischen ihren Systemen und bereits in die Literatur eingegangenen herstellen würden. Sollten sich diese Korrelationen aus Gründen des absolut anderen Ansatzes nicht herstellen lassen—was heute in der ökologischen Landschaftsforschung nur schwer vorstellbar ist!—, so sollte das auch herausgestellt werden. Modellvorstellungen an einem regionalen Beispiel zu entwickeln bereitet i.a. keine allzu großen Schwierigkeiten. Was aber eben das Wesen eines Modelles ausmacht, daß es nämlich auf andere Regionen in dieser oder jener Lage, Größe und Gestalt anwendbar ist, könnte verlangt werden. Sollen die Arbeiten an Modellvorstellungen nicht zum Selbstzweck werden, dann darf man auch erwarten, daß der Bezug zu alten und neuen Kategorien der Landschaftsforschung hergestellt wird. Modellvorstellungen haben besonders in der geographischen Landschaftsforschung,—und sie allein ist deswegen hier hervorgehoben, weil sie Gegenstand dieser Arbeit ist—, eine große Chance. Modelle kommen dem Wesen der Geographie und dem Wesen ihres Forschungsobjekts, der Landschaft, besonders entgegen, weil die Erde als Kontinuum zu sehen ist und sowohl beim gegenwärtigen wie auch beim künftigen Stand der geographischen Methodik und Methodologie wohl nie absolut quantitativ faßbar sein wird. Verzichten kann man aber auch *dann* nicht auf die Grundvorstellung 'Modell', die als wissenschaftstheoretisches Prinzip in der Geographie weiterhin anzuwenden ist. Man sollte also zum gegenwärtigen Zeitpunkt auseinanderhalten zwischen den Modellen, die noch als Ersatz für quantitative Werte in bestimmten Dimensionen der ökologischen Landschaftsforschung verwendet werden und solchen, die in einer zweiten Entwicklungsphase mit Zahlenwerten zu korrelieren sind und durch ihren Modellcharakter und aufgrund der nun eingesetzten Zahlen zu neuen Vorstellungen verhelfen. Dabei kann die zweite Stufe der Modelle sehr wohl aus der ersten hervorgehen oder mit dieser sogar weitgehend identisch sein.

Regionale Modelle, wie sie von verschiedenen Autoren entwickelt wurden, haben bislang weder auf dem einen Weg noch auf dem anderen weitergeholfen. Ihre regionale Begrenztheit, das Fehlen von quantitativen Werten, die Nichtverwendung eines gültigen Begriffssystems oder gar eine Nichtkorrelierbarkeit mit Begriffen der ökologischen Landschaftsforschung schränken leider ihre Anwendungsmöglichkeiten ein. Das ist umso bedauerlicher, als sie äußerst anregend und fortschrittlich gedacht sind.

Das Problem naturräumliche Gliederung/naturräumliche Ordnung

Die naturräumliche Gliederung ist durch die Arbeiten am 'Handbuch der naturräumlichen Gliederung Deutschlands' (E. MEYNEN & J. SCHMITHÜSEN, 1953–1962), die 'Geographische Landesaufnahme 1:200 000, Naturräumliche Gliederung' (Hrsg. Bundesanstalt für Landeskunde) und verschiedene Aufsätze, die diese Problematik darlegen (u.a. H.-J. KLINK, 1966; H. UHLIG, 1967) hinreichend bekannt. Bei der naturräumlichen Gliederung, die auf methodisch und methodologisch wichtigen Arbeiten von H. MÜLLER-MINY (1958, 1962) aufbaut, geht es um die Ausscheidung von natürlichen Raumeinheiten auf deduktivem Wege. Diese Methode wird nach J. SCHMITHÜSEN (1967 a, b) auch als 'Weg von oben' bezeichnet. Er geht von großräumigen Einheiten aus und scheidet, in hierarchischer Folge, immer kleinere Naturräume aus. Die Kriterien wechseln im Laufe dieses Arbeitsverfahrens. Sie erweisen sich vor allem in den unteren Ordnungsstufen als nicht hinreichend relevant. Dieser Methodik steht der induktive 'Weg von unten' gegenüber, der zu einem von H. RICHTER

(1967) treffend als 'naturräumliche Ordnung' bezeichneten System führt. Im Prinzip wird das Gleiche wie in der naturräumlichen Gliederung angestrebt, nur erweisen sich die Dimensionen der Ordnungsstufen durch ausreichende Begriffsdefinitionen besser voneinander abgegrenzt. Hinzu kommt, daß wenigstens die Basis auf naturwissenschaftlichem Wege, d.h. mit Maß und Zahl, ermittelt worden ist. Von dieser untersten Stufe, der der Ökotope—von feineren Unterscheidungen, wie der Tessera, sei hier abgesehen, da es lediglich um die Schilderung des Prinzips geht—, erfolgt dann ein Zusammensetzen zu Einheiten höheren Ranges, die der chorologischen Dimension angehören und die Ordnungsstufen Ökotopgefüge[1], Mikrochore, Mikrochorengruppe, Mesochore unterer Stufe und Mesochore oberer Stufe umfassen. Darüber folgen, in der regionalen Dimension, die noch unsicher zu fassenden Makrochoren und weitere Stufen. Die Grundlagen zu diesen Verfahrensweisen gehen auf die Begründung der ökologischen Landschaftsforschung innerhalb der Geographie durch C. TROLL (u.a. 1939, 1950, 1962, 1963, 1970) zurück. Auf dessen Überlegungen basiert die grundlegende Studie K. H. PAFFENS (1953), die heute tatsächlich in ihrem Grundprinzip mehr und mehr dem Prinzip der naturräumlichen Ordnung zu entsprechen scheint als dem der wissenschaftshistorisch gesehen älteren naturräumlichen Gliederung. Der für die Weiterentwicklung entscheidende Schritt wurde durch E. NEEF (u.a. 1956, 1960, 1962, 1963, 1965, 1967, 1968) getan, der nicht nur den methodologischen Unterbau stärkte, sondern dessen Schüler auch exakte naturwissenschaftliche Methoden in die Landschaftsforschung einführten. Hier wäre in erster Linie G. HAASE (1961, 1964 a, b, 1967) zu nennen.

Obwohl von einer Reihe Autoren immer wieder betont wird, daß naturräumliche Gliederung und naturräumliche Ordnung in bestimmten Dimensionsstufen sich weitgehend gleichen—das gilt selbstverständlich nur für die kleinen Betrachtungsmaßstäbe—stellt sich immer wieder heraus, daß zwischen ihnen auch in diesen großen Dimensionen Diskrepanzen bestehen. Sie dürften sich, mit einer verstärkten Hinwendung zur modellhaften Betrachtung der großdimensionierten Erdräume, auf die schon vor Jahren H. RICHTER (1965) einging, noch vergrößern. Zunächst kann festgehalten werden, daß in den kleinräumigen Betrachtungsdimensionen keine Übereinstimmung zwischen den Einheiten der naturräumlichen Gliederung und denen der naturräumlichen Ordnung besteht. Dieser Sachverhalt wurde bereits in der Literatur erörtert (H. RICHTER, 1967; H. LESER, o.J.). Die Ursache dafür ist die zu unterschiedliche Basis im Ansatz. Schon in mittleren Dimensionen stellt sich aber eine mehr oder weniger deutliche Kongruenz zwischen den Einheiten der naturräumlichen Gliederung und denen der naturräumlichen Ordnung ein, weil—nach dem bekannten Ausscheidungsverfahren—die in diesen Dimensionen relevanten Kriterien sich größtenteils gleichen. Auch H. RICHTER (1967) sah dieses Problem, indem er auf die Untersuchung der Kontaktflächen zwischen den systematischen Stufen der

1 Bei manchen Autoren sind die Mikrochoren die Ökotopgefüge. Lokal lassen sie sich—als Gruppierungen ohne höheren Rang—jedoch auch als gesonderte Ordnungsstufe zwischen den Ökotopen und den Mikrochoren—als den Ökotopgefügen i.w.S.—ausscheiden.

naturräumlichen Gliederung und denen der naturräumlichen Ordnung aufmerksam machte. Das dürfte allerdings nur die großen Dimensionen betreffen, da im Kleinen—d.h. also in großen Maßstäben!—die naturräumliche Gliederung ad absurdum geführt würde. Dort Vergleiche zu suchen, dürfte sich beim heutigen Forschungsstand als wenig lohnend erweisen.

Neuere Arbeiten zur Landschaftsökologie

Neben einer Reihe von Arbeiten, die regionale Probleme der naturräumlichen Gliederung oder solche der Methodik darstellen, die aber alle an die von C. Troll oder E. Neef bzw. J. Schmithüsen geäußerten Grundvorstellungen anknüpfen, gibt es mehrere Studien, die zur Modellbetrachtung der Landschaft führen. Allgemeine Betrachtungen über Strukturmodelle der Landschaft wurden von K. Herz (1966, 1968) und von H. Richter (1968, a, b) angestellt. Dabei geht es um die Landschaft und ihre Grundstruktur schlechthin. H. Richter (1968, b) geht aber einen Schritt weiter und versucht auch, zu Modellvorstellungen über den homogenen und den elementaren heterogenen Naturraum zu kommen. Mit dieser Arbeit wird erstmals versucht, in das gängige, von E. Neef u.a. begründete Begriffschema einzusteigen und die allgemeinen Grundstrukturen der naturräumlichen Einheiten sowie die in den Einheiten ablaufenden chemischen, physikalischen und biologischen Prozesse zu fassen.

Nachdem R. Martens (o.J. [1967]) festgestellt hatte, daß die quantitative Erfassung der Landschaft sich leichter gestaltet, wenn allgemeine Begriffe der Kybernetik in der Erforschung der Naturlandschaft angewandt werden, versuchte er, dies an einem Beispiel (R. Martens, 1968) aus dem Imoleser Subapennin darzulegen. Auf ähnlicher Ebene liegt die Arbeit von W. Beckmann (1965). Während diese Arbeiten, durch den stark regional gebundenen Ansatz, lediglich als Arbeitsmuster dienen können, hat die neuere Arbeit von R. Martens (1970) grundsätzlichen methodologischen Wert. Der absolut andere (—nicht aber neue—) Ansatz dieser Arbeiten läßt eine Einordnung in das System der landschaftlichen Betrachtung, wie es von E. Neef und seinen Schülern begründet wurde, leider nur schwer vornehmen.

Alle zitierten Arbeiten regen dazu an, das Problem der naturräumlichen Ordnung bzw. Gliederung in den großen Dimensionen von anderer Seite her anzugehen. Dazu muß zunächst daran erinnert werden, daß zwar für die ökologischen Grundeinheiten quantitative Werte vorliegen, die zum großen Teil sogar noch in die untere Stufe der chorologischen Dimension mit übernommen werden können, dann aber weitgehend ausfallen, weil andere Kriterien wirksam werden, die nicht mehr mit den gewonnenen Werten aus der topischen Dimension im Zusammenhang stehen. Dazu H. Richter (1967): 'Je sicherer dieser Gesamthaushalt oder auch seine wesentlichsten Teilhaushalte durch einfache Parameter erfaßt werden, desto eindeutiger sind die quasihomogenen naturräumlichen Grundeinheiten zu bestimmen. Damit ist die Basis der naturräumlichen Ordnung gesichert.' Geht man aber nun in die höheren Dimensionen hinein, offenbart sich das Dilemma! H. RICHTER (1967) formuliert dazu wie folgt: 'In den mittleren und oberen Gefügestufen sind bei den jetzt zur Verfügung stehenden Methoden die Möglichkeiten dieses Vergleichs zwischen den Haushaltsformen noch mehr eingeengt. Die beschränken sich meist auf den Vergleich eines einzigen oder weniger Merkmale, zum Beispiel die Wuchsformen der Vegetation...'.—Hier zeigt sich, daß in bestimmten Ordnungsstufen die naturräumliche Gliederung keine größeren Unterschiede zur naturräumlichen Ordnung aufweist. Das ist insofern bedauerlich, als dabei die wesentlich exaktere Basis der naturräumlichen Ordnung (abgesehen von dem der Sache adäquateren Verfahren des induktiven Weges!) in den mittleren Stufen der chorologischen Dimension, und erst recht in der darauf folgenden regionalen Dimension, verlorengeht. Um sich nicht nur in den kleinen, sondern auch in den mittleren und größeren Dimensionen landschaftlicher Einheiten von der naturräumlichen Gliederung abzuheben, den quantitativen Ansatz deutlich zu machen und an die praktische Verwendung der Ergebnisse aus der topologischen und unteren chorologischen Dimension auch die der oberen chorologischen anzuschließen, wären auch die oberen Ordnungsstufen quantitativ oder durch Modelle in irgendeiner Weise abzusichern. Da könnte auch die naturräumliche Gliederung mit ihrer bislang in den großen Dimensionen noch gültigen allgemeinen Kennzeichnung der oberen Ordnungsstufen durch die wesentlich gesichertere, weil an die quantitativ gekennzeichneten Ökotope und Mikrochoren anschließende naturräumliche Ordnung ersetzt werden.

Dieser Ansatz wird in den oben zitierten Arbeiten *nicht* deutlich, weil sie in der Regel sich in anderen Dimensionen bewegen oder regional gebunden sind und absichtlich die Korrelation zu den Begriffssystemen der naturräumlichen Gliederung und der naturräumlichen Ordnung vermeiden. Aufgegriffen wurde dieses Problem übrigens auch in der bereits erwähnten Arbeit H. RICHTERS (1967), mit der es sich im folgenden noch auseinanderzusetzen gilt.

Mittelwerte oder Haushaltsmodelle in mittleren und oberen Ordnungsstufen der chorologischen Dimension

Landschaftsökologische Arbeiten in der Westlichen Kalahari um Auob und Nossob sowie im nördlich daran anschließenden Sandveld, ebenfalls einer Teillandschaft der Westlichen Kalahari, hatten zunächst das Ziel, Dimensionsfragen der topologischen und unteren chorischen Einheiten zu klären (H. LESER, 1968 a, b, 1969, 1971). Bereits beim Integrieren der kleindimensionierten Naturräume zu Einheiten höherer Ordnung stellten sich Schwierigkeiten ein. Deswegen wurde nach dem gängigen Verfahren formal vorgegangen und sich an den bekannten und von G. HAASE & H. RICHTER (1965) neuerlich zusammengefaßten Kriterien für die Ausscheidung von Einheiten höheren Ranges orientiert. Da ein hinreichend großer Untersuchungsraum vorliegt, wurden in der Folgezeit Überlegungen zum Problem der Dimensionen und zur Ausscheidung naturräumlicher Einheiten *höheren* Ranges angestellt. Die bereits angedeutete

Problematik—hier Mittelwert, da Haushaltsmodelle—soll nun im einzelnen untersucht werden. Als Grundlage wird dabei die Raumgliederung genommen, die der schon erwähnten Arbeit (H. LESER, 1969, 1971) zugrundeliegt. Durch die Darlegung am regionalen, mithin nachprüfbaren Beispiel sowie durch die Einpassung in das HAASE-NEEF-RICHTERsche Begriffsschema dürfte die Reproduzierbarkeit und Vergleichbarkeit der folgenden Ausführungen gesichert sein.

Das Problem der Mittelwerte

Landschaftsökologische Gliederungen in den Ordnungsstufen der Mikro- und Mesochoren der chorologischen Dimension weisen wenigstens teilweise ähnliche Schwächen auf, wie die der naturräumlichen Gliederung. Sie können dahingehend zusammengefaßt werden, daß beide Verfahren sich in den Ordnungsstufen Meso- und Makrochoren, teilweise auch schon bei den Mikrochoren, auf eine allgemeine Beschreibung der Inhalte der räumlichen Einheiten beschränken müssen. Hier wird, dies sei am Rande vermerkt, grundsätzlich immer davon ausgegangen, daß es bei der Ausscheidung naturräumlicher Einheiten immer um deren inhaltliche Kennzeichnung geht und nicht um die Darstellung der Grenzen, die aufgrund der Tatsache, daß die Erde Kontinuumcharakter besitzt, ohnehin nicht absolut festlegbar sind[2]. Außerdem wird vorausgesetzt, daß die bekannten landschaftsökologischen Hauptfaktoren (E. NEEF u.a.) Boden, Vegetation und Bodenwasserhaushalt anerkannt bleiben als ausschlaggebend für die Kennzeichnung von Erdräumen. Das dies tatsächlich der Fall ist, konnte von G. HAASE, H. RICHTER & H. BARTHEL (1964) im Changai und von mir in der Westlichen Kalahari (H. LESER, 1968 a, b, 1969, 1971) gezeigt werden. Selbstverständlich kommt dieser Sachverhalt auch in anderen neueren Arbeiten zum Ausdruck.

Vor allem für die praktische Anwendung der landschaftsökologischen Gliederungen auch größerer Teile Erdoberfläche wäre eine ökologische Kennzeichnung wertvoll. Wie aus dem Aufbau des Systems von E. NEEF (1967) hervorgeht, werden die Kriterien in den oberen Ordnungsstufen der chorologischen Dimension bzw. in der regionalen Dimension zunehmend von nicht-ökologischen Kriterien abgelöst. Der ursprünglich ökologische Inhalt, der ja in der topologischen Dimension sogar durch Zahlen auszudrücken war, tritt vollständig in den Hintergrund. Bis zu einem gewissen Grade wäre daher zu versuchen, Mittelwerte zur Kennzeichnung der Inhalte auch großdimensionierter natürlicher Raumeinheiten heranzuziehen. Bereits in der naturräumlichen Gliederung Deutschlands und dem dazu vorgelegten Handbuch (E. MEYNEN & J. SCHMITHÜSEN, 1953–1962) werden phänologische Daten zur Kennzeichnung der naturräumlichen Haupteinheiten (= 4. Ordnungsstufe im System der naturräum-

2 Dieser Eindruck wird aber immer wieder von den Karten der naturräumlichen Gliederung erweckt. Als positive Beispiele wären lediglich die Karte von G. HAASE & H. RICHTER (1965) 'Nordsachsen 1:200000. Naturräumliche Gliederung' zu nennen und die Karte von H.-J. KLINK (1969) 'Das naturräumliche Gefüge des Ith-Hils-Berglandes' 1:50000, in welcher die Grenzziehung stark zurücktritt.

lichen Gliederung) verwendet. Diesen kommt zweifellos in den angegangenen Dimensionen eine gewisse Relevanz als Richtwerten zu, die—wie in allen solchen Fällen—in ihrer Aussage nur nicht überfordert werden dürfen. Die Kennzeichnung kann aber auch auf andere, quantitativ vorliegende Werte aus dem landschaftlichen System ausgedehnt werden, so daß zwar noch keine echte Quantifizierung erreicht ist, immerhin aber eine schärfere Fassung der bis dahin allein vorliegenden Qualifizierung. Damit sind sicherlich bessere Vorstellungen über die Inhalte der Landschaften zu vermitteln, als durch die bisher geübte reine Beschreibung von großdimensionierten Erdräumen.

Am Beispiel der Westlichen Kalahari soll dieser Vorgang lediglich als Versuch demonstriert werden. Beibehalten wird das Begriffsschema von G. HAASE, E. NEEF und H. RICHTER (Siehe dazu H. RICHTER, 1967, 1968 c), wo mit definierten qualitativen, häufig lokal gebundenen Bezeichnungen gearbeitet wird. Ein Beispiel für die Bezeichnung einer Mesochore der unteren Ordnungsstufe aus der Westlichen Kalahari wäre der Begriff 'Welliges Quarzsand-Dünenland'. An dieser Bezeichnung könnten nun Erweiterungen vorgenommen werden, die wenigstens teilweise quantitativ sind. Vorausgesetzt ist das Vorhandensein solcher Werte aus repräsentativen Untersuchungen in der topologischen Dimension, denen bekanntlich—analog dem Verfahren der Mittelwertsbildung—auch über größere Bereiche hinweg Gültigkeit zukommt. Zumindest in großen Teilen Südafrikas, Südwestafrikas und Botswanas hat dieser Grundsatz Gültigkeit. Inwiefern er wiederum abhängig ist von der morphologischen Großstruktur, oder von vergleichbar dimensionierten Erscheinungen der Erdoberfläche, wäre noch zu untersuchen[3]. Eingefügt werden muß an dieser Stelle auch die Bemerkung, daß in vielen Entwicklungsländern, in denen noch keine intensive landeskundliche Erforschung stattgefunden hat, tatsächlich sehr großer Bedarf für solche räumliche Kennzeichnungen—und zwar in allen Dimensionen—bestehen[4].

Die Erweiterung der Kennzeichnung der Mesochore unterer Ordnungsstufe 'Welliges Quarzsand-Dünenland' kann also wie folgt geschehen: Welliges Quarzsand-Dünenland (0) mit Mittel- bis Grobsand (1), *Acacia giraffae*-Dornbaum- und Dornstrauchsavanne (2) und gutem Bodenwasserhaushalt (3).—

Dabei wird bei der Darstellungsform einmal davon abgesehen, daß sich die o.a. Begriffe durch Buchstabensymbole formelartig wiedergeben lassen, wie es von H. POSER & J. HAGEDORN (1969) bei der Kennzeichnung morphographisch-morphogenetischer Einheiten großer Dimensionen praktiziert wurde.

Bei der differenzierten Kennzeichnung der erwähnten Mesochore wären die Erweiterungen wie folgt zu begründen:

(0) Der Grundbegriff für den Relieftyp kann beibehalten werden.
(1) Ist durch exakte und definierte Dimensionen bestimmt. Ebenso wie für mitteleuropäische Kalklandschaften der Bodentyp Rendzina herausgearbei-

3 Dieser Gedanke wird nochmals weiter unten aufgegriffen.

4 Auf diesen Fragenkreis wird in der Arbeit H. LESER (1971) eingegangen. Von dem geringen Grad (im weitesten Sinne!) geographischer Kenntnisse bei Behörden und Einwohnern dieser Länder macht sich der vorwiegend im europäischen Raum tätige Geograph nicht immer eine Vorstellung.

tet werden kann, lassen sich für südwestafrikanische Landschaften charakteristische Boden- und Sedimenttypen finden, die den Haushalt größerer Areale bestimmen.

(2) Das Prinzip der Typenbildung gilt auch für die Vegetation. Hier können die durch pflanzensoziologische und pflanzengeographische Methoden gewonnenen Gesellschaften eingesetzt werden.

(3) Die Bodenwasserhaushaltsstufen leiten sich aus den Meßwerten des Bodenwasserhaushaltes an zahlreichen Punkten ab, der durch seine Substratabhängigkeit Extrapolationen über größere Flächen hinweg zuläßt. In Südwestafrika wären dabei folgende Bodenwasserhaushaltsstufen denkbar:

schlecht	= kein oder fast kein BFK (4);	BFG (5) fast ganzjährig bei 0%
mäßig	= mäßig kleiner BFK;	BFG ca. 3 Monate 0– 5%
mittel	= kleiner BFK;	BFG ca. 3–5 Monate um 5%
gut	= mittlerer BFK;	BFG ca. 3–5 Monate um 5–15%
sehr gut	= großer BFK;	BFG ca. 3–5 Monate über 15%

(4) BFK = Bodenfeuchtekörper. Seine Dimensionen richten sich nach Gesteins- und Sedimentverhältnissen, die hier aber nicht noch einmal wiedergegeben zu werden brauchen, da sie schon unter (1) aufgeführt wurden. Die Kennzeichnung des Bodenfeuchtekörpers und seiner Stellung im Landschaftshaushalt wird demnach ausgedrückt durch die Charakteriesierung des Relieftyps (0), des Sedimenttypus (1), in der Art des Bodenfeuchtegangs (5) und im Charakter des Bodenwasserkörpers selber, d.h. den Bodenwasserhaushaltsstufen (3).

(5) BFG = Bodenfeuchtegang. Er kann aufgrund der Messungen über die Verbreitung der Sedimenttypen bzw. der Boden- oder Gesteinsstypen auf größere Flächen extrapoliert werden. Eine Kontrollmöglichkeit für diese Extrapolationen besteht durch die Ausscheidung der Pflanzengesellschaften (2).

Zur Kennzeichnung der naturräumlichen Einheiten größerer Dimensionen werden verschiedene, in den einzelnen Ordnungsstufen unterschiedlich wirksame Prinzipien (Lage, landschaftsökologische Verwandtschaft, Landschaftsgenese, naturräumlicher Gefügestil, landschaftsökologische Heterogenität) verwandt, die von G. Haase & H. Richter (1965), E. Neef (1967) und H. Richter (1967) formuliert wurden. Diese Prinzipien sind aber nicht nur im System der natürlichen Ordnung, sondern auch in dem der naturräumlichen Gliederung verwendet. Beide vermeiden, aus naheliegenden Gründen, die Angaben von Zahlenwerten. Mittelwerte sind aber durchaus akzeptable Kennzeichnungen für größere räumliche Einheiten. Solange noch keine anderen Werte oder Kennzeichnungen an ihre Stelle gesetzt werden können, sollten sie verwendet werden. Aus praktischen Gesichtspunkten heraus sind sie notwendig. Damit könnte sich das System der naturräumlichen Ordnung sehr wohl über das der naturräumlichen Gliederung erheben, vor allem auch deswegen, weil die Mittelwerte echte Mittelwerte sind, die auf einer großmaßstäbigen Basis beruhen. Ein Versuch, solche verfeinerten Kennzeichnungen und die sie repräsentierenden Werte beispielsweise aus Niederschlagskarten o.ä. abzuleiten, muß allein schon deswegen fehlschlagen, weil es sich dabei um keine echten ökologischen Faktoren handelt, sondern nur um solche, die erst in den Landschaftshaushalt eingehen und in modifizierter Form ökologisch wirksam werden.

Wenn man beim vorliegenden Beispiel Niederschlag bleibt, wäre der dazugehörige ökologische Faktor die Bodenfeuchte. Der zur Kennzeichnung der naturräumlichen Einheiten großer Dimensionen zusätzliche herangezogene Bodenfeuchtegang (BFG) bedarf aber noch einer besonderen Betrachtung. Anders als bei den Faktoren Relief, Vegetation, Boden o.ä. handelt es sich hierbei um einen im strengen Sinne des Wortes durch *Messung* ermittelten Wert. Boden- und Sedimenttyp sowie die Pflanzengesellschaften, die ebenfalls zur genaueren Kennzeichnung der großen naturräumlichen Einheiten herangezogen wurden, stellen nur eine 'erweiterte qualitative' bis 'relative quantitative' Kennzeichnung dar. Sie sind zudem aus sich selbst heraus verständlich. Der Bodenfeuchtehaushalt ist aber ein sehr komplexer Faktor, dessen auf engem Raum ermittelten Werte auf größere Flächen übertragen werden sollen. Allgemein erlaubt er, im Zusammenhang mit Vegetation und Boden, die Ausscheidung und inhaltliche Charakterisierung der Ökotope. Besonders der Bodensubstrattyp sowie Niederschlagsmenge und -gang bestimmen aber *vor* allen anderen beteiligten Faktoren den Bodenfeuchtehaushalt und seinen Gang. Wie die Arbeiten in der Kalahari erbracht haben (H. LESER, 1969, 1971), unterscheiden sich die Verhältnisse in den oberen Ordnungsstufen der chorischen Dimension nicht von denen in den unteren Ordnungsstufen. Das mag vielleicht außerhalb der südafrikanischen Trockengebiete anders sein, muß aber in den Untersuchungsräumen als unabdingbare Prämisse hingenommen werden. Dadurch kann, mittels Vergleich und Mittelwertbildung, ein Bodenfeuchtehaushaltstyp bestimmt werden, der für grössere Areale repräsentativ ist.

Der Bodenfeuchtehaushaltstyp kennzeichnet, trotz seines summatorischen Charakters, besser als Boden und (oder) Vegetation allein die ökologischen Verhältnisse von naturräumlichen Einheiten großer Dimensionen. Besonders in ariden und semiariden Gebieten tritt die Bedeutung seines Anteils an der Prägung des Landschaftshaushalts deutlicher hervor als in humiden Bereichen, in denen auch die anderen am Haushalt beteiligten Faktoren einen größeren Wirkungsgrad besitzen. Würde nun dieses entscheidende Merkmal bei der Bildung der Makro- und Mesochoren ausgesondert, wäre im vorliegenden Fall die für diese Räume gerade wesentliche Kennzeichnung verlorengegangen. Dieser Tatbestand nimmt dabei *keinen* Einfluß auf das gängige Verfahren der Charakterisierung durch die *allgemeinen* Ordnungsprinzipien. Deren Anwendung läuft heute allerdings noch auf die eben—allgemeine—Umschreibung nach morphologischen oder petrologischen Merkmalen der Raumeinheiten hinaus. Darüber kann sich die inhaltliche Kennzeichnung in ihrem Wert nur erheben, wenn versucht wird, über ökologische Kennwerte zu einer kurzen und *exakten* Beschreibung zu kommen. Das scheint vor allem durch die Verwendung von Kennwerten für den Bodenfeuchtehaushaltstyp möglich zu sein. Es wäre auch hervorzuheben, daß die Messung am einzelnen Standort für die Kennzeichnung der höherrangigen Einheiten nur die Funktion des Zahlenlieferanten zur Typenbildung besitzt. Der Endwert braucht und wird in keiner sichtbaren Beziehung zum Einzelwert stehen. Sie sind schon deswegen nicht direkt miteinander vergleichbar, weil sie für unterschiedliche Dimensionen gelten.

Sind auf einem großen Gebiet Bodensubstrat und Niederschlagsmenge und -gang bei mehr oder weniger unveränderten Reliefverhältnissen gleich, bleiben auch Größe und Gang des Bodenfeuchtegehaltes gleich. Es muß besonders beachtet werden, daß der Bodenfeuchtehaushalt keine Größe ist, die nur in sich selbst beruht und von den anderen Geofaktoren quasi unabhängig ist. Vielmehr hängt er, durch die strenge Bindung an den Niederschlagsgang und den Substrattyp, von wesentlichen Faktoren des landschaftlichen Haushalts ab. Hinzu kommt, daß die Mittelwertbildung auch eine Art der *Merkmalssonderung* darstellt, nur eben nicht ganze Merkmalskomplexe—die Geofaktoren—betreffend, sondern die Merkmale *eines* Faktors. Dadurch wird der eigentliche und für die Integration zu landschaftlichen Einheiten höherer Ordnung wichtige Merkmalskatalog nicht eingeschränkt, sondern allein die Teilwerte und -merkmale lokaler Bedeutung, deren Gesamtheit die Vielzahl der Einzelräume bedingt. Diese Einzelräume finden sich, *nach* der ebengenannten Abstraktion, erst zum Typ zusammen.—Da nach E. NEEF (1963) Relief und klimatische Differenzierung für die Erfassung der Flächen eine große Rolle spielen, trifft das auch für die von ihnen abhängigen Faktoren Boden und Bodenfeuchtehaushalt zu. Dabei ist allerdings zu bedenken, daß im gesamten zentralen südlichen Afrika die Bodenbildungsintensität nur gering ist und die Niederschläge, in begrenztem Zeitraum einkommend, in ziemlich einheitlichen Gesteins- oder Lockersedimentakkumulationen gespeichert werden. Bei Verwendung der Mittelwerte des Bodenfeuchtehaushalts kommt hinzu, daß nicht die absolute Menge zur Kennzeichnung herangezogen wird, sondern der als *Typ* festlegbare *Gang* des Bodenfeuchtegehalts[5].

Da bekanntlich die 'chorologischen Inhalte auch an die topologischen Einheiten gebunden sind' (E. NEEF, 1963), lassen sich die naturräumlichen Einheiten der chorologischen Dimension durch Kennwerte wiedergeben, die auf den Ausgangswerten der topologischen Dimension beruhen. Eine Aufarbeitung der Werte ist dabei die Voraussetzung. Sie kann erfolgen durch Bildung von Gesamtbilanzen der Teilgebiete durch Summation oder durch charakteristische Proportionen, die Mesochoren kennzeichnen (E. NEEF, 1963). Für die Makrochoren könnte u.U. das für die Mesochoren durchaus verwendbare und akzeptable Verfahren keine Gültigkeit besitzen. Das allerdings müßte erst überprüft werden, wenn über größere Erdräume hinweg landschaftsökologische Untersuchungen im großen Maßstab vorliegen.

Der Äußerung E. NEEFS (1963), daß in der Ordnungsstufe der Makrochoren die allgemeine Typenbildung in den Vordergrund zu treten habe, kann noch nicht uneingeschränkt zugestimmt werden. Man kann nur insoweit folgen, solange diesen Typen bei der Integrierung in der Kennzeichnung die ökologische

5 E. NEEF (1963): 'Die Typen müssen für jeden Landschaftsbereich aus den gegebenen Tatsachen abgeleitet werden. Dies entspricht der Tatsache, daß die geographische Wirklichkeit nicht systematisch geordnet ist, sondern regional.'

Grundlage nicht verloren geht. Wird auf die ökologischen Werte verzichtet, muß wieder auf die allgemeinen Kennzeichnungen ausgewichen werden, die bereits in den vergleichbaren Ordnungsstufen der naturräumlichen Gliederung Verwendung fanden. Dort handelte es sich ja in erster Linie um morphogenetisch-morphographische Begriffe, deren begrenzter Wert für die Kennzeichnung auch von Raumeinheiten höherer Ordnung inzwischen bekannt ist. Das würde die Konsequenz haben, daß in den oberen Ordnungsstufen die naturräumliche Ordnung sich in keiner Weise, weder in der Art der Kennzeichen noch im Weg der Charakterisierung, von der naturräumlichen Gliederung unterscheidet. Das wäre, bei der i.d.R. ausgezeichneten Faktenbasis ökologischer Landschaftsforschung mit dem Ziel der naturräumlichen Ordnung, ein bedauerliches Faktum.

Das Modell der inneren räumlichen Struktur der Mesochore

Das im vorangegangenen Kapitel beschriebene Verfahren der ökologischen Kennzeichnung von Inhalten naturräumlicher Einheiten großer Dimensionen kann nur als ein Teilaspekt des Problems und vor allem als in der Praxis anwendbarer Bestandteil der naturräumlichen Gliederung verstanden werden. Die Voraussetzung dafür ist jedoch über weite Erdräume hin ausgedehnte ökologische Landschaftsforschung im Rahmen der bekannten großmaßstäbigen landschaftsökologischen Analyse, wie sie in methodischer Hinsicht vor allem durch G. HAASE (1961, 1964 a, b, 1967) entwickelt wurde. Durch die heute noch fehlende Vergleichsbasis werden methodische und methodologische Überlegungen um die oberen Ordnungsstufen der chorologischen Dimension oder auch um die regionale Dimension in ihrer Gültigkeit stark eingeengt. Um so begrüßenswerter ist die Tatsache, daß H. RICHTER (1967) Wege gewiesen hat, wie man diese Problematik angehen kann. Durch die Einführung der Modellbetrachtung könnte dann das, was als Ordnungsprinzip 'landschaftsökologische Heterogenität' durch alle Ordnungsstufen hindurchzieht, erstmals besser angesprochen werden: Die allgemeine Charakterisierung in Form der Tatsache, daß jeder Ordnungsstufe ein bestimmter Grad der Differenziertheit der ökologischen Inhalte entspricht (H. RICHTER, 1967), kann dadurch—zunächst noch nicht quantifiziert—, faßbar gemacht werden[6].

In diese Modelle können zu einem späteren Zeitpunkt auch die Einzel- oder Mittelwerte eingebracht oder zu diesen in Beziehung gesetzt werden. Vielleicht löst sich, nach Einführung eines großen Zahlenmaterials—nach stattgehabten weltweiten landschaftsökologischen Forschungen—sowohl das Problem der

6 H. RICHTER (1967): 'Es gibt bisher kein Prinzip, das für die Kennzeichnung einer einzigen naturräumlichen Ordnungsstufe, abgesehen von der naturräumlichen Grundeinheit, allein verwendet werden könnte. Allerdings verändern sich, wenn wir die Verwendungsfähigkeit verschiedener Prizipien in niederen, mittleren oder hohen Ordnungsstufen untersuchen, ihre Gewichte. Da nun setts alle Prinzipien auf die Fixierung des Inhalts und Umfangs in einer Ordnungsstufe angewandt werden müssen, scheint damit der Weg vorgezeichnet, diese Prinzipien in bestimmten Fällen durch gewichtete Kombinationen auch zur absoluten Definition von Naturräumen, insbesondere in höheren Ordnungsstufen, verwenden zu können. Allerdings fehlen gegenwärtig noch wesentlich Voraussetzungen.'

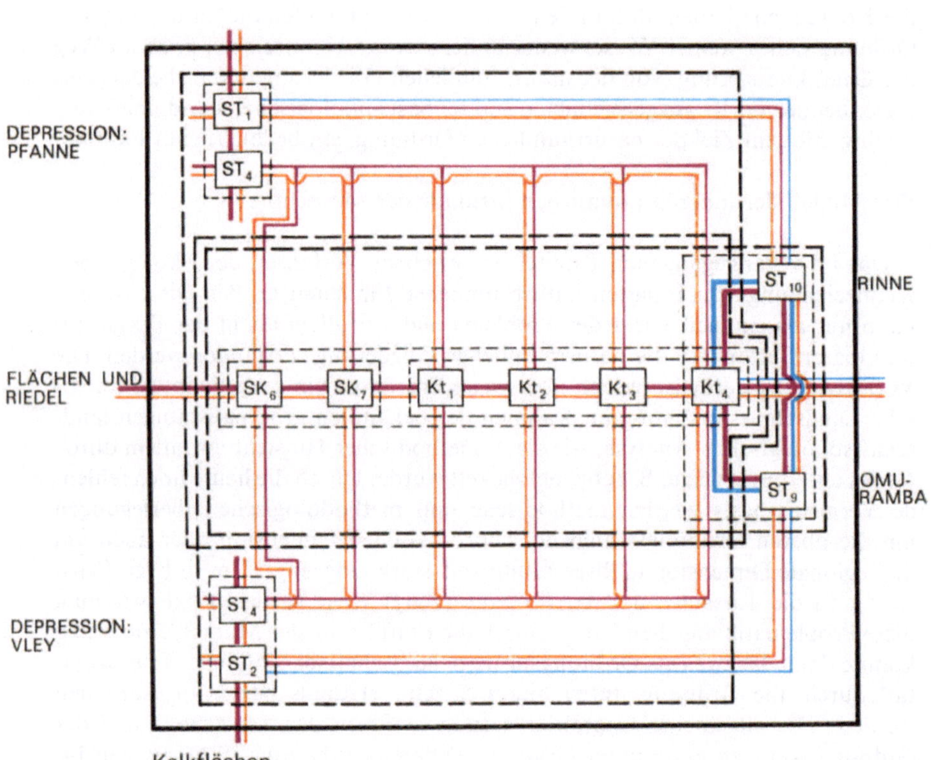

Kalkflächen

Ökotop

Ökotopgefüge i.e.S. (= Gruppierung von Ökotopen)

Ökotopgefüge i.w.S. (= Mikrochore)

Ökotopgefügegruppe (= Mesochore)

Bindungen der Ökotope

Relief und morphodynamische Prozesse: zwingende Bindung

Relief und morphodynamische Prozesse: nichtzwingende Bindung

Wasser und hydrologische Prozesse: zwingende Bindung

Wasser und hydrologische Prozesse: nichtzwingende Bindung

Geländeklimatische Korrelationen

Korrelative Verzweigung

Korrelationsfreie Kreuzung

Mittelwerte wie auch das der Modelle. Darüber aber Spekulationen anzustellen, verbietet sich noch zum gegenwärtigen Zeitpunkt.

Aufgrund der großmaßstäbigen landschaftsökologischen Erkundung in der Westlichen Kalahari wurden für drei sehr unterschiedliche Gebiete allgemeine Haushaltsmodelle entwickelt. Die Basis dazu waren die bereits genannten Untersuchungen, auf die hier nicht eingegangen zu werden braucht, sondern auf die nur verwiesen sei. Details können diesen entnommen werden[7].

Bei den Gebieten handelt es sich, ausgeschieden nach den bekannten Verfahren der naturräumlichen Ordnung, um Mesochoren. Diese Mesochoren konnten nach ihrem übergeordneten Stand noch nicht gruppiert werden. Fest steht nur, daß es sich bei ihnen nicht um Makrochoren handelt. Die Makrochoren erwiesen sich, trotz des sehr großen Untersuchungsraums, als nicht faßbar. Die Mesochoren 'Kalkflächen', 'Strichdünengebiet' und 'Sandflächen' gehören alle zur Mesochorengruppierung der Westlichen Kalahari, die des Kalklandes—vermutlich sogar als Typ—auch zu Mesochorengruppierungen des westlich daran anschließenden Urinanib-Plateaus (Namaland).

BEISPIEL 1: Modell der inneren räumlichen Struktur einer Mesochore vom Westrand der Westlichen Kalahari: Kalkflächen. (Abb. 1)

In die Modelldarstellung wurden sämtliche in der Mesochore vorkommenden Ökotypen aufgenommen. Es würde dem Sinn eines Modells widersprechen, wenn über diese Grundstrukturen hinausgehend weitere (gleiche) Ökotope aufgenommen worden wären. Durch die Beschränkung auf die Ökotypen kann gleich-

7 Einen kurzen Überblick über die landschaftsökologischen Verhältnisse kann man sich auch bei H. LESER (1970) verschaffen. Dort werden die zugrunde gelegten räumlichen Einheiten und ihre Geofaktoren im Rahmen einer landeskundlichen Studie kurz charakterisiert.

Abb. 1: Modell der inneren räumlichen Struktur einer Mesochore außerhalb der Westlichen Kalahari: Funktion und Struktur der räumlichen Verbindungen der Ökotope und Ökotopgefüge und ihre Anordnung in einer Mesochore (Ökotopgefügegruppe der kalkbestimmten trockenen, schwach reliefierten Flächen mit Pfannen, Vleys, Rinnen und Omiramba an der Westgrenze der Kalahari auf dem Urinanib-Plateau im Großen Namaland).
Erläuterungen der Sigel:

Kt_1 Kalkbestimmte trockene Flächen mit Krusten und Buckel
Kt_2 dsgl. und mit Quarzsanddecke
Kt_3 Kalkbestimmte trockene Flächen und Buckel mit Quarzsand-/Kalksand-Mischsubstrat
Kt_4 Kalkbestimmte trockene Riedel mit Krusten und dünner Quarzsanddecke
SK_6 Sandbeeinflußte Kalkflächen mit Krusten und Kiesdecke
SK_7 Sandbeeinflußte Kalkflächen mit lehmigem Quarzsand-/Kalksand-Mischsubstrat
ST_1 Sandig-tonige Pfannen mit Kalkkrustenrändern
ST_2 Sandig-tonige Vleys der kalkkrustenbedeckten Depressionsflächen
ST_4 Sandig-tonige Mischsubstratdecke der Depressionsflächen oder Pfannenränder
ST_9 Sandig-tonige Omurambaläufe
ST_{10} Sandige Rinnen und Senken

zeitig die Darstellung der Bindekräfte zwischen den einzelnen naturräumlichen Grundeinheiten transparenter erfolgen. H. RICHTER (1967) dazu: 'Nicht zuletzt sollten die Modelle ..... die Wiedergabe der komplexen Beziehungen zwischen den Naturfaktoren vereinfachen, ohne sie zu simplifizieren.' Die Bindungen der Ökotope erscheinen in dem vorliegenden Modellfall und auch in den zwei folgenden das entscheidende Moment zu sein. Bei der Erarbeitung stellten sich nämlich einige interessante Sachverhalte heraus, die zunächst nicht abzusehen waren und die auch aus dem speziellen Strukturmodell eines elementaren heterogenen Naturraums von H. RICHTER (1968 b) nicht hervorgehen. Werden die zwischen den Ökotopen bestehenden haushaltlichen Bindungen eingetragen, dann fallen folgende Punkte auf:

1. Es treten zwingende und nichtzwingende Bindungen zwischen den Ökotopen auf. Zwingende Bindungen sind solche, ohne die bestimmte Ökotope nicht existent wären, im vorliegenden Fall die Bindungen zwischen Riedeln und den dazuhörigen Tiefenlinien oder die Bindungen zwischen den Ökotopen der Kalkflächen schlechthin, die sich aus dem geographischen Lage- und Geneseprinzip ergeben. Diese Bindungen sind von morphogenetischen Prozessen aller Dimensionen bestimmt. Die Bedeutung nichtzwingender Bindungen durch Relief und morphogenetische Prozesse besteht darin, daß sie für die Existenz bestimmter Ökotope nicht unbedingt notwendig sind.—Der gleiche Gesichtspunkt gilt auch für das Wasser und die hydrologischen Prozesse.

2. Zwischen allen Ökotopen bestehen geländeklimatische Korrelationen. Diese Bindungen sind, ebenso wie die zwingenden und nichtzwingenden, durch das Relief und die morphogenetischen Prozesse vorgegebenen, allgegenwärtig.

3. Der allgemeine Haushaltsumsatz und Korrelationen zwischen den Faktoren Boden, Vegetation und Tierwelt sind in dem vorliegenden Betrachtungsmaßstab nicht relevant. Sie stellen in kleineren Dimensionen höchst bedeutsame Glieder des Haushalts dar, sie sind aber in ihrer räumlichen Verteilung und Struktur von den Faktoren Relief und morphogenetische Prozesse, Wasser und hydrologische Prozesse sowie den geländeklimatischen Korrelationen abhängig, die ja bereits aufgeführt wurden.

4. Möglicherweise spielen die unter 3. genannten Faktoren Boden, Vegetation und Tierwelt auch in größeren Dimensionen eine kennzeichnende Rolle. Dann müßten zunächst jedoch quantitative Kennzeichnungen in die Modelle eingesetzt werden, um eine tatsächliche Erweiterung der bekannten Zusammenhänge zu erzielen[8].

5. Das Modell zeigt eindeutig die Grundanzahl der möglichen Kombinationen im Auftreten der Ökotypen. Bedeutender dürfte aber das Muster sein, das in direktem Zusammenhang mit den Bindungen steht und etwas völlig anderes darstellt, als etwa das allgemeine topographische Verbreitungsmuster der Ökotope, wie es sich beispielsweise aus kartographischen Darstellungen ergibt.

6. Bestimmte Ökotope, wie die für die Kalahari so charakteristischen Vleys und Pfannen, die in einer Unzahl verbreitet sind, weisen einen eigenständigen

8 Darauf wird noch im folgenden Kapitel einzugehen sein, in welchem das allgemeine Haushaltsmodell einer Mesochore geschildert wird.

Haushalt auf. Er dokumentiert sich darin, daß zu den übrigen Ökotopen der Mesochore keine zwingenden Bindungen hinsichtlich Relief und Wasser bestehen und daß solche Ökotope demzufolge als ökogenetisch andersartig einzustufen wären.

7. Aus dem Muster der Ökotope ergibt sich, daß die von verschiedenen Autoren vermuteten Ökotopgefüge im engeren Sinne tatsächlich auch existieren. Diese Ökotopgefüge haben nichts mit den Ökotopgefügen i.w.S. zu tun, die ja Mikrochoren darstellen. Die Ökotopgefüge i.e.S. repräsentieren lediglich allgemeine Gruppierungen von Ökotopen. Sie besitzen zwar einen ökologischen Zusammenhang, ihnen kommt jedoch im hierarchischen System der naturräumlichen Einheiten kein definitorischer Wert in dem Sinne zu, daß eine neue, echte Ordnungsstufe vorliegt, die im naturräumlichen System bzw. im System der naturräumlichen Ordnung als Landschaftseinheit Relevanz besitzt.

8. In die Hierarchie physiogeographischer Raumeinheiten sind die Ökotopgruppen (= Ökotopgefüge i.e.S.) einzuordnen (Siehe 7.). Sie stehen zwischen den Ökotopen und den Mikrochoren (= Ökotopgefüge i.w.S.). Diese Ökotopgruppen, die sich räumlich als Catena anordnen, konnten im Beispielsfall erst bei der Auswertung der Geländebefunde und bei der Umsetzung der regionalen Ergebnisse in Modelle herausgearbeitet und in ihrer systematischen Position erkannt werden.

Das Modell (Abb. 1) soll lediglich Auskunft über die räumlichen und ökogenetischen Beziehungen geben. Für die Erarbeitung des Modells sind, abgesehen von den Klärungen der landschaftsökologischen Verhältnisse in der topologischen Dimension, keine weiteren Werte erforderlich. Dargestellt werden lediglich die Art und der Verlauf der Bindungen, d.h. ihre allgemeine Qualität. Alles, was darüber hinausgeht, muß in allgemeinen Haushaltsmodellen dargestellt werden, in welchen dann auch mit Zahlen zu operieren möglich ist.

BEISPIEL 2: Modell der inneren räumlichen Struktur einer Mesochore aus der Westlichen Kalahari: Strichdünengebiet (Abb. 2)

Das zweite Modellbeispiel führt ebenfalls zu den unter 1.–7. aufgeführten. Ergebnissen. Hervorgehoben werden sollen hier nur die äußerst markanten Unterschiede zwischen den beiden Modellen. Diese liegen zunächst einmal in der *Zahl* der beteiligten *Ökotypen*, dann im *Muster* ihrer räumlichen Anordnung sowie in der Gestaltung, d.h. dem Verlauf und der Art der zwischen ihnen bestehenden *Bindungen*. Beim Betrachten dieser Bindungen fällt sofort die völlig andere Struktur auf. Die Ökotope des Dünenkörpers sind von den übrigen Ökotopen faktisch isoliert und hängen nur durch nichtzwingende Bindungen des Reliefs und die an ihm wirkenden und stattgehabten morphogenetischen Prozesse mit ihnen zusammen. Ähnliches gilt für die Dünenvorfläche. Diese ist aber durch die dünne Sandauflage über den anstehenden Kalken morphogenetisch eng mit den trockenen Kalkflächen verbunden. Das gilt in noch viel stärkerem Maße für die Vley- und Pfannendepressionen, die in die Kalkflächen eingeschaltet sind.

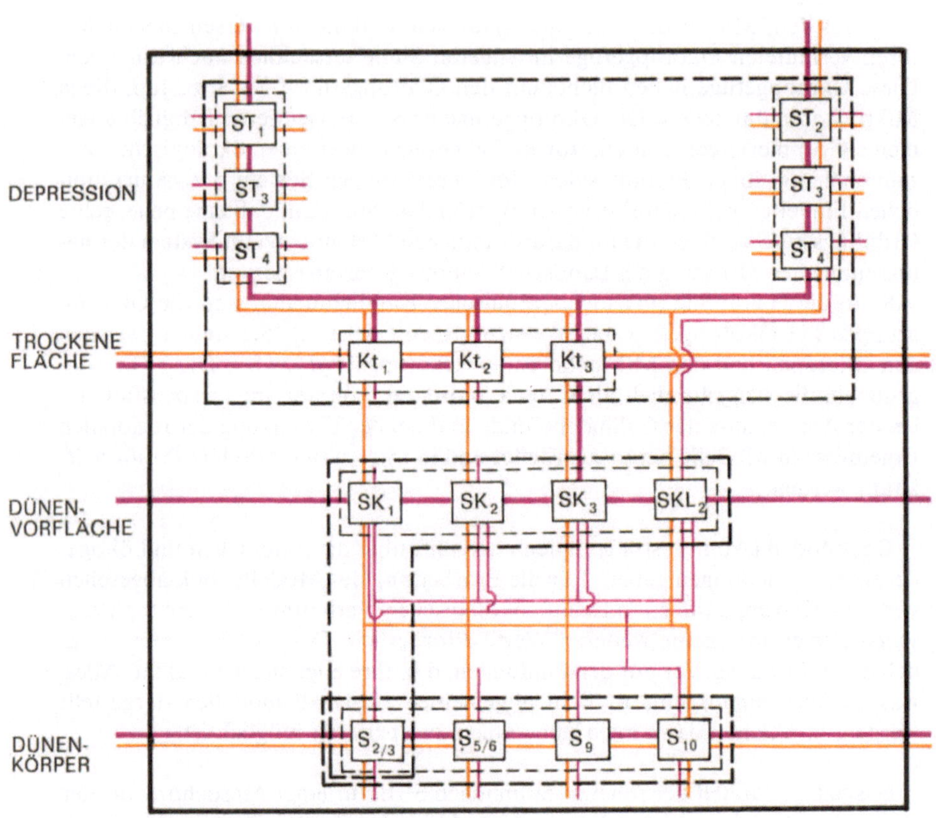

Strichdünenland

Ökotop

Ökotopgefüge i.e.S. (= Gruppierung von Ökotopen)

Ökotopgefüge i.w.S. (= Mikrochore)

Ökotopgefügegruppe (= Mesochore)

Bindungen der Ökotope

Relief und morphodynamische Prozesse: zwingende Bindung

Relief und morphodynamische Prozesse: nichtzwingende Bindung

Geländeklimatische Korrelationen

Korrelative Verzweigung

Korrelationsfreie Kreuzung

Daher bestehen hier engere Bindungen, die aus naheliegenden Gründen sich aber auf den Faktor Relief und die morphogenetischen Prozesse erstrecken. Bezeichnenderweise ist das Wasser, soweit es sich um morphodynamisch und ökogenetisch wirkendes handelt, nur auf die Depressionen beschränkt. Die an das Substrat gebundene Bodenfeuchte fällt aus dem Betrachtungsrahmen heraus, weil sie für den inneren Haushalt der Ökotope zwar entscheidend ist, nicht jedoch für deren räumliche Struktur und ihre Bindekräfte, um deren Darstellung es hier geht. Diese für das Strichdünenland anscheinend charakteristische Raumstruktur läßt durch die andere Zahl der möglichen Kombinationen, ihre Art und ihre Anordnung bemerkenswerte Unterschiede zur räumlichen Struktur der Mesochore 'Kalkflächen' feststellen. Die erwähnten Unterschiede sind eben das, was sich bei rein formaler Betrachtung im Rahmen von Aufzählungen, topographischen Skizzen oder auch ganzheitlichen Betrachtungen schlechthin *nicht* herausarbeiten läßt. Erst die abstrahierte Form des Modells kann diese bemerkenswerten Strukturunterschiede zeigen. Im vorliegenden Fall wird damit die empirisch gefundene Einordnung der Mikrochoren in die Mesochore 'Strichdünenland', wobei sich an den gängigen Prinzipien orientiert wurde, die von G. HAASE & H. RICHTER (1965), E. NEEF (1967) und H. RICHTER (1967) dargestellt wurden, bestätigt. Das gleiche gilt natürlich auch für den bereits beschriebenen Fall 'Kalkflächen'.

Abb. 2: Modell der inneren räumlichen Struktur einer Mesochore der Westlichen Kalahari: Funktion und Struktur der räumlichen Verbindungen der Ökotope und Ökotopgefüge und ihre Anordnung in einer Mesochore (Ökotopgefügegruppe der quarzsandbestimmten Dünenkörper und Flächen im Dünenumland sowie der kalkbestimmten Zwischendünenbereiche im Strichdünengebiet der Westlichen Kalahari zwischen Auob und Nossob).

Erläuterungen der Sigel:

S_2 Sandige, ebene Flächen mäßiger bis geringer Neigungen
S_3 Sandige, geneigte Hangfußflächen oder Dünenvorflächen
S_5 Sandbestimmte Dünenkämme mit Kupsten
S_6 Sandbestimmte Dünenkämme ohne Kupsten
S_9 Sandbestimmte Dünenhänge symmetrischer Dünenkörper
S_{10} Sandbestimmte Dünenfüße
SK_1 Sandbestimmte Dünenvorflächen mit Kalkkrustenuntergrund
SK_2 Sandbeeinflußte Dünenvorflächen mit Kalksand- und Kalkkrustenbeimengungen
SK_3 Sandbeeinflußte Dünenvorflächen mit lehmigem Quarzsand-/Kalksand-Mischsubstrat
SKL_2 Sandbeeinflußte Dünenvorflächen mit lehmig-tonigem Mischsubstrat
Kt_1 Kalkbestimmte trockene Flächen mit Krusten und Buckel
Kt_2 dsgl. und mit Quarzsanddecke
Kt_3 Kalkbestimmte trockene Flächen und Buckel mit Quarzsand-/Kalksand-Mischsubstrat
ST_1 Sandig-tonige Pfannen mit Kalkkrustenrändern
ST_2 Sandig-tonige Vleys der kalkkrustenbedeckten Depressionsflächen
ST_3 Sandig-tonige bis kalkkrustenbedeckte Depressionsflächen
ST_4 Sandig-tonige Mischsubstratdecke der Depressionsflächen oder Pfannenränder

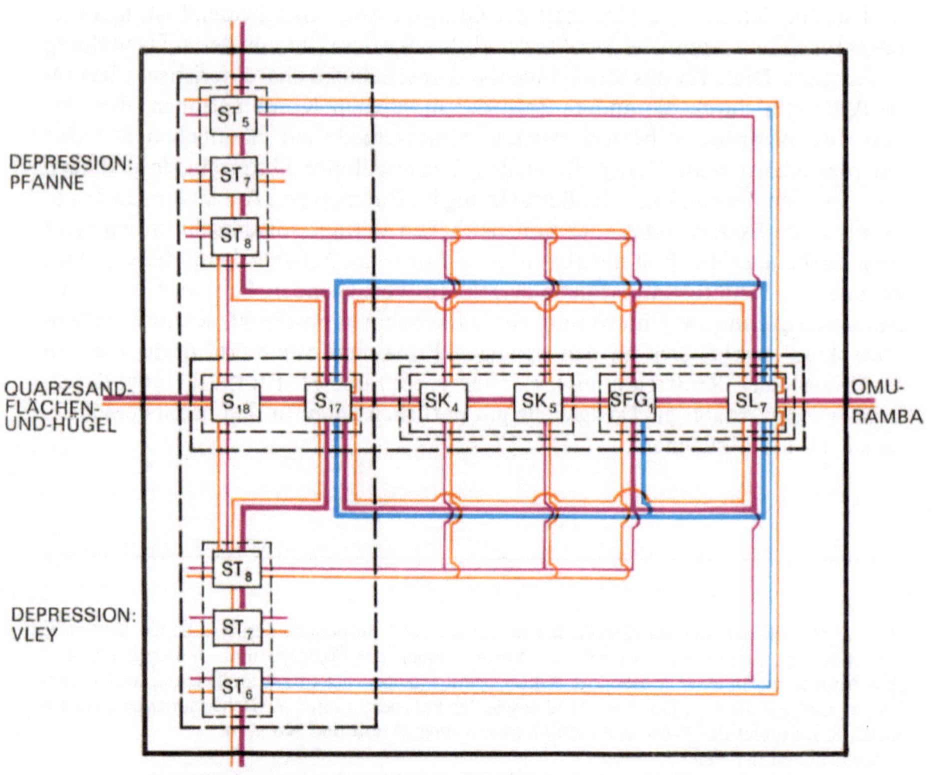

Sandflächen des feuchteren Nordens

Ökotop

Ökotopgefüge i.e.S. (= Gruppierung von Ökotopen)

Ökotopgefüge i.w.S. (= Mikrochore)

Ökotopgefügegruppe (= Mesochore)

Bindungen der Ökotope

Relief und morphodynamische Prozesse: zwingende Bindung

Relief und morphodynamische Prozesse: nichtzwingende Bindung

Wasser und hydrologische Prozesse: zwingende Bindung

Wasser und hydrologische Prozesse: nichtzwingende Bindung

Geländeklimatische Korrelationen

Korrelative Verzweigung

Korrelationsfreie Kreuzung

BEISPIEL 3: Modell der inneren räumlichen Struktur einer Mesochore aus der Westlichen Kalahari: Sandflächen im feuchteren Norden (Abb. 3)

Auch das dritte Beispiel bestätigt die unter 1. bis 7. hervorgehobenen Prinzipien. Es unterscheidet sich von dem ebenfalls durch Quarzsand bestimmten Strichdünengebiet in der Reliefgestaltung, damit in der Substratverteilung, sowie in der Gesamtsumme der Niederschläge. Hinzu kommt, als für den Bodenwasserhaushalt wichtiges Kriterium, daß der Sand unterlagert wird von steilstehenden, paläozoischen Quarziten, die oberflächlich eingerumpft sind. Diese wesentlich anderen Voraussetzungen bedingen nicht nur eine andere räumliche Struktur der Ökotope innerhalb der Mesochore, sondern auch eine andere Art der Verbindungen. Die Ökotope sind, abgesehen von den wiederum isolierten Pfannen, Vleys und anderen Depressionen, eng miteinander verknüpft. Die Verbindung durch die geländeklimatischen Prozesse, die ja eine starke Reliefabhängigkeit besitzen, bleibt gleich—sie besteht, wie in den bereits dargelegten Beispielen, überall und immer. Wesentlich anders sind die Bindungsintensitäten des Wassers und der hydrologischen Prozesse. Ihnen kommt größere Wertigkeit zu, wenngleich die Bindungen zwischen bestimmten, räumlich eng benachbart liegenden und letztlich von der stärkeren Reliefenergie abhängigen Ökotopen sich nur auf Teilareale der Mesochore beschränken. Vielfach bestehen auch zwischen den Depressionen und den Tiefenlinien ökologische Bindungen, die bereits im ersten Beispiel (Kalkflächen) bemerkt wurden. Auch dort war das Vorkommen von episodisch wasserführenden Omiramba für die Anordnung und Art der räumlichen Bindungen zwischen den Ökotopen von ausschlaggebender Bedeutung.—Die hierarchische Gruppierung der Ökotope, Ökotopgefüge i.e.S. und der Ökotopgefüge i.w.S. (= Mikrochore) zur Mesochore läßt auch im vorliegenden Fall keine Besonderheiten erkennen. Es muß viel mehr angenommen werden, daß die in Europa erkannte hierarchische Gliederung der

---

Abb. 3: Modell der inneren räumlichen Struktur einer Mesochore der Westlichen Kalahari: Funktion und Struktur der räumlichen Verbindungen der Ökotope und Ökotopgefüge und ihre Anordnung zu einer Mesochore (Ökotopgefügegruppe der quarzsandbestimmten Flächen und Sandhügel sowie der kalkbestimmten Depression und Flächen im feuchteren Norden).
Erläuterungen der Sigel:

S_{17} Sandbestimmte Flächen und Hügel des feuchteren Nordens
S_{18} Sandbestimmte Senken des feuchteren Nordens
SK_4 Sandbeeinflußte Kalkflächen
SK_5 Sandflächen mit Kalkgrusanteil
SL_7 Sandbeeinflußte lehmige Omurambamulden
SFG_1 Sandbeeinflußte Quarzitschutt- und Kieshügel
ST_5 Sandig-tonige Vleys und Pfannen, mit Kalkkrustenböden
ST_6 Sandig-tonige Vleys des feuchteren Nordens mit (oder ohne) kalkkrustenbedeckten Depressionsflächen
ST_7 Sandig-tonige bis kalkkrustenbedeckte Depressionsflächen des feuchteren Nordens
ST_8 Sandig-tonige mischsubstratbedeckte Depressionsflächen des feuchteren Nordens

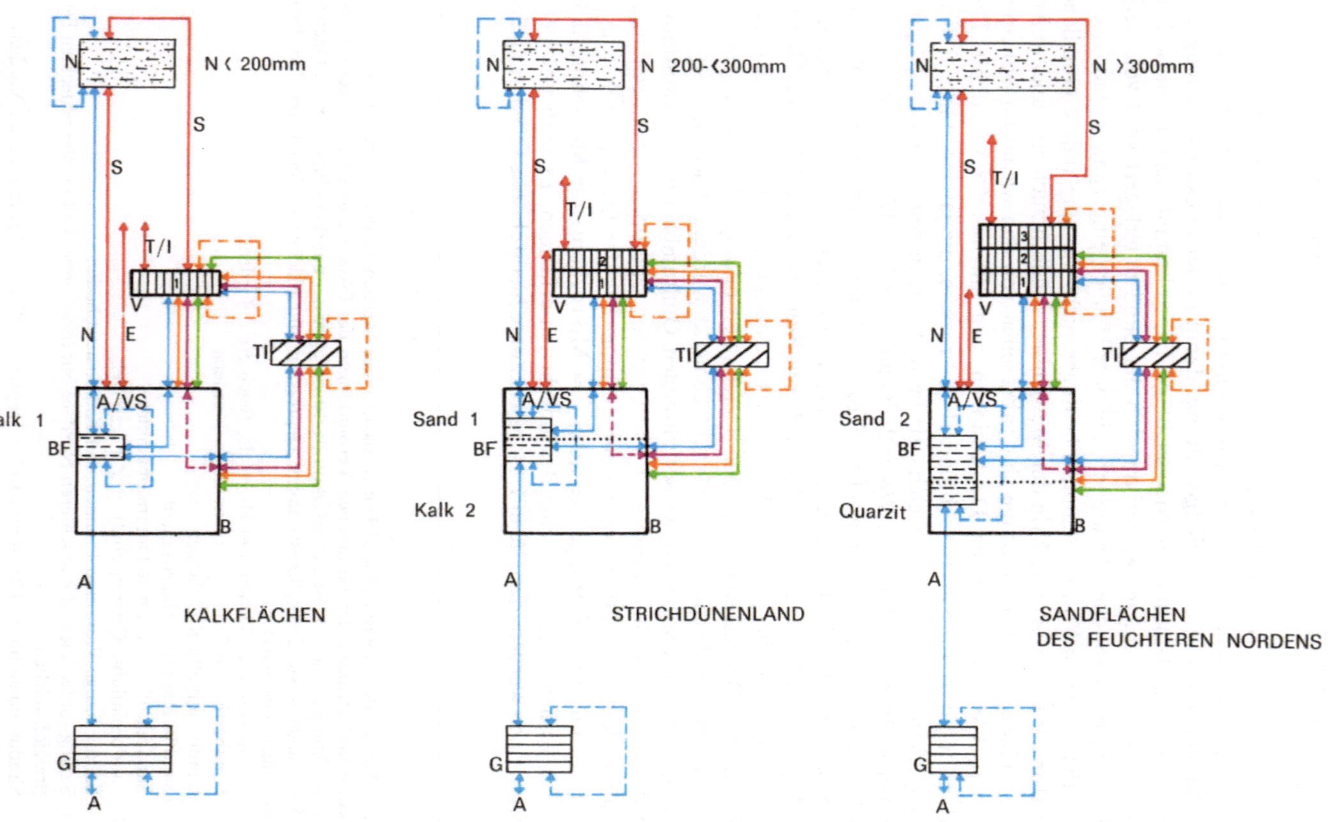

N
N < 200mm
S
S
T/I
V
N
E
TI
A/VS
Kalk 1
BF
B
A
KALKFLÄCHEN
G
A
N
N 200-<300mm
S
S
T/I
V
N
E
TI
A/VS
Sand 1
BF
Kalk 2
B
A
STRICHDÜNENLAND
G
A
N
N >300mm
S
S
T/I
V
N
E
TI
A/VS
Sand 2
BF
Quarzit
B
A
SANDFLÄCHEN
DES FEUCHTEREN NORDENS
G
A

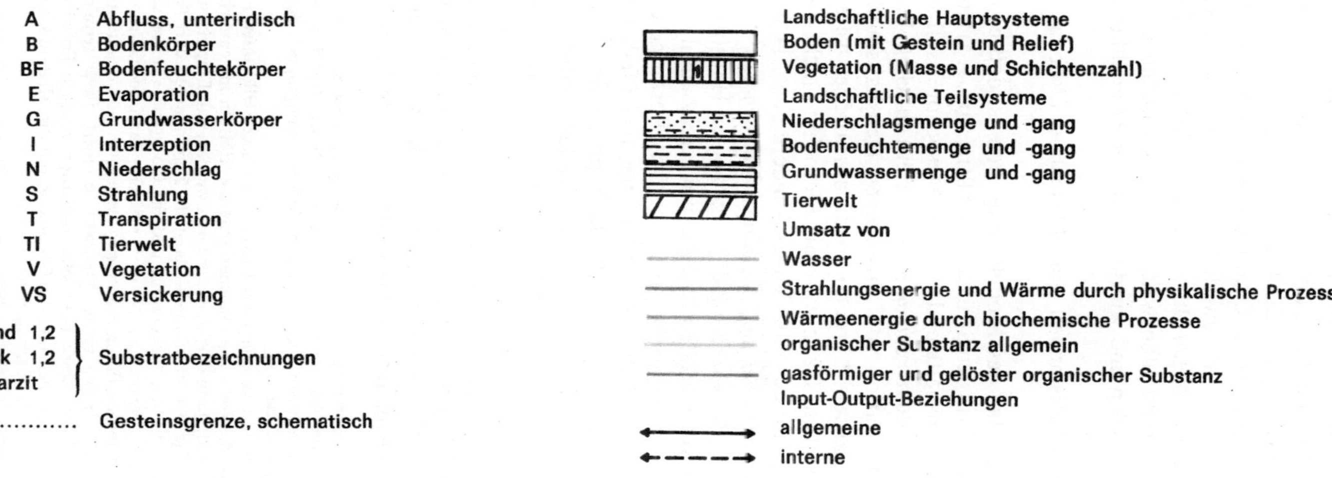

Abb. 4: Modelle der allgemeinen Haushaltsstruktur einiger Mesochoren vom Rand und aus dem Inneren der Westlichen Kalahari mit geschätzten Anteilen der Umsatzprozesse und der am Landschaftshaushalt beteiligten Faktoren.

naturräumlichen Einheiten (Siehe dazu die Tabelle bei H. RICHTER (1967)) auch auf dem südafrikanischen Subkontinent seine Bestätigung findet. Das gilt auch für die erst neuerdings in die Literatur eingeführte, verschiedentlich aber schon früher erwähnte einfache Gruppierung der Ökotope (hier Ökotopgefüge i.e.S. genannt)[9], die sich als zweifelfreies systematisches Glied vorstellt. Es konnte übrigens bei der bisher durchgeführten Arbeit (H. LESER, 1969), die ja in den oberen Ordnungsstufen weitgehend empirischen Charakter[10] getragen hat, nicht erkannt werden und wurde erst in der Modelldarstellung deutlich.

Das allgemeine Haushaltsmodell einer Mesochore (Abb. 4)

Die äußerliche Anlage des Modells zeigt bereits, daß es sich hier um einen anderen Sachverhalt als in den Strukturmodellen (Abb. 1–3) handelt. Die Bezeichnung 'allgemeines Haushaltsmodell einer Mesochore' soll außerdem von den 'speziellen' Modellen (der *einzelnen* Mesochoren) abheben. Bei solchen würde es sich um eine Kombination von allgemeinen Haushaltsmodellen handeln, im vorliegenden Fall also der Mikrochoren, die anzuordnen wären wie in den räumlichen Strukturmodellen. Dann wäre die Mesochore nicht nur nach den räumlichen Strukturen allein gekennzeichnet, sondern auch nach dem tatsächlichen *Haushaltsgeschehen zwischen* den einzelnen *Mikrochoren*[11].

Zunächst soll eine Beschreibung der allgemeinen Haushaltsmodelle erfolgen. Dargestellt sind im vorliegenden Fall die drei bereits auf ihre räumlichen Strukturen hin untersuchten Mesochoren (Abb. 1–3). Vorausgeschickt werden muß, daß in der graphischen Darstellung die Länge aller Pfeile und die Größen der Rechteckkörper absichtlich unterschiedlich proportioniert gehalten sind. Es handelt sich um *Schätzwerte*, die der Größendarstellung zugrundegelegt wurden. Auf eine absolute Wiedergabe wurde verzichtet, um keine gar nicht existierende Zahlenbasis vorzutäuschen. Sie kann nur dann zur Grundlage solcher Untersuchungen gemacht werden, wenn einmal genügend Fakten vorhanden sind. Aus dem Modell geht übrigens auch hervor, daß davon wahrscheinlich nur ein Teil vom Geographen selbst erarbeitet werden kann. Für die Beispielgebiete in der Westlichen Kalahari gilt das grundsätzlich. Selbst das spätere—und tat-

9 Man sollte, um Verwechselungen mit den Ökotopgefügen i.w.S. (= Mikrochoren) zu vermeiden, stattdessen besser von 'Ökotopgruppen' sprechen. Dieser Begriff würde dann eine ähnliche systematische Stellung einnehmen wie der Begriff 'Mikrochorengruppe', der von G. HAASE & H. RICHTER (1965) definiert wurde.

10 Es muß zur Begriffsklärung gesagt werden, daß an dieser Stelle unter 'Empirie' der eigentliche Wortsinn verstanden wird. Wenn von mancher Seite die 'Einführung empirischer Methoden in die Geographie' gefordert wird, dann darf daran erinnert werden, daß Empirismus die Lehre ist, für die die Erfahrung die alleinige Erkenntnisquelle darstellt. Zum anderen darf festgestellt werden, daß die herkömmliche Methodik der Geographie und die Geographie selber schon immer empirisch war und es auch noch ist. Wenn es um Neuerungen geht, dann doch darum, daß die Empirie der Geographie wenigstens teilweise durch exaktere (—wenn man will: quantitative, naturwissenschaftliche—) Methoden ersetzt werden sollte. Vielleicht resultiert dieser terminologische Irrtum nur daraus, daß man meint, Psychologie oder Wissenschaften gleichen Entwicklungsstandes mit der Geographie gleichsetzen zu können und die Diskussion um die Methodik unbesehen von dort auf die geographische Wissenschaft übertragen zu können.

11 Versuche dazu liegen mit den hier beschriebenen Beispielen bereits vor. Deren spätere Veröffentlichung ist geplant.

sächlich auch erforderliche Einsetzen von gemessenen Werten in das Modell—dürfte am dargelegten Prinzip nichts ändern—ein Umstand, der ja eben das Wesen eines Modells ausmacht.

Die im allgemeinen Haushaltsmodell der Mesochore dargestellten Rechteckkörper repräsentieren die im Haushaltsgeschehen als feste Substanz vorhandenen Komponenten und solche, die mit physikalischen Methoden als Masse oder Menge erfaßbar sind, wie Niederschlag, Bodenfeuchte und Grundwasser. Die als feste Substanz am Haushalt beteiligten Komponenten sind: (1) der Boden mit Relief und Gestein—ein Komplex, der sich in der Betrachtungsdimension der Mesochore beim gegenwärtigen Stand der Forschung nicht trennen läßt, (2) die Vegetation, die hier im Modell durch ihre einzelnen Schichten ausgedrückt wird, was ja insgesamt eine Vermehrung der Biomasse bedeutet und (3) die Tierwelt, die in den Landschaften der Kalahari heute weitgehend durch das frei lebende Weidevieh ersetzt ist, andererseits aber auch die ökologisch wichtigen Mikroorganismen umfaßt. Davon werden nur Boden und Vegetation als landschaftliche Hauptsysteme (im Sinne der 'landschaftsökologischen Hauptfaktoren' E. NEEFS (1967)) verstanden, weil sie in sich selbst begründet sind, während Niederschlag, Bodenfeuchte, Grundwasser und Tierwelt landschaftliche Teilsysteme darstellen, die in ihrer Funktion auf die Hauptsysteme eingestellt sind, d.h. an diesen oder in diesen wirken. Den Teilsystemen kommt damit aber keine Nebenrolle zu. Es handelt sich bei ihnen vielmehr um mehr oder weniger *eigenständige* Teilkomplexe des Landschaftshaushalts, die als (Teil-)Gesamtheit im Haushaltsgeschehen der Mesochore *komplexe Funktionen* ausüben. Ihre Qualitäten und Wirkungsanteile sind entscheidend für das stoffliche und geographische Geschehen in der Mesochore. Wenn einer dieser Komplexe seine Qualitäten und Quantitäten ändert, hat das eine Änderung der Haushaltsstruktur der *gesamten* Mesochore zur Folge.

Zwischen den oben genannten Bestandteilen des Landschaftshaushaltes, die als Teilsysteme oder als grundlegendere Hauptsysteme faßbar sind, spielen sich eine Reihe von Umsatzprozessen ab, die physikalischer, chemischer und/oder biologischer Natur sein können. Folgende Möglichkeiten des Umsatzes sind in den vorliegenden allgemeinen Mesochoren-Haushaltsmodellen möglich: Umsatz von Wasser, Umsatz von gasförmiger und gelöster organischer Substanz, Umsatz von Strahlungsenergie und Wärme durch physikalische Prozesse, Umsatz von Wärmeenergie durch biochemische Prozesse und allgemeiner Umsatz von organischer Substanz. Als wirksame Faktoren in diesen Umsatzvorgängen treten Abfluß und Versickerung sowie alle Bodenwasserbewegungen i.w.S. auf, außerdem Strahlung, Evaporation, Interzeption und Transpiration. Die Umsatzprozesse laufen zum großen Teil oberirdisch ab und sind dort sowohl allgemein als auch speziell von der Strahlung gesteuert. Dazu gehören alle physikalischen Prozesse, die sich in der Atmosphäre abspielen. Der zweite Teil der Umsatzprozesse ist an die physikalischen und chemischen Vorgänge in der Pedo- und Lithosphäre (ggf. auch in der Hydrosphäre) gebunden. Eine Zwischenstellung nehmen die biotischen Faktoren ein, die sowohl mit den Vorgängen in der Atmosphäre als auch mit denen in der Pedo- und Lithosphäre korrespondieren und von diesen—insgesamt strahlungsgesteuerten Prozessen—direkt abhängig sind. Auch hierbei offenbart sich ein besonderer Charakter der biotischen Systeme Vegetation und Tierwelt, die von den stofflichen Vorgängen nicht zu lösen sind. Sollten diese Prozesse in anderer Form oder in anderer Intensität ablaufen, werden auch die Systeme Tier- und Pflanzenwelt sich darauf einzustellen haben. Dabei wäre außerdem zwischen beiden biotischen Systemen noch ein Unterschied zu machen, der die verschiedene Wertigkeit als Haupt- und Teilsystem unterstreicht.

Wertet man die allgemeinen Haushaltsmodelle der Mesochoren im Hinblick auf ihre Struktur aus, dann wäre folgendes zu sagen: In den Grundstrukturen gleichen sich diese Modelle. Daraus kann gefolgert werden, daß die Ansprache als Mesochore gerechtfertigt ist, zumal sie sich auch mit den empirischen Untersuchungen (H. LESER, 1969) deckt. *Unterschiede* zeigen sich *nicht* in der Beteiligung der Grössen und in der Art der Bindungen, sondern in deren *Quantitäten*, d.h. im Umfang der beteiligten Gesamthaushaltsgrößen: diese machen dann den '*Charakter*' *der Raumeinheiten* aus. Das würde sich ganz deutlich zeigen, wenn absolute Zahlen in das Modell eingesetzt werden könnten. Beträchtliche Gestaltverschiebungen im Modell wären die Folge. Damit würden sich aber auch gleichzeitig die tatsächlichen Haushaltsunterschiede zwischen den einzelnen Mesochoren fassen lassen, die bisher nicht zu konkretisieren gewesen sind. Selbstverständlich können dann darüber hinaus Beziehungen zur geographischen Lage des Gebiets und den aus dieser resultierenden Geofaktorenkombinationen hergestellt werden.

Betrachtet man dieses Ergebnis, das sogar wieder den Anschluß an die empirische Betrachtung herstellen läßt, wäre folgendes zu betonen: Mit dem Resultat ist man *keineswegs* wieder auf dem Stadium der naturräumlichen Gliederung bzw. dem der naturräumlichen Ordnung angelangt, wie es in diesen großen landschaftlichen Dimensionen heute durch die Anwendung der Ordnungsprinzipien Lage, landschaftsökologische Verwandtschaft, Landschaftsgenese, naturräumlicher Gefügestil und landschaftsökologische Heterogenität markiert ist. Im Gegensatz zu der herkömmlichen Betrachtungs- und Verfahrensweise bei der Kennzeichnung naturräumlicher Einheiten läßt nämlich die modellhafte Betrachtung einen großen Fortschritt deutlich werden: Die landschaftsökologische Heterogenität, die als *einziges* der eben genannten Ordnungsprinzipien durch *sämtliche* Dimensionen landschaftlicher Betrachtung reicht, ist durch Modelle faßbar. Als Konsequenz muß verbucht werden, daß somit für die großdimensionierten physiogeographischen Raumeinheiten von nun an eine objektive Kennzeichnung und Unterscheidung möglich ist. Dabei spielt keine Rolle, und das geht aus den hier vorgelegten Beispielsfällen hervor, ob in den Modellen mit oder ohne Zahlen gearbeitet wird. Beides ist möglich und beides ist nötig.—Um noch auf ein äußerliches Darstellungsmerkmal einzugehen: Die wegen der bereits mehrfach erwähnten fehlenden Zahlengrundlage jetzt nur formalen und geringfügigen graphischen Unterschiede zwischen den vorgelegten allgemeinen Haushaltsmodellen (Abb. 4) werden in der Quantifizierung deutlicher ausfallen. Dann läßt sich auch nicht nur—wie bis jetzt—über die Haushaltsstruktur schlechthin eine Vorstellung gewinnen, sondern auch über die Dimensionen der beteiligten Größen.

Modellvorstellungen und die Ordnungsstufen der chorologischen Dimension

In einer abschließenden allgemeinen Betrachtung der Modellbeispiele muß von einem Satz H. RICHTERS (1967) ausgegangen werden. Er schreibt: 'Je größer das Areal ist, in dem die naturräumlichen Grundeinheiten bekannt sind, desto besser werden neben dem individuellen Gepräge die besser zur Typisierung geeigneten Züge der Mesochore herauszuarbeiten sein. Diese können eine direkte oder autochthone Verknüpfung aller wesentlichen Merkmale des Naturhaushaltes der Mesochore erlauben. Wegen ihrer weitgehenden Verallgemeinerung gegenüber den Haushaltsformen der Grundeinheit werden sie sich schließlich zum Modell des Naturhaushaltes der Mesochore entwickeln lassen'[12].

Wie aus der Anlage der allgemeinen Haushaltsmodelle der Mesochoren hervorgeht, handelt es sich hier um die autochthone Form des Modells. Sie gibt die komplexen Beziehungen zwischen den am Haushalt der Mesochore beteiligten Faktoren wieder. Diese Beziehungen werden, beim Einsetzen der entsprechenden Zahlenwerte, dann jeweils einen anderen oder einen gleichartigen Grad der ökologischen Heterogenität ausdrücken. Die *Modellgestalt*, die den Typ repräsentiert, gibt Auskunft über die *Ordnungsstufe* des im Modell dargestellten Naturraums. Die unterschiedlichen *Quantitäten* der beteiligten Faktoren hingegen zeigen, daß es sich—jetzt bei gleichbleibendem Typ!—nicht mehr um dieselbe sondern um eine *andere* Mesochore handelt. Anders herum kann man, wenn ein Modell und entsprechende, d.h. der Dimension des Naturraums angemessene Zahlenwerte vorliegen, die Ordnungsstufe der naturräumlichen Einheit feststellen, ohne daß der Umweg über die Mikrochorentypenermittlung begangen werden muß.

Legt man Haushaltsbetrachtungen die Modellvorstellungen zugrunde, die auf der von H. RICHTER (1967; siehe obiges Zitat) geschaffenen Basis erarbeitet wurden, müssen zwangsläufig Lagefaktoren, das Klima—als ein von der geographischen Lage abhängiger Faktor—sowie das Relief in den Hintergrund treten. Die landschaftsökologische Heterogenität wird zwar von diesen Faktoren mitbestimmt, sie besitzen aber als Kriterien im Rahmen einer Modellbearbeitung in den *oberen* Ordnungsstufen der chorologischen Dimension keine Relevanz mehr. Das schließt allerdings die grundsätzliche Bedeutung dieser Faktoren für die geographische Betrachtungsweise nicht aus. Es scheint vielmehr so zu sein, daß je nach Zweck der Untersuchung entweder mit den gängigen Prin-

12 Der andere, ebenfalls von H. RICHTER (1967) gezeigte Weg wäre folgender: 'Dieser Weg [der einer Zusammenfassung der Ökotypen zu Reihen] ist auch für die naturräumliche Haupteinheit gangbar, indem an die Stelle der Ökotypen die Mikrochorentypen gesetzt werden. Damit läßt sich der Inhalt der Mesochoren noch weitgehend durch den Inhalt der Ökotypen bzw. ihrer Gruppierungen ausdrücken. Diese Form der Verknüpfung mit dem Inhalt der naturräumlichen Grundeinheit ist indirekt oder allochthon, da die Merkmale des Naturhaushaltes der Mesochore auf die in ihr enthaltenen Haushaltstypen kleinerer Räume zurückgeführt werden.'

zipien der naturräumlichen Ordnung gearbeitet wird (das bedeutete aber auch, daß die Verwendung der oben geschilderten Mittelwerte nötig wäre—), oder daß im Rahmen des großangelegten Vergleichs o.ä. Zielen geographisch-landschaftskundlicher Betrachtung ein Modell verwendet wird. Auf die Konsequenzen dieser Betrachtungsweise hat bereits H. RICHTER (1967) hingewiesen (Siehe dazu H. RICHTER (1967), S. 154 (Mitte) bis S. 155.), so daß an dieser Stelle darauf nicht eingegangen zu werden braucht.

Zum Problem der Einführung von Zahlen in diese Modelle muß noch etwas bemerkt werden. Es wurde bisher bewußt vermieden, die zu verwendenden Zahlen näher zu kennzeichnen. Das hängt damit zusammen, daß es mehrere Möglichkeiten gibt. Normalerweise liegen aus den Forschungen in der topologischen Dimension Einzelwerte vor, die entweder direkt als solche oder, wegen ihrer Vielzahl und der bei der Aufarbeitung wirksamen statistischen Gesetze, als Mittelwerte verwendet werden können. Weitere Möglichkeiten wären die Verwendung von Schwellenwerten, Teilbilanzen oder Werten, die Varianzbreiten angeben. Das bedeutet, daß der Fächer der Möglichkeiten, die Modelle auszuweiten, groß ist. Leider stehen Untersuchungen darüber noch aus. Die Gangbarkeit dieser angedeuteten Wege muß vor allem dahingehend überprüft werden, ob die angegebenen oder noch herauszufindende Möglichkeiten dem Modellgedanken nicht zuwiderlaufen. *Die* optimale Möglichkeit als solche wird es ohnehin nicht geben, sondern eine Flexibilität in der Verwendung unterschiedlicher Werte sogar eher den Bedürfnissen in der Praxis entgegenkommen, wo diese Modelle ja Anwendung finden sollen.—Einzelne Bilanzierungen dürften sich als äußerst schwierig herausstellen. Das Hauptproblem dabei ist wohl die Erfassung des Materials. So dürften Strahlungshaushaltsbilanzierungen oder auch Bilanzen des Wasserhaushaltes allein schon bei der Erarbeitung, dann aber auch bei der Verarbeitung noch beträchtliche methodische Probleme stellen. Um nur eines herauszugreifen: Es dürfte nicht leicht sein, mit den ermittelten oder zu ermittelnden Werten die geforderte Betrachtungsdimension zu treffen, im vorliegenden Fall wäre das die Mesochore. Eine Gebietsbilanz kann sich ja bekanntlich nur auf Einzelwerte stützen, die wiederum nur im *regionalen* Rahmen zu gewinnen sind. Diesen regionalen Rahmen gilt es aber bei der Arbeit gerade abzustecken!—

Ein weiteres Problem allgemeiner Bedeutung muß hier ebenfalls noch angeschnitten werden. Wie aus der Abfolge der drei allgemeinen Haushaltsmodelle von Mesochoren hervorgeht, lassen sich auch in den Dimensionen der Mesochoren regelrechte 'Catenen' feststellen, die aber—wegen des *anderen* Maßstabs —von anderen Kriterien bestimmt werden, als es etwa bei den Ökotopen der Fall ist, wo das Catena-Prinzip in die Betrachtung schon lange Eingang gefunden hat. Dieses Prinzip soll an dieser Stelle auch deswegen hervorgehoben werden, weil es beim Modelleinsatz dem Lage- und Nachbarschaftsprinzip Rechnung trägt, das bei der Betrachtung in den Dimensionen der Mesochore wieder von Belang ist. Es wäre weiterhin zu betonen, daß das Prinzip aber nur für die allgemeinen Haushaltsmodelle gilt. Die räumlichen Strukturmodelle sind, zumindest in ihrer hier vorgelegten Form, damit nicht in Einklang zu bringen[13]. Wollte man eine derartige Darstellung versuchen, hätte das als logische Konsequenz, daß *alle* innerhalb der Mesochore vorkommenden physiogeographischen Raumeinheiten real miteinander korreliert werden müßten[14]. Dann wäre man aber, würde dieser Fall graphisch gelöst, bei einer statistischen Karte angelangt, die ihrem Wesen nach dem Modellcharakter zuwiderläuft. Für die Lösung der Problematik—hier:Einsatz von Modellen bei Haushalts- und Strukturbetrachtungen von naturräumlichen Ordnungsstufen höherer Ränge—wäre damit nichts gewonnen.

Bedeutung der modellhaften Betrachtung für die ökologische Landschaftsforschung und die Praxis

Insgesamt gesehen bedeutet die Einführung von Modellen in die landschaftsökologische Forschung insofern einen Fortschritt, als mit ihrer Hilfe die größeren Raumeinheiten sowohl auf Struktur wie auch auf den Haushalt in gleichwohl differenzierter, wie auch allgemeiner Form angesprochen werden können. Es wird damit vermieden, die allgemeinen Umschreibungen anzuwenden, wie sie in der naturräumlichen Gliederung bisher üblich waren oder die fast mit den gleichen Prinzipien arbeitende naturräumliche Ordnung anzuwenden. Der andere Fall, mit Mittelwerten in die größeren Dimensionen hineinzugehen, kann als Sonderfall betrachtet werden, der entweder direkt für praktische Überlegungen Zweck hat oder über den die Modellbetrachtung in einer bestimmten Richtung erfolgen kann. Trotzdem muß betont werden, daß es sich bei dem Einsatz von Mittelwerten um ein gängiges Prinzip handelt, das unter bestimmten Gesichtspunkten durch kein anderes zu ersetzen ist. Für die landschaftsökologische Forschung ergibt sich aus den Ausführungen weiterhin, daß mit neuen Ansätzen und mit neuen Methoden gearbeitet werden muß, wenn man beispielsweise an die Strahlungs- und Wasserhaushaltsgrößen denkt, die für den Haushalt bestimmter naturräumlicher Einheiten die entscheidenden Faktoren darstellen. Damit ist keineswegs bezweckt—und auch nicht die Folge!—die naturräumliche Gliederung oder das System der naturräumlichen Ordnung über Bord zu werfen. In ihnen dokumentiert sich nämlich der geographische Ansatz der Landschaftsforschung, auch jener, die in modifizierter und vielleicht auch neuer Form diese Forschungen fortführt. Ein Ansatz übrigens, wie er von der Landschaftspflege und vergleichbaren Disziplinen heute immer noch gesucht wird.

Gerade die zuletzt erwähnte Tatsache sollte zu bedenken geben, daß der Geographie durch die ökologische Landschaftsforschung mit ihren quantitativen Methoden und den hochgradig genauen thematischen Karten gegenüber verschiedenen anderen Nachbarwissenschaften, die heute als Konkurrenten der Geographie auftreten, ein großer Vorsprung gegeben ist, der genutzt werden

13 Das ist möglicherweise auch eine Frage der Kriterien, die hier nicht gelöst und beantwortet werden kann.

14 Dieser Fall ist nicht zu verwechseln mit dem 'speziellen Haushaltsmodell einer Mesochore', in welchem je eine (als repräsentativ betrachtete) Einheit—in Form des 'allgemeinen Haushaltsmodells' der Mikrochore—in das Mesochorenmodell eingesetzt wird.—Siehe dazu auch S. 152 f.

muß. Ein Hilfsmittel bei solcher praxisorientierter Arbeit kann auch die Modellbetrachtung der Landschaftshaushalte sein, die Ordnung und Überschau in die Fülle des landschaftlichen Wirkungsgefüges bringt. Insofern kommt den Haushaltsmodellen kein Selbstzweck zu, sondern sie dienen der Lösung zahlreicher Probleme. Einige Möglichkeiten sollen hier nur genannt werden: (1) der überregionale Vergleich im Rahmen der Regionalen Geographie, der für die länderkundliche Betrachtung eine neue Basis geben würde, (2) die ökologische Landschaftsforschung als Grundlage der räumlichen Erkundung der Erde, (3) wirtschaftsgeographische Bilanzierungen bei der Erschließung, Nutzung und Gestaltung bestimmter Erdräume und (4) Bestimmung des realen natürlichen Potentials für den Schutz und die Erhaltung der Umwelt.

Um die genannten Beispielsmöglichkeiten nicht nur abstrakt vorzuführen, soll an einem Fall—und nur als kurzer Abriß—die Anwendungsmöglichkeit der Haushaltsmodelle gezeigt werden. Als Beispielgebiet dient der Raum, aus welchem auch die vorliegenden Modelle gewonnen wurden, die Westliche Kalahari: Die Farmwirtschaft dieses Raumes sieht sich großen Problemen gegenüber, weil die als Wirtschaftsgrundlage dienende Landschaft in ihrem Haushalt hochgradig gestört ist. Diese Störungen gehen nicht nur darauf zurück, daß Vegetation, Boden und Wasser wenig geschont wurden, sondern weil diese Gebiete eo ipso als Farmland wenig oder gar ungeeignet sind. Ein Modellvergleich mit anderen Viehzuchtlandschaften der Erde hätte gezeigt, daß die natürliche Situation in Südwestafrika äußerst schwierig ist und auf lange Sicht hin ein ertragreiches Wirtschaften nicht gestattet. Dann wäre—aller Voraussicht nach—auch das Land nicht als Farmgebiet ausgegeben worden. Die Gegenprobe könnten, zur notwendigen Ergänzung, betriebswirtschaftliche Bilanzierungen und Modelle erbringen. Anhand dieser ließe sich nachweisen, daß tatsächlich in der Westlichen Kalahari keine ertragreiche Farmerei möglich ist. Allerdings müßten diese Erkenntnisse in Korrelation zu den Haushaltsmodellen gesetzt werden, um die 'Ur'-Sache im strengen Sinne des Wortes zu erkennen, nämlich *warum* unwirtschaftlich gefarmt wird.

Zusammenfassung:

Wissenschaft und Praxis fordern, die Landschaft nach ihren Inhalten räumlich zu gliedern. Die 'naturräumliche Gliederung', die dies heute als 'naturräumliche Ordnung' in quantifizierter Form ermöglicht, hat das Problem jedoch erst für die großmaßstäbigen räumlichen Einheiten gelöst. Schon beim Übergang der Betrachtung in die ('mittleren') Maßstäbe der Übersichtskarten stellen sich dadurch Schwierigkeiten ein, daß in diesen Dimensionen andere Merkmale und Eigenschaften der Landschaften für ihre Kennzeichnung relevant sind. Da sich die Merkmale z.T. noch mit denen in den großen Maßstäben decken, läßt das Problem sich auf graphischem Wege umgehen.

Wird nun versucht, nach der gleichen Methode in kleinen Maßstäben, d.h. in großen Dimensionen zu arbeiten, versagt das Verfahren: Über allgemeine

Aussagen zu Bau und Klima der Landschaft gelangt man nicht hinaus. Wenn die naturräumliche Gliederung aber auch in kleinen Maßstäben praktisch nutzbare Aussagen liefern will, muß sie versuchen, das bei der landschaftsökologischen Grundlagenforschung gewonnene Material in die großen Dimensionen zu überführen. Das ist einmal in Form der Mittelwerte möglich, die unter bestimmten Aspekten durchaus Sinn haben und auch in Zukunft aus der naturräumlichen Gliederung nicht ausgeschlossen werden dürfen. Die zweite Möglichkeit bietet ein Modell, das für den jeweiligen Landschaftsraum konstruiert wird und das zunächst graphisch, später auch zahlenmäßig die am Landschaftshaushalt beteiligten Größen und ihre gegenseitigen Verbindungen zeigen kann. Diese Modelle kann man in zwei verschiedenen Formen konstruieren: Einmal als 'Modell der inneren räumlichen Struktur', das die beteiligten ökologischen Grundeinheiten und ihre Verbindungen zeigt, zum anderen als 'allgemeines Haushaltsmodell', das die am Gesamtaufbau der großdimensionierten räumlichen Einheit beteiligten Größen zeigt, z.B. Strahlung, Wasser, Boden. Über das Modell kann, wenn entsprechendes Zahlenmaterial aus einer repräsentativen Anzahl ökologischer Grundeinheiten vorliegt, durch Quantifizierung der beteiligten Größen und ihrer Bindekräfte die großdimensionierte Landschaftseinheit konkreter als bisher gefaßt werden. Damit hat die Geographie den Schritt von der allgemeinen Charakterisierung großer Landschaften zur quantifizierten und qualifizierten Ansprache getan. Zahlreiche Planungsbeispiele und Fehlplanungen in Landschaften großer Dimensionen zeigen, daß auch die Arbeit an großdimensionierten Raumeinheiten ohne objektive Darstellungen nicht auskommt.

Literatur

BDL = Berichte zur deutschen Landeskunde.

BECKMANN, W. (1965): Untersuchungen zum Landschaftshaushalt in Auen der Hauensteiner Murg unter besonderer Berücksichtigung der Bodenbildungen = *Hamb. Geogr. Studien*, 19, 70 S.

HAASE, G. (1961): Hanggestaltung und ökologische Differenzierung nach dem Catena-Prinzip. In: *Pet. Mitt.*, 104: 1–8.

HAASE, G.: (1964): Zur Anlage von Standortaufnahmekarten bei landschaftsökologischen Untersuchungen. In: *Geogr. Ber.*, 33: 257–272.

HAASE, G. (1964): Landschaftsökologische Detailforschung und naturräumliche Gliederung. In: *Pet. Mitt.*, 108: 8–30.

HAASE, G. (1967): Zur Methodik großmaßstäbiger landschaftsökologischer und naturräumlicher Erkundung. *Wiss. Abh. Georgr. Ges. DDR*, 5: 35–128.

HAASE, G. & H. RICHTER (1965): Bemerkungen zum Entwurf der Karte 'Naturräumliche Gliederung Nordsachsens 1:200000'. In: Exkursionsführer z. Symp. Naturräuml. Glied. v. 27.9.–2.10.1965 in Leipzig; Hrsg v. G. Haase u. H. Richter, Berlin, S. 21–31.

HAASE, G., H. RICHTER & H. BARTHEL (1964): Zum Problem landschaftsökologischer Gliederung, dargestellt am Beispiel des Changai-Gebirges in der Mongolischen Volksrepublik. Bericht von der Expedition der Geographischen Institute der Karl-Marx-Universität Leipzig und der Technischen Universität Dresden in den Changai und die südliche Gobi, 1960. In: *Wiss. Veröff. d. Dt. Inst. f. Länderkunde*, N.F. 21/22: 489–516.

HERZ, K. (1966): Das Strukturmodell der Landschaft. In: *Ztschr. f. Erdkundeunterricht*, 18: 88–98.
HERZ, K. (1968): Großmaßstäbliche und kleinmaßstäbliche Landschaftsanalyse im Spiegel eines Modells. In: Neef-Festschr./Landschaftsforschung, = *Pet. Mitt. Erg.-H.* 271: 49–56.
KLINK, H. J. (1966): Die Naturräumliche Gliederung als ein Forschungsgegenstand der Landeskunde. In: *BDL*, 36: 223–246.
KLINK, H. J. (1968): Das naturräumliche Gefüge des Ith-Hils-Berglandes. Begleittext zu den Karten. = *Forsch. z. dt. Landeskunde*, 187, Bad Godesberg, 58 S.
LESER, H. (1968): Betrachtungen zum Landschaftshaushalt der westlichen Kalahari (Auob- und Nossobgebiet). = *Mitt. S.W.A. Wiss. Ges.*, (1): 4–6, (2): 4–6.
LESER, H. (1968): Bericht über eine Forschungsreise in das Kalaharisandgebiet um Auob, Elefantenfluß und Nossob im östlichen Südwestafrika. In: *Die Erde*, 98: 327–339.
LESER, H. (1969): Landschaftsökologische Studien im Kalaharisandgebiet um Auob und Nossob (Östliches Südwestafrika). = Habil.-Schr. Univ. Tübingen 1969, Textband 468 S. + Materialband 170 S. = '*Erdwissenschaftliche Forschung*'. 3. Wiesbaden 1971, 243 S.
LESER, H. (1970): Die Westliche Kalahari um Auob und Nossob (Östliches Südwestafrika). Eine länderkundliche Skizze. In: *Tübinger Geogr. Studien*, H. 34 (= Sonderband 3, Beiträge z. Geogr. d. Tropen u. Subtropen; Festschrift für H. Wilhelmy), Tübingen 1970, S. 113–131.
LESER, H. (1971): Landschaftsökologische Grundlagenforschung in Trockengebieten. Dargestellt an Beispielen aus der Kalahari und ihren Randlandschaften. In: *Erdkunde*, 25: 209–223.
LESER, H. (1971): Karte der naturräumlichen Gliederung [Erläuterungsworte zur...]. = *Pfalzatlas*, Textband; Speyer (o.J., Mskr. 1971). Im Druck.
MARTENS, R. (1967): Quantitative Untersuchungen einiger allgemeiner Merkmale der Naturlandschaft. = Sonderdruck, Hamburg o. J. 1 S.
MARTENS, R. (1968): Quantitative Untersuchungen zur Gestalt, zum Gefüge und Haushalt der Naturlandschaft (Imoleser Subapennin). Unterlagen und Beiträge zur allgemeinen Theorie der Landschaft. I. = *Hamb. Geogr. Studien*, 21, 251 S.
MARTENS, R. (1970): Probleme einer Messung der geographischen Landschaft. Unterlagen und Beiträge zur allgemeinen Theorie der Landschaft II. In: *Geogr. Ztschr.*, 58: 138–145.
MEYNEN, E. & J. SCHMITHÜSEN (1962): (Hrsg.) Handbuch der naturräumlichen Gliederung Deutschlands. 2 Bde., Bad Godesberg 1953–1962, 1339 S.
MÜLLER-MINY, H. (1958): Grundfragen der naturräumlichen Gliederung am Mittelrhein. Eine baustilkritische Betrachtung als Beitrag zu einer naturgeographischen Gefügelehre. In: *BDL*, 21: 247–266.
MÜLLER-MINY, H. (1961): Betrachtungen zur naturräumlichen Gliederung. In: *BDL*, 28: 258–279.
NEEF, E. (1956): Einige Grundfragen der Landschaftsforschung. In: *Wiss. Ztschr. d. Univ. Leipzig*, Math.-Nat. Rh., 5: 531–541.
NEEF, E. (1960): Der Bodenwasserhaushalt als ökologischer Faktor. In: *BDL*, 25: 272–282.
NEEF, E. (1962): Die Stellung der Landschaftsökologie in der physischen Geographie. In: *Geogr. Ber.*, 25: 349–356.
NEEF, E. (1963): Topologische und chorologische Arbeitsweisen in der Landschaftsforschung. In: *Pet. Mitt.*, 107: 249–259.
NEEF, E. (1965): Elementaranalyse und Komplexanalyse in der Geographie. In: *Mitt. Österr. Geogr. Ges.*, 107: 177–189.
NEEF, E. (1967): Die theoretischen Grundlagen der Landschaftslehre. Gotha, 152 S.
NEEF, E. (1968): Der Physiotop als Zentralbegriff der Komplexen Physischen Geographie. In: *Pet. Mitt.*, 112: 15–23.
PAFFEN, K. H. (1953): Die natürliche Landschaft und ihre räumliche Gliederung. Eine methodische Untersuchung am Beispiel der Mittel- und Niederrheinlande. = *Forsch. z. dt. Landeskunde*, 68, Remagen, 196. S,
POSER, H. & J. HAGEDORN (1969): [Sonderdruck der Geomorphologiekarten aus dem fünften Band des Großen Duden-Lexikons, 593–616, Mannheim.]

RICHTER, H. (1965): Die naturräumliche Ordnungsstufe der Landschaftszonen. In: Leipziger Geogr. Beiträge, E. Lehmann zum 60. Geburtstag, Leipzig, 153–158.

RICHTER, H. (1967): Naturräumliche Ordnung. In: *Wiss. Abh. Geogr. Ges. DDR*, 5: 129–160.

RICHTER, H. (1968): Beitrag zum Modell des Geokomplexes. In: Neef-Festschr./Landschaftsforschung, = *Pet. Mitt. Erg.-H.* 271: 39–48.

RICHTER, H. (1968): Naturräumliche Strukturmodelle. In: *Pet. Mitt.*, 112: 9–14.

RICHTER, H. (1968): Stand und Tendenzen der naturräumlichen Gliederung in der DDR. In: *Geogr. Arb.*, Nr. 69, Warszawa, S. 63–79.

SCHMITHÜSEN, J. (1967): Internationale Diskussion über theoretische Probleme der Landschaftsforschung in der Slowakei. Bericht über zwei Symposia. In: *BDL*, 39: 122–124.

SCHMITHÜSEN, J. (1967): Naturräumliche Gliederung und landschaftsräumliche Gliederung. In: *BDL*, 39: 125–131.

TROLL, C. (1939): Luftbildplan und ökologische Bodenforschung. In: *Ztschr. d. Ges. f. Erdkunde Berlin*, S. 241–298.

TROLL, C. (1950): Die geographische Landschaft und ihre Erforschung. In: *Studium Generale*, 3: 163–181.

TROLL, C. (1962): Die dreidimensionale Landschaftsgliederung der Erde. In: H. v. Wissmann-Festschr., Tübingen, 54–80.

TROLL, C. (1963): Über Landschafts-Sukzession. In: H. J. Bauer 'Landschaftsökologische Untersuchungen im ausgekohlten rheinischen Braunkohlenrevier auf der Ville', Bonn, S. 1–8. = *Arb. z. rhein. Landeskde*, 19.

TROLL, C. (1970): Landschaftsökologie (Geoecology) und Biocoenologie. Eine terminologische Studie. In: *Rev. de Géol., Géoph. et Géogr.*, Sér. Géogr., 14: 9–18.

UHLIG, H. (1967): Die naturräumliche Gliederung—Methoden, Erfahrungen, Anwendungen und ihr Stand in der Bundesrepublik Deutschland. In: *Wiss. Abh. Geogr. Ges. DDR*, 5: 161–215.

Nach Abschluss des Druckes erschien folgende Arbeit, die einen entscheidenden Beitrag zum o.e. Mittelwertproblem (S. 138–143) leistet:

K. MANNSFELD (1972): Die Bilanzmethode in der Mikrochorenanalyse. In: *Pet. Mitt.*, 116: 45–53.

Diskussion

ZONNEVELD:

Das Aufstellen von Modellen ist sicherlich außerordentlich wichtig für die Kenntnis der landschaftsökologischen Systeme. Sie verdeutlichen die landschaftsökologische Heterogenität und Dynamik und können leicht in die Praxis umgesetzt werden. Hat man einige Parameter Ihrer Modelle schon quantifiziert? Haben Sie berücksichtigt, daß die von Ihnen untersuchten Kreisläufe offene Systeme darstellen?

JÄTZOLD:

Kann man mit Hilfe dieser Modelle zu einer weltweiten Systematik der räumlichen Systeme, hier der Naturräume, kommen?

LESER:

Ich fasse die Antworten zusammen mit einigen Bemerkungen zum Vortrag von Herrn SCHULZ. Ausgehen möchte ich von der Äußerung über die 'nicht praktikablen Gedankenmodelle'. Ich glaube, daß hier ein Mißverständnis vorliegt. Kennt man nämlich den Aufsatz von H. RICHTER (1967), weiß man, daß bei der Naturraumgliederung die Problematik in der topologischen Dimension als erledigt angesehen werden muß. Insofern verwundert der Versuch von Herrn SCHUTZ, die bodengeographische Gliederung als die Methode bei der Erarbeitung physiogeographischer Einheiten herauszustellen. Diese Methode kann nur zur Erfassung des Partialkomplexes Boden dienen. Das allein reicht nicht aus. Die anderen landschaftsökologischen Faktoren wieder über die Hintertüre, nämlich eine zusätzliche Kartenlegende, in die Betrachtung hereinzunehmen, zeigt die Untauglichkeit des Versuchs. Zweifellos, und das muß zur Rechtfertigung aller Landschaftsökologen gesagt werden, ist man heute bereits von der Kennzeichnung der Grenzen der Naturräume abgerückt und kennzeichnet die Inhalte. Herr SCHULZ rennt also offene Türen ein.

Ich bin Herrn JÄTZOLD dankbar, gezeigt zu haben, daß auch sogenannte großräumige landschaftliche Gliederungen gebraucht werden. Will man aber zu diesen kommen und sollen sie über eine allgemeine Beschreibung hinauskommen, kann dies nur über den Eisatz von Modellen erfolgen. Die als einziges Merkmal durch alle Ordnungsstufen hindurchziehende landschaftsökologische Heterogenität muß zahlenmäßig gefaßt werden, sonst ist gegenüber dem gegenwärtigen Stand der naturräumlichen Gliederung nichts gewonnen. Da aber diese Zahlen nicht vorliegen (Wasserhaushaltsgrößen etc.), andererseits aber von der rechnerischen Seite her kein Ansatz in Sicht war, schien einzig und allein das graphische Modell einen Lösungsweg zu bieten. Dieses Modell kann später dahingehend ausgeweitet werden. Es kann und sollte den Ansatz zeigen. Dieser Punkt war bis heute kritisch, er bildete quasi die 'Forschungsfront', deren Linie nun einmal überschritten werden mußte.

Aus diesen Ausführungen geht hervor, daß ich aus naheliegenden Gründen noch keine Gelegenheit hatte, das Modell auch von der rechnerischen Seite her anzugehen. Sollten aber einmal Messungen vorliegen, und damit dürfte die Frage von Herrn ZONNEVELD beantwortet sein, können sie meines Erachtens ohne weiteres in das Modell eingeführt werden.

Anschrift des Verfassers:
Prof. Dr. HARTMUT LESER, Geographisches Institut der Technischen Universität, D-3000 Hannover, Schneiderberg 50.

BEOBACHTUNGEN ZUR GENESE UND ZUM ZUSTAND DES LANDSCHAFTSHAUSHALTES IN DREI GEBIRGEN VERSCHIEDENER KLIMAZONEN

WALTER BECKMANN

Abstract:

In the Southern Indian West-Ghats, the Spanish Cordillera Central, and the Spanish Sierra Nevada recent and relict soils are found side by side.

The recent soils are: in the Ghats and the Cordillera Central humid Braunerde and mediterrenean Braunerde. In the Sierra Nevada—due to the climatic conditions—we find alpine Ramark only.

The relict soils are: in the Ghats and the Cordillera Central tropical Rotlehme (scarcely Braunlehme or lateritic Rotlehme), in the Sierra Nevada Terra Rossa (on lime stone).

The observations demonstrate that the ecological conditions in the Ghats, the Cordillera Central, and the Sierra Nevada have firmly changed in the past too.

Einleitung

Untersuchungen zum Landschaftshaushalt in Gebirgen haben für viele Geofaktoren bestimmte Regeln eines hypsometrischen Formenwandels erkennen lassen; vor allem geobotanische und ökologische, aber auch bodengeographische Höhenzonierungen sind für viele Gebirge verschiedener Klimazonen erkannt worden.

Bei solchen Untersuchungen wird gewöhnlich von den aktuellen Eigenschaften und Merkmalen der einzelnen Geofaktoren und von dem aktuellen Wirkungsgefüge zwischen ihnen ausgegangen. Das ist in vielen Gebirgen auch sicherlich möglich. In anderen jedoch besitzen einige Faktoren Eigenschaften, die unter völlig anderen als den heutigen Standortsverhältnissen entstanden sind, die aber die heutigen ökologischen Bedingungen mitbestimmen. Manche dieser überkommenen Eigenschaften haben auf den aktuellen Landschaftshaushalt sicher nur einen schwachen Einfluß—z.B. vereinzelt auftretende Reliktpflanzen—andere aber können einen recht großen Einfluß haben: Zu diesen zählen vor allem die relikten Merkmale der Bodenbildungen, sie unterscheiden sich von den rezenten gewöhnlich sehr und beeinflussen sie stark. Und da die Eigenschaften der Bodenbildungen als ein Resultat des Zusammenwirkens der übrigen Geofaktoren betrachtet werden dürfen, sind gerade sie für die Kenntnis und Beurteilung des aktuellen Zustandes des Landschaftshaushaltes von großer Bedeutung.

Im folgenden sollen einige Beobachtungen zum derzeitigen Zustand und zur Genese des Landschaftshaushaltes in drei Gebirgen mitgeteilt werden. Die Beobachtungen stammen aus einem tropischen Gebirge, den südindischen West-

Ghats und aus zwei Gebirgen des mediterranen Klimabereiches, aus dem zentralspanischen Scheidegebirge und der südspanischen Sierra Nevada*.

Es soll im folgenden versucht werden, vor allem aufgrund der Kenntnis der Bodeneigenschaften Aussagen über den aktuellen Zustand des Landschaftshaushaltes zu machen, gleichzeitig wird versucht, seinen früheren Zustand in den genannten Gebirgen zu rekonstruieren.

Der Nachweis einer polygenetischen Bodenentwicklung ist oft schwierig. KUBIENA hat in mehreren Arbeiten gezeigt, daß insbesondere mikromorphologische Untersuchungen bei paleopedologischen und paleoökologischen Fragestellungen mit Vorteil angewendet werden können (KUBIENA, 1954a, 1954b, 1959, 1963). Die folgenden Ausführungen beruhen auf Geländeuntersuchungen und vor allem auf der Auswertung von Dünnschliffen, sowie auf einigen anderen Analysen.

Untersuchungsergebnisse

1. Die südindischen West-Ghats

Die zunächst vorgelegten Ergebnisse stammen aus den südlichen Teilen der West-Ghats, vor allem aus den Nilgiri und den Palni-Hills (vgl. Karte 1).

Die Ghats erheben sich im Westen mit steilem Anstieg über die Vorhügelzone in Kerala und ebenso steil im Osten über die Ebene von Coimbatore und Salem. Der Höhenunterschied beträgt auf sehr kurzer Distanz mehr als 1.000 m. Die hohen Teile der Ghats bilden hier ein flachwelliges Hochland mit einer mittleren Höhe von etwa 2.000 m (vgl. Foto 1); der Dodabetta (2.635 m), eine der höchsten Erhebungen der Nilgiri und auch der Anaimudi (2.695 m) in den Palni-Hills sind keine markanten Gipfel, sie erheben sich nur unauffällig über das Hochland.

In diesen hochgelegenen Gebieten ist die Jahresmitteltemperatur mit 14° niedrig, die Niederschläge sind relativ hoch (über 1.500 mm/Jahr), es gibt keine Trockenzeit (detaillierten Überblick über das Klima der südlichen Ghats geben GAUSSEN, LEGRIS et VIART, 1962 und LEGRIS et BLASCO, 1969). Diese klimatischen Bedingungen unterscheiden sich grundsätzlich von denen an der Malabar-Küsten-Region wo Jahresmitteltemperaturen von 27° erreicht werden und wo die jährlichen Niederschläge 3.000 mm überschreiten; hier gibt es eine Trockenzeit von Dezember bis März (vgl. GAUSSEN, LEGRIS et VIART, 1962). Diese klimatischen Bedingungen sind auch grundsätzlich verschieden von denen östlich der Ghats in den Ebenen von Tamil Nadu; dort erreichen die Jahresmitteltemperaturen ebenfalls mehr als 27°, die Niederschläge bleiben aber unter 1.500 mm/Jahr, es gibt hier zwei Trockenzeiten (Dezember-April und Juni-August).

Die ursprüngliche Vegetation ist im Gebirge weithin verdrängt worden; nur

* Auch an dieser Stelle sei Herrn Dr. GEUTING, Leader of the 'INDO-GERMAN AGRICULTURAL DEVELOPMENT PROJECT' in den Nilgiri/Indien und seinen Mitarbeitern für Unterstützung und Gastfreundschaft gedankt. Außerdem danke ich der Deutschen Forschungsgemeinschaft für ihre Unterstützung bei den Geländearbeiten in Spanien und Indien.

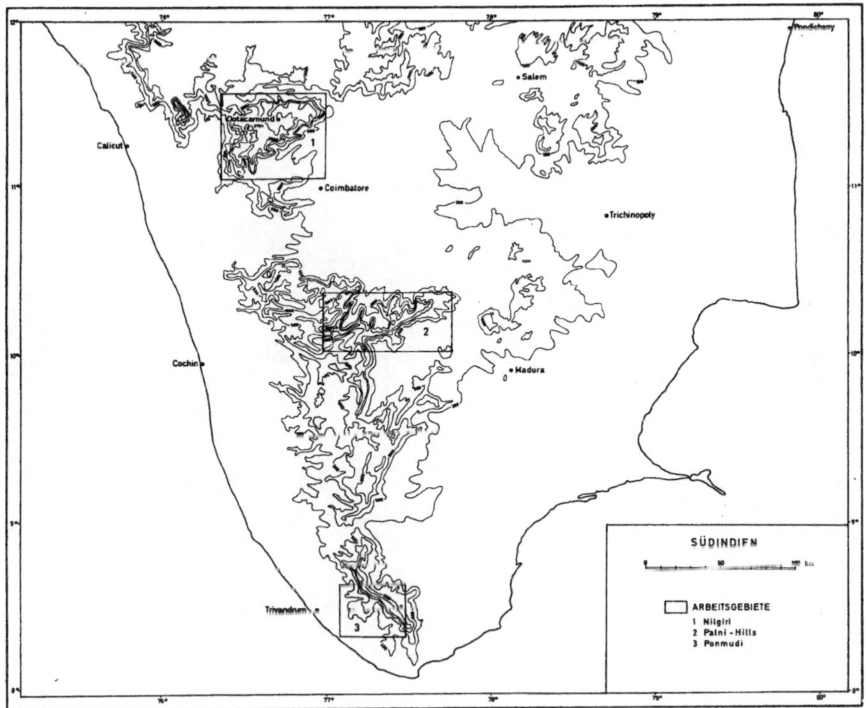

Karte 1.

an unzugänglichen Stellen sind die früheren Gebirgswälder in noch unveränderter Zusammensetzung vorhanden. An ihre Stelle sind in den mittleren Höhenlagen Kaffee- oder Teeplantagen gekommen, in den hohen Gebieten andere landwirtschaftliche Nutzung: vorwiegend Gemüse (Kartoffeln!), Getreide und Obst, zudem ist Grünland verbreitet (vgl. Foto 1); Sekundärwälder nehmen besonders an steilen Hängen große Flächen ein (Dupuis, 1957; Legris, 1963).

Die Bodenbildungen in den südlichen West-Ghats zeigen einen zunächst überraschenden kleinräumigen Wechsel in ihrer Profilmorphologie und in ihren Farben. Viele der Bodenbildungen in den Nilgiri haben auffallend rote Farben (Abb. A in der Farbtafel, S. 169). Sie ähneln in ihrer Farbe und ihrer Profilmorphologie außerordentlich denen, die sich in den niedriger gelegenen Gebieten Keralas beobachten lassen: das sind tropische Rotlehme und tropische lateritische Rotlehme.

Diese Geländebeobachtungen werden bestätigt durch mikromorphologische Beobachtungen: die Abb. B (Farbtafel) zeigt das Gefügebild eines Bv-Horizontes eines solchen roten Bodens aus den Nilgiri nahe Ootakamund. Dieses Bild ähnelt sehr dem, das in Böden der klimatisch völlig anders ausgestatteten Malabar-Küsten-Region beobachtet wird (Beckmann, 1971). Und diese Gefügebil-

Foto 1: Das Hochland der Nilgiri nahe dem Dodabetta (Ootakamund), Höhe etwa 2.600 m. Sekundärwald an steilen Hängen und auf den Kuppen; sehr verbreitet Landwirtschaft im Terrassenbau (hier vorwiegend Kartoffeln und Getreide).

der gelten auch als allgemein typisch für tropische Rotlehme, nicht nur für indische, sondern für alle, die in Gebieten mit entsprechendem Klima entwickelt sind. Da im Hochland der Nilgiri oder der Palni-Hills ein solches Klima heute nicht vorhanden ist, muß es aufgrund der beobachteten Bodenbildungen für einen Zeitraum in der Vergangenheit angenommen werden (BECKMANN, 1969, 1971).

Die Rotlehme und lateritischen Rotlehme in den tiefer gelegenen Regionen Keralas sind dort, wo über lange Zeiträume eine kontinuierliche Bodenbildung in situ und nur unbedeutender Abtrag vorhanden war, außerordentlich tiefgründig; Profilmächtigkeiten von 30 m und mehr sind nicht selten. Unter einem Humushorizont, der allerdings heute nur unter einer geschlossenen Vegetationsdecke vorhanden ist, folgt der sehr tiefgründige Bv-Horizont, darunter dann oftmals ein lateritischer Horizont und die Zersatzhorizonte bis zum unverwitterten Ausgangsgestein. Diese Horizontabfolge muß auch für die relikten Rotlehme und lateritischen Rotlehme in den Nilgiri oder den Palni-Hills angenommen werden; die Beobachtungen zeigen, daß auch dort an vielen Standorten mit ursprünglich ähnlich tiefgründigen Bodendecken wie sie heute in Kerala vorhanden sind, gerechnet werden muß. Es muß aber auch ein erheblicher Bo-

Abb. A: Relikter Rotlehm nahe Ootakamund in etwa 2.100 m (Nilgiri District); der Boden ist abgetragen bis auf die unteren Teile des alten B_V-Horizontes, darunter anstehender Gneis; schwache Humusbildung unter Tee.
Abb. B: Dünnschliffaufnahme; Maßstab etwa 100:1; normales Durchlicht; Profil wie in *Abb. A*, Probetiefe 60 cm. Typisches Rotlehmgefüge: an Mineralen ist nur Quarz erhalten (weiße scharf begrenzte Partien); dichte Struktur, als Hohlräume sind nur Schwundrisse vorhanden. Die Fleckung 'Rot-Gelb' ist bedingt durch verschieden starke Ausscheidung von Fe.
Abb. C: 'Tropische Höhenbraunerde', nahe Ootakamund in etwa 2.000 m Höhe (Nilgiri District); rezente Bodenbildung mit Anteilen relikten Materials (Vgl. Abb. D); tiefer A-Horizont, relativ flacher B_V-Horizont.
Abb. D: Dünnschliffaufnahme; Maßstab etwa 100:1; normales Durchlicht; Profil wie in *Abb. C*, Probetiefe 25 cm. Sehr gute Humusbildung (Mull) unter geschlossener Grasdecke; lockeres stabiles Gefüge; im rezent entwickelten Material finden sich oft noch Reste von reliktem Bodenmaterial (rotbraun gefleckte Partie links im Bild) (vgl. Dazu *Abb. B*).

denabtrag seit der Zeit der Bildung jener Böden stattgefunden haben, daher sind die alten Böden heute mehr oder weniger gekappt und Bodenhorizonte, die ehemals in sehr verschiedener Bodentiefe entwickelt worden sind, bilden heute die Bodenoberfläche (vgl. Abb. A und E, Farbtafel).

Dieses relikte Bodenmaterial wird heute—entsprechend den derzeitigen Klimabedingungen—'von oben her' umgewandelt: es erfolgt dort, wo ein A-Horizont vorhanden ist, eine 'Verbraunung' (Abb. A und E und D, Farbtafel). Ein Humushorizont ist hier gewöhnlich humusreich, die Struktur ist locker und hohlraumreich, das Bodenleben rege und vielseitig; Veränderungen dieser oder anderer Art sind im relikten Material des Unterbodens (ab etwa 40 cm Tiefe) nirgends mehr zu erkennen, sie fehlen auch dort, wo keine Humusbildung vorhanden ist (BECKMANN, 1969, 1971).

Bodenbildungen, die allein unter den heutigen Standortsbedingungen entstanden sind, sind selten. Gewöhnlich mischen sich relikte und rezente Bodenmerkmale (vgl. Abb. D und F, Farbtafel und BECKMANN, 1971, Abb. F und H). Die rezente Bodenbildung führt in den West-Ghats nicht mehr zum Rotlehm, sondern—entsprechend den derzeitigen Klimabedingungen—zu einem Bodentyp, den man vorläufig als 'tropische Höhenbraunerde' bezeichnen kann (BECKMANN, 1971), er ähnelt in seinen Eigenschaften sehr den Braunerden, die in den gemäßigt humiden Klimagebieten auf ähnlichen Ausgangsgesteinen angetroffen werden (vgl. Abb. C, Farbtafel); diese Bodenbildung gibt deutlich Hinweise auf den heutigen Zustand des Landschaftshaushaltes in den südindischen West-Ghats.

2. Das zentral-spanische Scheidegebirge

In den südindischen West-Ghats und in anderen tropischen Gebirgen lassen sich hypsometrischer Formenwandel und polygenetische Entwicklung der Böden und des Landschaftshaushaltes besonders gut vergleichend beobachten, denn dort sind in sehr geringer Entfernung tropische und nichttropische Klimabedingungen gegeben.

Aber auch in Gebieten, die sich heute mehrere Hundert Km außerhalb der tropischen Klimazonen befinden, lassen sich Reste tropischer Bodenbildungen nachweisen, sie weisen auf eine Polygenese vieler heutiger Bodenbildungen und des Landschaftshaushaltes an bestimmten Standorten hin. Für den heute mediterranen Klimabereich eignen sich für Beobachtungen unter der vorliegenden Themenstellung besonders die zentralspanischen Sierren und die hohen Gebiete der betischen Kordillere.

Das zentral-spanische Scheidegebirge gliedert sich in mehrere Teile, die Sierras de Gata, de Gredos y de Guadarrama, in die Somosierra und die Sierra de Ayllon. Vor allem in der Sierra de Gredos sind verbreitet Reste und Umwandlungsformen tropischer Bodenbildungen nachgewiesen (BADORREY, GALLARDO y RIEDEL, 1969; BECKMANN, 1967 b; KLINGE, 1958; KUBIENA, 1954 b, 1956; RIEDEL, 1971).

ROHDENBURG und SABELBERG (1969) leugnen das Vorhandensein solcher Reliktböden für das westliche Mediterran-Gebiet weithin, allerdings ohne Beweisführung.

Abb. E: Bodenprofil nahe dem Dodabetta, Höhe etwa 2.400 m; tropische Gneisverwitterung; den Oberboden bildet ein—mehr oder weniger rezent entwickelter—Humushorizont, den Unterboden ein relikter B_V-Horizont eines Rotlehms.

Abb. F: Dünnschliffaufnahme; Profil ähnlich dem in *Abb. E* Maßstab etwa 50:1; Rotlehmbruchstücke in rezent entwickeltem Bodenmaterial (vgl. *Abb. D* und *B*).

Abb. G: Profil eines relikten Rotlehms in der Sierra de Gredos (Spanien) nahe Placencia in etwa 400 m; der Boden ist abgetragen bis auf die unteren Partien des B_V-Horizontes, darunter Zersatz-Horizonte.

Abb. H: Dünnschliffaufnahme; Profil ähnlich dem in *Abb. G*; Maßstab etwa 100:1; Rotlehmmaterial mit deutlichen Fließstrukturen in einer Spalte des uur schwach verwitterten Ausgangsgesteines (Granit). (Foto: W. RIEDEL).

Die im folgenden vorgelegten Beobachtungsergebnisse stammen aus der Sierra de Gredos.

Die Sierra de Gredos überragt deutlich die Meseten. Besonders von Süden her erhebt sie sich mit dem Almanzor (2.592 m) sehr steil über das Tal des Tietar und die vorgelagerte Rampe (vgl. Foto 2). Auf der Nordseite ist der Anstieg zu Hochgredos nicht so markant, weil hier einige kleinere Gebirgszüge und intramontane Becken zur eigentlichen Hochgredos überleiten. Die sog. Hochgredos selbst ist zum großen Teil glazial überformt und zeigt heute weithin ein sehr steiles Relief (vgl. Foto 2). Die übrigen Teile der Sierra de Gredos sind vor allem im direkten Einzugsbereich der größeren und dauernd wasserführenden Flüsse auch stark zertalt (Foto 3), die anderen Teile der Gredos sind wesentlich schwächer reliefiert.

Die klimatischen Verhältnisse sind heute in den zentral-spanischen Gebirgen selbst und in ihrer Umgebung nirgends so, daß in situ und rezent entwickelte tropische Bodenbildungen erwartet werden könnten (vgl. Lautensach, 1951; Lautensach und Mayer, 1960; Riedel, 1971).

Die ursprüngliche Vegetation ist in den zentral-spanischen Gebirgen fast überall vollständig verdrängt worden. Heute gibt es an Hangstandorten lichte

Foto 2: Die Südseite der Sierra de Gredos. Blick auf die Hochgredos mit dem Almanzor (2.592 m). In der Bildmitte ein Teil der 'Rampe'; im Vordergrund das Bett einer Garganta.

Foto 3: In der Sierra de Gredos. Steil und tief eingeschnittenes Tal des Rio Alberche nahe El Tiemblo; Höhe etwa 600 m. An schwächer geneigten Hängen Weinbau (rechts im Vordergrund), oft auch aufgelassene Weingärten (links); an steilen Hängen gewöhnlich 'Matorral'.

Bestände von *Pinus pinea*, *P. pinaster*, auch von *P. silvestris*; große Flächen werden besonders in der westlichen Sierra de Gredos auch von verschiedenen Quercusarten eingenommen. Die übrigen Flächen der hier betrachteten Höhenstufen (etwa 300–1.500 m) werden—soweit es das Relief zuläßt—intensiv landwirtschaftlich genutzt: Tabak und Wein in den tiefsten Lagen der südlichen Gredos, Oliven, oft im Terrassenbau, Mandeln etc in den mittleren Höhenlagen, dazu kommen Getreide und Grünland in wechselndem Anteil je nach Höhenlage (RIEDEL, 1971; FIEDLER, 1971). Bodengrenzen werden für die Art der landwirtschaftlichen Nutzung kaum wirksam.

Auch im kastilischen Scheidegebirge, besonders in der Sierra de Gata, vor allem aber in der Sierra de Gredos zeigen die Bodenbildungen einen sehr kleinräumigen Wechsel. KUBIENA (1954, a, b) hat schon nachgewiesen, daß hier sehr verbreitet Reste früherer Bodenbildungen, insbesondere von tropischen Rotlehmen und Braunlehmen, bzw. deren untere Zersatz-Horizonte gefunden werden.

In der Tat zeigen die Böden an vielen Standorten Merkmale, die sonst tropischen Bodenbildungen zugeschrieben werden (vgl. BECKMANN, 1967 b; RIEDEL, 1971). Die Abb. G (Farbtafel) zeigt ein Bodenprofil wie es für die Sierra de

Gredos verbreitet typisch ist, es ist der untere Teil eines Bv-Horizontes eines relikten tropischen Rotlehms; er wird heute—allerdings nur in den obersten cm—umgewandelt; es hat sich ein sehr flachgründiger A-Horizont (z.T. nur ein [A]-Horizont) entwickelt. Dieser Fall ist oft zu beobachten: das relikte Bodenmaterial ist weitgehend abgetragen und die rezente Umwandlung erreicht nur geringe Tiefe.

Vergleichende Beobachtungen, die im kastilischen Scheidegebirge an sehr vielen Standorten durchgeführt werden konnten, lassen schematisch folgende Tendenzen der mono-, bzw. polygenetischen Bodenentwicklung erkennen (vgl. Beckmann, 1967 b; Riedel, 1971): Rein rezent entwickelte Böden sind in den niedrigen und mittleren Lagen nur an steilen Hängen vorhanden, in der Hochgredos dagegen häufiger, da dort eine wesentlich stärkere Abtragung wirksam war und ist. Diese kräftige Erosion ist dann aber auch der Grund dafür, daß diese rezenten Bodenbildungen gewöhnlich Ranker sind, denn die Bodenentwicklung wird immer wieder unterbrochen; die Humusbildungen sind sehr verschieden in Abhängigkeit von der Höhenlage, von der Exposition und von der peripherzentralen Lage der Standorte im kastilischen Scheidegebirge. Gelegentlich haben sich—an Standorten mit geringer Erosion—in der Hochgredos humide Braunerden, in den niedriger gelegenen Gebieten der südlichen Abdachung der Gredos flachgründige mediterrane Braunerden entwickelt.

Die wichtigsten Formen der mono-, bzw. polygenetischen Bodenentwicklung sind in dem Schema 1 zusammengestellt (vgl. Beckmann, 1967 b).

Auch im kastilischen Scheidegebirge lassen sich also Reste von Bodenbildungen nachweisen, die unter völlig anderen als den heutigen Standortsbedingungen entstanden sind; dadurch wird auch hier eine mehrphasige Entwicklung des Landschaftshaushaltes angezeigt. Dieser Nachweis läßt sich dort oft auch dann noch erbringen, wenn das relikte Bodenmaterial schon bis zu den untersten Partien der relikten Zersatz-Horizonte abgetragen worden ist. In Abb. H (Farbtafel) wird gezeigt, daß in Spalten des schwach verwitterten Ausgangsgesteines der alten Bodenbildung Reste von Rotlehmmaterial vorhanden sind; derartige Beobachtungen sind im gesamten kastilischen Scheidegebirge verbreitet zu machen; sie sind von großer Wichtigkeit gerade in Gebieten mit sehr stark abgetragenen älteren Bodendecken.

3. Die spanische Sierra Nevada

Auch in Teilen der betischen Kordillere läßt sich eine Polygenese der Böden und damit auch des Landschaftshaushaltes nachweisen.

Die hier vorgelegten Beispiele stammen aus dem östlichen Teil der Sierra Nevada; die Untersuchungsstandorte befinden sich an der Nordabdachung des Gebirges nahe dem Picacho de Veleta (3.392 m), der zweithöchsten Erhebung der Sierra Nevada (Foto 4).

Die Nevada ist der zentrale und höchste Teil der betischen Kordillere; sie erhebt sich von Norden und von Süden her sehr steil über ihre Umgebung, der Höhenunterschied zwischen der 'Gipfelkette Mulhacén-Veleta' und Granada

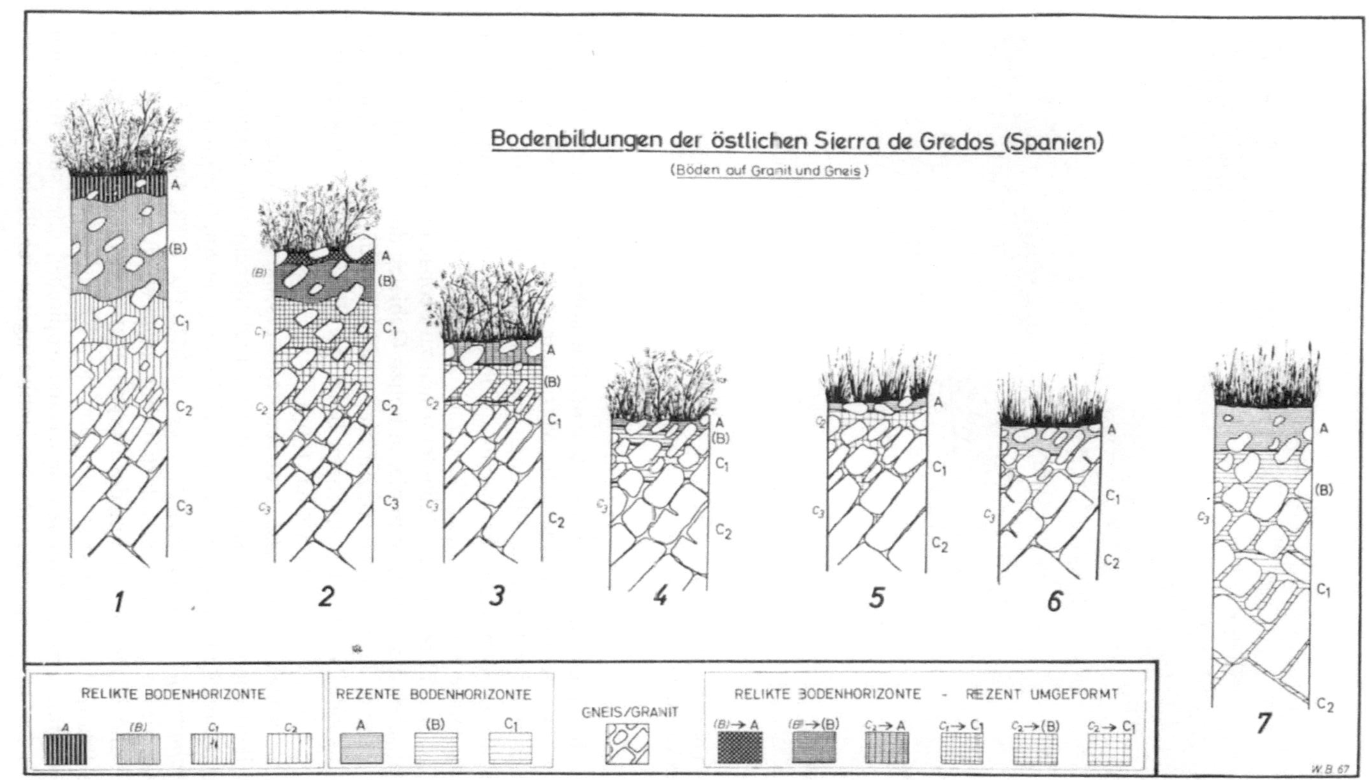

Schema 1: Schematische Profile von Bodenbildungen in der Sierra de Gredos: *Profil 1:* vollständiges Profil eines relikten Rotlehms (in der Gredos so nicht mehr erhalten). *Profile 2, 3, 4:* Aus verschiedenen stark abgetragenen relikten Bodenbildungen durch rezente Umwandlung entstandene 'meridionale Braunerden'. *Profil 5:* aus reliktem Material durch rezente Umwandlung entstandener Ranker. *Profil 6:* aus Gneis und Granit rezent entstandener Ranker. *Profil 7:* aus Gneis und Granit rezent entstandene Braunerde. (aus BECKMANN, 1967b)

Foto 4: In der hohen Sierra Nevada; Blick auf den Picacho de Veleta (3.392 m). Sehr lückige Vegetationsdecke, starke solifluidale Bodenbewegungen.

beträgt auf kurzer Distanz mehr als 2.000 m. Die hohen Gebiete der Nevada sind glazial stark überformt worden; die Abtragung war und ist groß, schon ab etwa 2.200 m setzt verbreitet solifluidale Massenbewegung ein, sie wird vor allem dann ab 2.700 m Höhe beobachtet. Diese Form der Abtragung wird wirksam und wurde wirksam unterstützt duch zahlreiche perennierende Fließgewässer. Daher sind sehr steile Geländeformen zu beobachten (Foto 4).

Die klimatischen Bedingungen in diesen hohen Gebieten der Nevada werden durch sehr niedrige Jahresmitteltemperaturen und hohe, von Jahr zu Jahr sehr stark schwankende Niederschlagsmengen bestimmt (LAUTENSACH, 1951; LAUTENSACH und MAYER, 1960; MESSERLI, 1965).

Diese klimatischen Verhältnisse erlauben keine geschlossene Vegetationsdecke. Auf silikatischem Gestein sind nur Polster und Sicheln von *Festuca indigesta*, *Genista lobelii* oder *Juniperus nana*, auf Kalk solche von *Genista tejedensis* oder *Deschampsia flexuosa* verbreitet zu beobachten (GEYGER, 1967; QUÉZEL, 1953). Unter diesen extremen Standortsbedingungen spielt allerdings die Beschaffenheit und Zusammensetzung des Ausgangsgesteines für das Vorkommen bestimmter Pflanzen eine nur sehr untergeordnete Rolle (QUÉZEL, 1953).

Bei diesen Standortsverhältnissen sind keine tropischen oder subtropischen Böden und auch keine mediterranen Bodenbildungen oder Böden, wie sie im gemäßigt-humiden Klima entstehen, zu erwarten. Die rezente Bodenbildung führt auf allen vorhandenen Gesteinen zu einer alpinen Råmark, einem Boden, der nur direkt unter Polstern von Pflanzen einen A-, bzw. (A)-Horizont besitzt (BECKMANN, 1967 a; GEYGER, 1967) und dessen rezenter Verwitterungs-Horizont sehr flachgründig ist. Die heutigen landschaftsökologischen Bedingungen lassen keine andere Bodenbildung zu.

Aber es lassen sich Reste von Bodenbildungen nachweisen, die unter völlig anderen als den heutigen Klimabedingungen entstanden sind, sie weisen auf einen sehr deutlichen Wechsel auch in den landschaftsökologischen Bedingungen hin.

Auf silikatischem Ausgangsgestein—im Untersuchungsgebiet sind es vor allem Phyllite—sind ältere Bodenbildungen kaum nachzuweisen, eher möglich ist es dort, wo Kalke das Ausgangsmaterial der Bodenbildung waren, denn

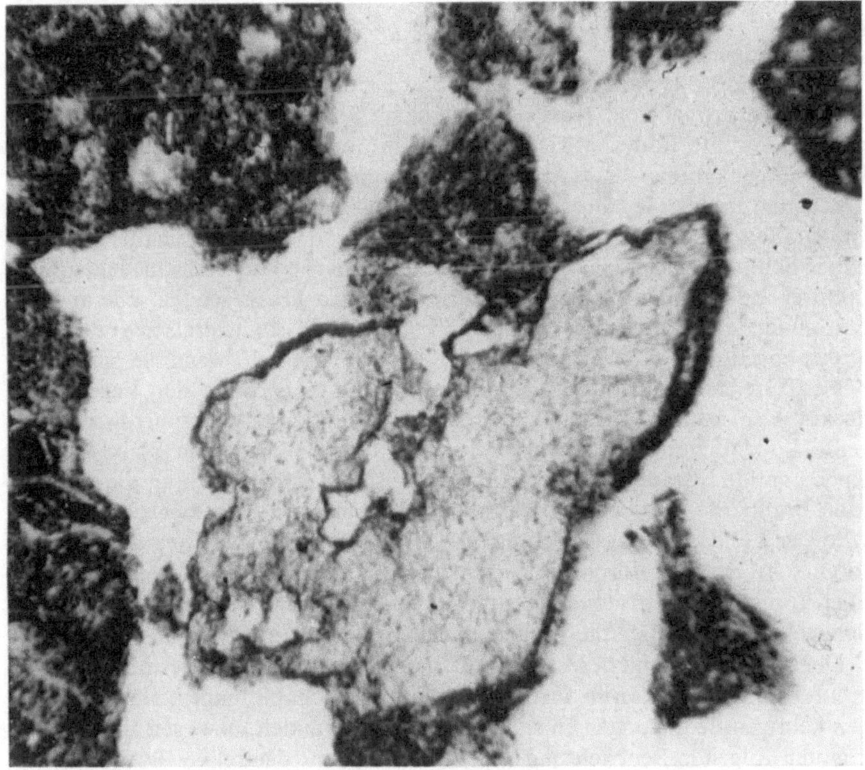

Foto 5: Dünnschliffaufnahme; Maßstab etwa 100:1; Durchlicht Relikte Terra Rossa, Bv-Horizont; Sierra Nevada etwa 2.400 m; In der Bildmitte ein Kalkbruchstück, das deutliche Spuren chemischer Verwitterung zeigt; sie ist typisch für Verwitterung im Terra rossa-Klima, nicht aber für das heutige.

hier sind Reste der alten Böden in tiefreichenden Spalten und Klüften des Gesteins noch erhalten geblieben. Es läßt sich zeigen, daß es sich bei diesen alten Bodenmaterialien um Reste des B_v-Horizontes einer Terra rossa handelt. Hier, in über 2.000 m Höhe ist diese Terra rossa sicherlich relikt, denn die heutigen Klimabedingungen lassen die Entwicklung eines solchen Bodentypes nicht erwarten. Fehlen diese Reste an einem Standort, so lassen sich die vormals anderen Verwitterungsbedingungen trotzdem noch nachweisen (Foto 5).

Auf den in der hohen Sierra Nevada vorkommenden Silikat-Gesteinen haben sich in der Vergangenheit sicherlich Böden entwickelt, die der Terra rossa entsprechen.

Diskussion der Ergebnisse

In verschiedenen Höhenstufen vieler Gebirge wird heute ein Landschaftshaushalt vorgefunden, dessen Merkmale nicht nur von den aktuellen physisch-geographischen Standortsfaktoren geprägt wird, sondern auch durch andere aus der Vergangenheit.

Der rezente Zustand des Landschaftshaushaltes ist oft nur auf sehr kleinen Flächen zu beobachten. Hinweise auf solche Flächen geben die Bodenbildungen: die rezente Bodenentwicklung führt in den hohen Ghats zu einer—vorläufig so genannten—'tropischen Höhenbraunerde'. Ihre Eigenschaften ähneln denen der Braunerde, die aus dem gemäßigt-humiden Klimabereich bekannt ist. Daraus lassen sich für den heutigen Zustand des Landschaftshaushaltes einige Schlüsse ziehen: Das Wirkungsgefüge zwischen den verschiedenen Geofaktoren ist relativ ausgeglichen, keiner hat einen überragenden, alle anderen bestimmenden Einfluß. Das rezente Wirkungsgefüge ist auch relativ stabil, auch anthropogene Eingriffe bringen keinen Zusammenbruch, wenn sie sich in gewissen Grenzen halten (d.h. z.B. keine völlige Zerstörung der Vegetationsdecke). Für das zentral-spanische Gebirge gilt ähnliches, nur führt hier die rezente Bodenbildung nur an besonders begünstigten, feuchten Standorten zu einer humiden Braunerde, im allgemeinen ist die Klimaxbildung die mediterrane Braunerde. Eine Ausnahme bilden die hohen Gebiete der Nevada, hier wird der Landschaftshaushalt und das Wirkungsgefüge zwischen den Geofaktoren sehr einseitig durch die extremen klimatischen Bedingungen bestimmt. Hier kommt es nicht nur nicht zu einer geschlossenen Vegetations-, bzw. Bodendecke, hier ist auch die Bodenentwicklung nur sehr schwach.

Der heutige Zustand des Landschaftshaushaltes wird durch bestimmte Eigenschaften anderer Faktoren, insbesondere durch Bodenbildungen, die nicht unter den heutigen Bedingungen entstanden sind, abgewandelt, bzw. verfälscht. Dazu konnten folgende Beobachtungen gemacht werden: das relikte Bodenmaterial ist—unter den derzeitigen Standortsbedingungen—infolge seines sehr hohen Verwitterungsgrades gewöhnlich als 'steril' anzusprechen; es bringt selten neue Nährstoffe in den Boden, es wirkt kaum strukturverbessernd. Das führt bezüglich des aktuellen Landschaftshaushaltes zu folgendem: an Standorten, wo im Boden das relikte Bodenmaterial einen überwiegenden Anteil besitzt und wo die rezente Bodenentwicklung nur zu einer oberflächlichen Umwandlung dieses Materials führen kann, ist das Wirkungsgefüge zwischen den Faktoren abgewandelt, es ist weder ausgeglichen noch stabil, denn das alte Material wird nicht in die rezente Bodenbildung eingebaut, es 'verdünnt' nur die heutigen Eigenschaften. Und bei Störung des Gefüges—z.B. schon bei teilweiser und kurzfristiger Zerstörung der Vegetationsdecke—setzt sofort eine rapide Erosion ein.

Diese Bemerkungen gelten für alle vorgeführten Standorte in den südindischen Ghats, und viele in den spanischen Gebirgen.

An den hier beschriebenen Standorten aus verschiedenen Gebirgen hat es eine Wandlung im Zustand des Landschaftshaltes gegeben. In den südindischen Ghats kommt man aufgrund der erhaltenen relikten Bodenreste zu dem Schluß, daß er in der Vergangenheit dem ähnlich gewesen sein muß, der heute im Bereich der Malabar-Küsten-Region oder anderer Gebiete mit ähnlichem Klima vorhanden ist. Es müssen also wesentlich höhere Niederschläge, höhere Temperaturen und ein anderer Jahresgang von Niederschlag und Temperatur angenommen werden. Der damalige Landschaftshaushalt dürfte in besonderem Maße durch diese klimatischen Bedingungen bestimmt worden sein. Im zentralspanischen Scheidegebirge kommt man zu ähnlichen Ergebnissen, denn auch hier finden sich vor allem Reste tropischer Rotlehme als Reste früherer Bodenbildung. Eine Ausnahme bildet wieder die hohe Sierra Nevada; hier hat die relikte Bodenbildung zur Bildung einer Terra rossa geführt, hier wurde also der frühere Landschaftshaushalt zwar auch durch hohe Temperaturen aber einen ganz anderen Gang der jährlichen Niederschlagsverteilung bestimmt, es muß eine ausgeprägte und sehr warme Trockenzeit angenommen werden.

Literatur

BADORREY, T., J. GALLARDO y W. RIEDEL (1969): Los Suelos de la Parte Occidental del Macizo de Gredos y el Problema del Rotlehm. *Anal. Edaf. y Agrobiol.*, 28: 149–177.

BECKMANN, W. (1967a): Ein Beitrag zur Kenntnis der Mikrostruktur von solifluidal bewegtem Bodenmaterial in der Sierra Nevada (Andalusien). *Anal. Edaf. y Agrobiol.*, 26: 351–360.

BECKMANN, W. (1967b): Bodengeographie der östlichen Sierra de Gredos (Spanien). *GEODERMA*, Bd 1: 299–214.

BECKMANN, W. (1969): Soil Formations in Southern Indian Mountains. Contribution to the IIIrd Intern. Working Meeting on Soil Micromorphology, Breslau (im Druck).

BECKMANN, W. (1971): Die Mikromorphologie des Bodens bei physisch-geographischen Untersuchungen in Südindien. *Hamb. Geogr. Studien*, 24: 235–243.

DUPUIS, J. (1957): L'Economie des Plantations dans l'Inde du Sud. Inst. Franç. Pondichéry, Trav. Sect. Scient. et Tenchn., 1: 1–50.

FIEDLER, G. (1970): Kulturgeographische Untersuchungen in der Sierra de Gredos/Spanien. Würzburger Geogr. Arb., 33.

GAUSSEN, H., P. LEGRIS et M. VIART (1962): Notes on the Sheet 'Cape Comorin' of the International Map of the Vegetation 1:1.000.000. Ind. Council of Agric. Res., New Delhi.

GEYGER, E. (1967): Die Strukturbildungen in den Humushorizonten von Böden der hohen Sierra Nevada (Spanien). *GEODERMA*, 1: 229–248.

KLINGE, H. (1958): Eine Stellungsnahme zur Altersfrage der Terra rossa-Vorkommen. Unter Besonderer Berücksichtigung der Iberischen Halbinsel, der Balearischen Inseln und Marokkos. *Z. Pflanzenern., Düngg. u. Bodenkde*, 81: 56–63.
KUBIENA, W. L. (1954a): Zur Methodik der Paläopedologie. Compt. Rend. 4e Congr. Intern. Assoc. Quart.
KUBIENA, W. L. (1954b): Über Reliktböden in Spanien. *Angew. Pflanzensoziol.*, 1: 213–224.
KUBIENA, W. L. (1956): Kurze Übersicht über die wichtigsten Formen der Bodenbildung in Spanien. *Veröff. Geobotan. Inst. Rübel*, 31: 23–31.
KUBIENA, W. L. (1959): Prinzipien und Methodik der paläopedologischen Forschung im Dienste der Stratigraphie. *Z. Deutsch. Geol. Ges.*, 111: 643–653.
KUBIENA, W. L. (1963): Paleosoils as Indicators of Paleoclimates. In: Changes of Climate; Proc. Symp. UNESCO-W.M.O. (Rome), 207–209.
MESSERLI, B. (1965): Beiträge zur Kenntnis der Geomorphologie der Sierra Nevada. Zürich.
LAUTENSACH, H. (1951): Die Niederschlagshöhen auf der Iberischen Halbinsel—eine geographische Studie. *Peterm. Geogr. Mitt.*, 95: 145–160.
LAUTENSACH, H. und E. MAYER (1960): Humidität und Aridität insbesondere auf der Iberischen Halbinsel. *Peterm. Geogr. Mitt.*, 104: 249–270.
LEGRIS, P. (1963): La Vegetation de l'Inde—Ecologie et Flore. Inst. Franç. Pondichéry: Trav. Sect. Scient. et Techn., 4: 1–579.
LEGRIS, P. et F. BLASCO (1969): Variabilité des Facteurs du Climat—cas de Montagnes du Sud de l'Inde et de Ceylan. Inst. Franç. Pondichéry; Trav. Sect. Scient. et Techn., 8: 1–95.
QUÉZEL, P. (1953): Contribution à l'Etude Phytosociologique et Geobotanique de la Sierra Nevada. Mem. Soc. Broteriana; 9: 5–77.
RIEDEL, W. (1971): Bodengeographie der westlichen Sierra de Gredos. Dipl.-Arbeit, Hamburg.
ROHDENBURG, H. und U. SABELBERG (1969): Zur Landschaftsökologisch-Bodengeographischen und Klimagenetisch-Geomorphologischen Stellung des westlichen Mediterrangebietes. Göttinger Bodenkl. Ber., 7: 27–47.

Diskussion

TICHY:

Ist das Vorhandensein der Reliktböden statt durch Klimaänderung nicht auch durch schrittweise Heraushebung zu erklären? Ich kenne aus dem mexikanischen Hochland in 3000 m Höhe Bodentypen in vulkanischem Gebiet, die unter rezenten Bedingungen nicht gebildet werden konnten. Sie können nur durch entsprechende Hebung aus tieferen Lagen in ihre gegenwärtige Position gebracht worden sein.

MÜLLER:

Können Sie eine Aussage über die Alterdatierung der Rotlehme machen?

BECKMANN:

In den vorliegenden Fällen müssen die Reliktböden mit einer Klimaänderung korreliert werden. Eine Altersdatierung ist bisher problematisch geblieben.

Die Frage, ob hier eine allgemeine Klimaänderung für das ganze Südindien anzunehmen ist, oder ob die klimatischen Veränderungen in den West-Ghats auf tektonische Vorgänge (rasche Hebung) zurückzuführen sind, kann aufgrund der hier vorgelegten Untersuchungsergebnisse nicht entschieden werden.

Anschrift des Verfassers:
Dr. WALTER BECKMANN, Geographisches Institut der Universität, Hamburg.

DIE BEDEUTUNG DES FAKTORS 'HUMUSFORM' FÜR DIE LANDSCHAFPSÖKOLOGISCHE KARTIERUNG

LOTHAR FINKE

Abstract:

It is the purpose of this paper to show that, because of its comprehensive indicative value, the 'humus layer', which has been used successfully as a criterion in the analysis of the forest sites, ranks equal with other main ecological criteria as defined by NEEF, SCHMIDT and LAUNCKNER, i.e. with vegetation, soil and soil humidity. Consequently, it should be given much greater attention in future ecological mapping.—The 'humus layer' which is defined as comprising the pure organic layers (L-, F- and H-layers) and the A_h-horizon can easily be identified in the field. According to E. H. MÜLLER and VON ZEZSCHWITZ there is a positive correlation between the 'humus layer' and the 'trophie'. As the latter characterizes the biological activity of a site the 'humus layer' becomes an immediately identifiable criterion indicating directly the ecology of a site.

Sicherlich nicht zu Unrecht bemerkt KUGLER (1970) in seiner Rezension des Werkes 'Arbeitsmethoden in der physischen Geographie' (1968), daß in den Ausführungen über die Landschaftsökologie die Darstellung von Methoden der Komplexanalyse zu kurz komme, so daß der Eindruck entstehe, bei der landschaftsökologischen Analyse handele es sich mehr oder weniger um eine Summierung aller sonstigen physisch-geographischen Methoden und Techniken. Daß mit derartigen, auf Einzelfaktoren gerichteten Analysen und sich daran anschließenden beziehungswissenschaftlichen Aussagen der hochintegrale Komplex des Landschaftshaushaltes mit allen ihn bedingenden Faktoren und Mechanismen nicht befriedigend erhellt werden kann, führte bereits bald dazu, daß sich die Landschaftsökologen nach geeigneteren Methoden umsahen. Es kam und kommt darauf an, mit möglichst geringem Aufwand gesicherte Aussagen über den Haushalt treffen zu können. Hier bot sich bekanntlich als erstes die Vegetation wegen ihres umfassenden ökologischen Zeigerwertes an—NEEF, SCHMIDT und LAUCKNER (1961) haben dann bereits die Teilkomplexe Bodentyp und Bodenwasserhaushalt als weitere integrale Teilkomplexe, als sogenannte ökologische Hauptmerkmale (ÖHM) herausgestellt. Das für die landschaftsökologische Forschung, speziell für die flächenhafte Erfassung der Bereiche gleichen bioökologischen Standortspotentials Bedeutsame dieser ökologischen Hauptmerkamle besteht bekanntlich darin, daß sie als Teilkomplexe bereits selbst das Ergebnis einer Vielzahl anderer Standortsfaktoren darstellen und somit weitestgehend das gesamte Ökosystem eines bestimmten Bereiches der Erdoberfläche widerspiegeln.

Nun ist leider die Analyse und die ökologische Auswertung der genannten drei Teilkomplexe nicht immer leicht—sie erfordert entweder spezielle, z.B.

STANDORTFAKTOREN UND HUMUSFORM

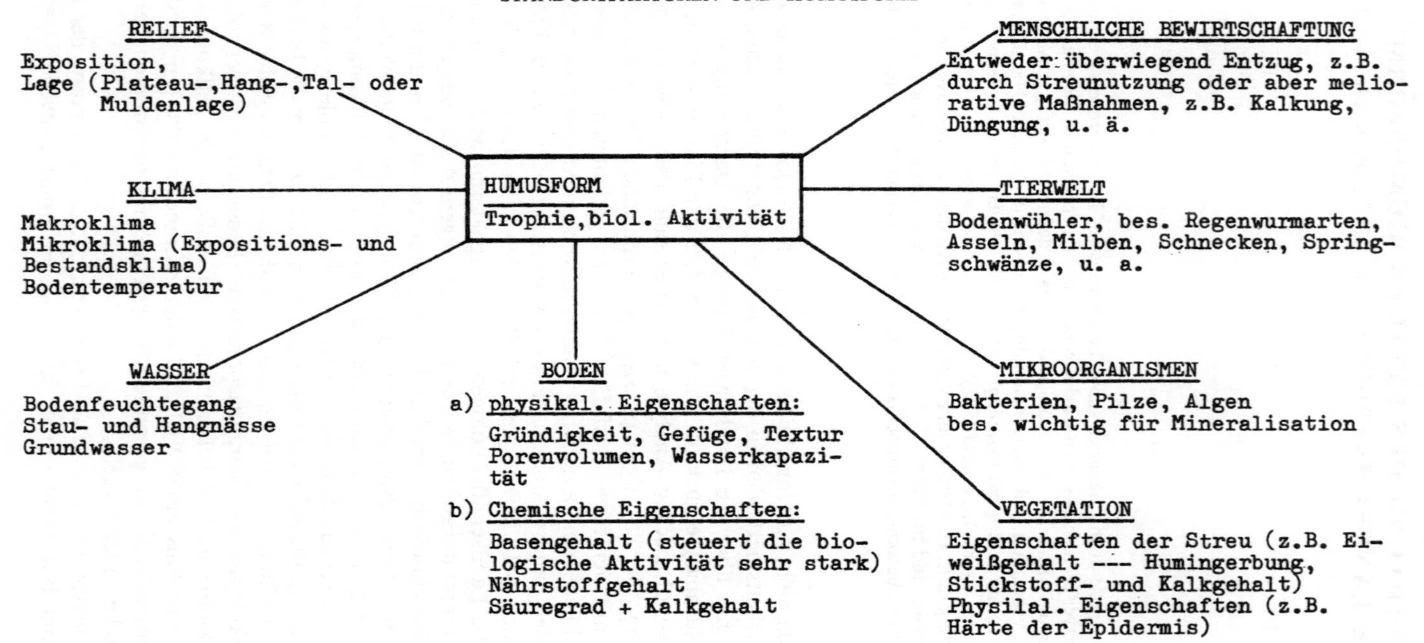

pflanzensoziologische Kenntnisse oder erlaubt nur bei großem apparativem Aufwand z.B. Aussagen zur Bodenphysik und Bodenchemie sowie zum Bodenfeuchteregime. Ich hatte im Laufe meiner Dissertation das Glück, in Herrn Dr. v. ZEZSCHWITZ vom Geologischen Landesamt des Landes Nordrhein-Westfalen einen ausgezeichneten Fachmann für die forstliche Standortserkundung kennenzulernen und mit dieser Arbeitsweise vertraut zu werden. Hier lernte ich eine sehr ausgereifte Art landschaftsökologischer Feldforschung kennen, besonders die Bedeutung der Humusform und die Ansprache der Trophie, was für meine Dissertation von außerordentlichem Wert war. Ich will nun kurz darlegen, wieso meiner Meinung nach die Humusform als ein weiteres ökologisches Hauptmerkmal anzusehen ist und deshalb in Zukunft stärker als bisher beachtet werden sollte.

Unter Humusform ist die Gesamtheit der humosen Oberbodenhorizonte (humus layer) eines Profils zu verstehen mit dem chrakteristischen Merkmal der Gliederung in Humushorizonte und zwar entweder als ein dem Mineralboden aufliegender 'Auflagehumus' oder als A_h-Horizont, d.h. als 'Mineralbodenhumus'. Der Auflagehumus der terrestrischen Humusformen wird nach HESSELMANN (1926) in folgende Horizonte bzw. Lagen gegliedert:

1. Förna-Horizont oder L-Lage: (L-Lage wegen des Symbols 'L' von engl. litter, heutige Bezeichnung O_L, früher A_{00}-Horizont). Dieser Teil der Humusdecke besteht aus äußerlich nahezu unveränderten Pflanzenteilen, ist jedoch bereits einem Humifizierungsprozess unterlegen und deshalb nicht mit der Streu, d.h. dem frischen Abfall von Blättern, Nadeln und Zweigen zu verwechseln.
2. Vermoderungs-Horizont oder F-Lage: ('F' von fermentation layer, heute durch die Symbole O_F, früher durch A_{01} gekennzeichnet). In dieser Lage sind die pflanzlichen Reste bereits stärker in Zersetzung begriffen, lassen jedoch ihre Strukturen noch gut erkennen.
3. Humusstoff-Horizont oder H-Lage: (heute durch O_H, früher A_{02} symbolisiert). Diese Lage besteht aus dunklen, bereits sehr stark zersetzten organischen Substanzen, die, wenn sie keinerlei Pflanzenstrukturen mehr erkennen lassen, als Feinhumus bezeichnet werden. Die Einarbeitung in den Mineralboden hat meist noch nicht stattgefunden.

Die Charakterisierung dieser bei den Landhumusformen möglichen Lagen bzw. Horizonte verdeutlicht den Humufizierungsprozess bzw. den Mineralisierungsprozess, d.h. den Abbau der organischen Substanz bis zur Einarbeitung in den Mineralboden. Je nach Vorhandensein und Ausprägungsgrad dieser Lagen lassen sich bei einiger Übung die Humusformen im Gelände makroskopisch gut ansprechen und zwar nicht nur in ihren Hauptformen Mull, Moder und Rohhumus, sondern in vielerlei Zwischenstufen. So sind z.B. beim mullartigen Moder die L- und die F-Lage meist nur schwach ausgeprägt, während beim typischen Moder L-, F- und H-Lage etwa die gleiche Mächtigkeit besitzen und hier der Übergang von der H-Lage zum Mineralboden bereits schärfer ist als beim mullartigen Moder.

Die Erfahrung zeigt, daß bestimmte Humusformen an ganz bestimmte

Standortsbedingungen gebunden sind. So ist zum Beispiel die Humusform Mull an Standorte mit sehr guten Nährstoff-, Reaktions-, Wärme- und Feuchtigkeitsverhältnissen gebunden, die auf Grund des gleichzeitig vorhandenen reichen Bodenlebens eine rasche Zersetzung der organischen Substanz ermöglichen. Besonders die Bodenwühler, vor allem Regenwurmarten, sorgen für eine schnelle und intensive Vermischung der Huminstoffe mit dem Mineralboden zu sog. koprogenen Ton-Humus-Komplexen, so daß ein mächtiger A_h-Horizont mit gutem Krümel- oder Schwammgefüge ohne Auflagehumus entsteht (Abb. 1).

Das entgegengesetzte Extrem ist der Rohhumus, ein stark saurer Auflagehumus mit deutlich ausgebildeter, scharf voneinander getrennter L-, F- und H-Lage. Die H-Lage ist stark von Pilzhyphen durchsetzt und linienhaft scharf von dem durch Sauerhumusinfiltration oft stark wolkig rötlich gefärbten Mineralboden getrennt. Je nach Ausprägung der H-Lage werden hier noch feinhumusarmer, typischer, feinhumusreicher und schmieriger Rohhumus unterschieden.

Der Moder stellt eine Zwischenform der beiden extremen Humusformen Mull und Rohhumus dar (Abb. 2).

Abb. 1: Herkunft: Briloner Hochfläche, Nehder Kopf, ca. 435 m NN, SW-Hang, ca. 7° Neigung. Humusform: Mull auf einer basenreichen Braunerde, hervorgegangen aus Kalkstein (Massenkalk)-Verwitterungsmaterial; O_L- und O_F-Lage zusammen ca. 0,5–1,0 cm mächtig, A_h-Horizont 5–10 cm mächtig. Vegetation: *Melico-Fagetum typicum*, u.a. mit: *Asperula odorata, Mercurialis perennis, Elymus europaeus*, u.a. Charakteristisch ist hier der kaum wahrnehmbare Übergang vom A_h- in den B_v-Horizont, bedingt durch eine intensive Tätigkeit von Bodenwühlern, besonders Regenwürmern.

Abb. 2: Herkunft: Briloner Hochfläche, Madfelder Holz Abt. 35/36, ca. 420 m NN in ebener Lage. Humusform: Moder unter Eichen-Buchenwald, stockend auf einer schwach bis mäßig podsoligen, im Oberboden z.T. pseudovergleyten Braunerde, hervorgegangen aus inselhaft erhaltenem, mehrere Meter mächtigem Kreideverwitterungsmaterial über Massenkalk. Vegetation: *Luzulo-Fagetum, Vaccinium myrtillus-Facies.* Am Aufnahmeort u.a.: *Vaccinium myrtillus, Luzula luzuloides, Deschampsia flexuosa, Pteridium aquilinum,* u.a. Substratbedingt wechseln auf engstem Raum mullartiger Moder, Moder und rohhumusartiger Moder. Im vorliegenden Falle des typischen Moders sind alle drei Lagen etwa gleich mächtig und gehen fließend ineinander über; ebenso geht die H-Lage ohne scharfe Grenze in den A_h-Horizont über.

Welches sind nun die Ursachen dieser Horizontierung im Auflagehumus und welche Rückschlüsse lassen sich deshalb aus eben diesen Humusformen auf die Standortsverhältnisse ziehen? Hierzu einige wenige Beispiele, welche die gesamten Zusammenhänge selbstverständlich nur anzudeuten vermögen.

Ich erwähnte eben bereits die Bindung der Humusform Mull an optimale Standortsverhältnisse—erfährt der Standortsfaktor Bodenwasser eine gesteins- und/oder kleinklimabedingte Abwandlung von frisch nach trocken, so kann auf Kalkgesteinen als Humusform statt des Kalkmulls der Kalkmoder auftreten, der nach einer trockenen Witterungsperiode oft staubig zerfällt, exakt aber nur über das C/N-Verhältnis anzusprechen ist. Ebenso läßt sich bei besonders günstigen kleinklimatischen Verhältnissen auf basenarmen Böden die Humusform Mull beobachten anstelle des sonst typischen Moders. Der Einfluß der Vegetation als Lieferant der organischen Substanz ist jedem durch das Rohhumusproblem unter Nadelholz bekannt, worüber eine Fülle forstwissenschaftlicher Literatur vorliegt. Eine über mehrere Generationen hinweg betriebene Nadelholzmonokultur führt zum typischen Rohhumus, die rohhumusbedingte Sauerhumusinfiltration in den Mineralboden steuert ihrerseits die Bodendynamik, z.B. entwickeln sich die Braunerden über verschiedene Podsoligkeitsstufen zur Podsol-Braunerde bzw. zum Braunerde-Podsol bis hin zum Podsol. Das Beispiel der Nadelholzkulturen zeigt deutlich den Einfluß des Menschen auf das bioökologische Standortspotential, dessen Veränderung durch die Art der Bewirtschaftung über den Vergleich der Humusformen unter Nadelholz und naturnahen Laubwaldbeständen bei sonst gleichen Bedingungen deutlich ablesbar wird.

Unter naturnahen Laubwaldbeständen läßt sich allerdings eine derart eindeutige Beziehung zwischen der Humusform und einem bestimmten Standortsfaktor nur selten erkennen, die Humusform ist vielmehr—ähnlich wie die Vegetation—das Ergebnis des Zusammenwirkens aller Standortsfaktoren. Wie bereits erwähnt, spiegeln die Humusformen Humifizierungsstadien der organischen Substanz wider, das heißt die Mineralisierung der Gesamtheit der organischen Stoffe, gesteuert vom Zusammenwirken sämtlicher Standortsfaktoren, findet in der Humusform ihren sichtbaren Ausdruck. Da dieser Mineralisierungsprozeß von der biologischen Aktivität sowohl der humosen Bodenhorizonte als auch des oberen Mineralbodens abhängt, können die Humusformen umgekehrt als Ausdruck der biologischen Aktivität gelten. Die Humusform als Kennzeichen der biologischen Aktivität wird damit zu einem direkt ökologisch aussagefähigen und auswertbaren Indiz aller Standortsfaktoren, und zwar wegen der weitgehenden Ersetzbarkeit der Standortsfaktoren nicht für einzelne Faktoren sondern für das Wirkungsgefüge aller beteiligten Faktoren. Quantitativ exakt faßbar ist die Humusform mittels der Bestimmung des C/N-Verhältnisses, wobei der Gesamtkohlenstoff nach Rauterberg und Kremkus, der Stickstoff nach dem Kjeldahl-Verfahren bestimmt werden, qualitativ ist sie am besten durch die Ansprache der Trophie zu kennzeichnen, wobei sich der Begriff 'Trophie' hier in Anlehnung an MÜLLER (1956) auf die Humusform als Ausdruck der biologischen Aktivität bezieht im Gegensatz zu KUBIENA (1953), der den Begriff in die Bodensystematik einführte als Kriterium des Basen- und Nährstoffgehaltes der Böden. Auch MÜCKENHAUSEN (1962) hat den Trophiebegriff in seine Systematik der Böden der BRD übernommen, nämlich bei den Subtypen dystropher Ranker, eu- und oligotrophe Braunerde. Das von MÜLLER 1956 vorgelegte Einteilungsschema der Trophie hat unter anderem Eingang in die bodenkundliche Kartieranleitung der geologischen Landesämter der BRD (1965) sowie in die Kartieranleitung für die forstliche Standortsaufnahme (1966) gefunden und konnte in neuerer Zeit durch v. ZEZSCHWITZ (1968) im wesentlichen bestätigt werden. Hierzu folgende Übersicht:

BEZIEHUNGEN ZWISCHEN HUMUSFORM, TROPHIE UND DEM C/N-VERHÄLTNIS
(zusammengestellt nach E. H. MÜLLER (1956) u. E. v. ZEZSCHWITZ (1968))

HUMUSFORM	TROPHIEBEREICH	C/N-VERHÄLTNIS
TYPISCHER MULL: Kleinkrümelig, meist über 8–10 cm mächtig, durch intensive Vermischung mit dem Mineralboden, hoher Anteil echter Humusstoffe	eutroph	< 14
MULL: Kantig-krümelig (subpolyedrisch), geringmächtig	eu- bis mesotroph	15/16
MULLARTIGER MODER: Streuzersetzung schwach gehemmt, bei Hangnässe Feuchtmoder	gut mesotroph	17/18
MODER: Verschiedene Ausprägungsgrade in Abhängigkeit von Boden, Vegetation und Exposition a) geringmächtig, z.T. mullartiger Moder b) erhöhter Feinhumusanteil, Kalkmoder durch Trockenheit	mesotroph	19–21
c) schlechter Moder	schlecht mesotr.	22/23
ROHHUMUSARTIGER MODER: Streuzersetzung stärker gehemmt, Feinhumusanteil gegenüber Moder zunehmend, Übergang H-Lage zu Mineralboden scharf	meso- bis oligotroph	24–27
ROHHUMUS: H-Lage typisch kantig brechbar, scharfer Übergang zum Mineralboden, Sauerhumusinfiltration. Weitere Unterteilung je nach Ausbildung der H-Lage möglich. Hoher Anteil an sog. 'Rotteprodukten'	oligotroph bis dystroph C/N > 33	28–36

Auch in der sehr weit entwickelten forstlichen Standortsaufnahme in der DDR wird nach KOPP (1969) u.a. eine Humusformenkartierung durchgeführt. Erwähnt sei in diesem Zusammenhang, daß die im Zuge der forstlichen Standorterkundung in der DDR aufgeworfenen Fragen nach den genetischen Grundlagen unserer derzeitigen Bodensystematik nach Meinung KOPPS und seiner Mitarbeiter (a.a.O.) dazu zwingen, 'einige der gegenwärtigen Vorstellungen über den Ablauf der Bodenentwicklung zu berichtigen...' (a.a.O., S. 73). Nach Meinung KOPPS und seiner Mitarbeiter läßt der Nachweis des reliktischen Charakters wesentlicher Bodenmerkmale viele der heutigen Vorstellungen über das Zusammenspiel von Boden und Vegetation korrekturbedürftig erscheinen, womit das ökologische Hauptmerkmal Boden bezüglich seines standörtlichen Zeigerwertes stark an Aussagekraft verliert. Dieser wissenschaftliche Streit muß zweifellos unter den Bodenkundlern und Geobotanikern als den zuständigen

Fachleuten ausgetragen werden—von äußerster Wichtigkeit erscheint mir jedoch der Hinweis, daß man nach Meinung KOPPS und seiner Mitarbeiter 'bei der Braunerde, dem Braunpodsol und der Fahlerde... nur von den Eigenschaften des A-Horizontes auf die gegenwärtigen bodenbildenden Faktoren schließen' (a.a.O., S. 73) kann. Dadurch erfährt die Bedeutung der Humusform als Ausdruck der realen biologischen Aktivität unabhängig vom Ausgang der spezifisch bodenkundlichen Diskussion über die Bodengenese eine wichtige Stütze. Da die Humusform durch entsprechende Eingriffe leicht vom Menschen verändert werden kann, wird sie in der forstlichen Standortserkundung zur Kennzeichnung des 'aktuellen Fruchtbarkeitszustandes der Waldstandorte' (SCHWANECKE, 1967, S. 259) kartiert. Folgende schematische Übersicht möge die nur kurz aufgezeigten Beziehungen noch einmal anführen: (s.S. 184).

Zusammenfassend darf festgehalten werden, daß die Humusform als Ausdruck der biologischen Aktivität auf Grund ihrer Beziehungen zu sämtlichen Standortsfaktoren ein Merkmal mit umfassendem ökologischem Zeigerwert darstellt und neben den ökologischen Hauptmerkmalen Vegetation, Bodentyp und Bodenfeuchteregimetyp als weiteres ökologisches Hauptmerkmal anzusehen ist. Ähnlich wie die Vegetation können die Humusformen sehr differenziert kartiert werden, so daß z.B. der forstliche Standortserkunder die Vegetation nur als zusätzliche Bestätigung seiner aus der Humusform gewonnenen Erkenntnis mit heranzieht. Erwähnenswert scheint mir die einfache Kartierbarkeit der Humusformen, die an Gerät lediglich einen Spaten erfordert. Die Kenntnis einiger weniger, als Humusformenzeiger bekannter Pflanzenarten vermag die flächenhafte Kartierung sehr zu erleichtern, setzt jedoch keine umfassenden speziellen pflanzensoziologischen Kenntnisse voraus, was vor allem für noch wenig bekannte Gebiete von großem Vorteil erscheint. Die am Beispiel der Waldhumusformen aufgezeigte Bedeutung der Humusform für die landschaftsökologische Erkundung und speziell für die flächenhafte Kartierung gilt entsprechend für die subhydrischen und die semiterrestrischen Humusformen. Die Klärung der Frage, ob die Humusformen auch in anderen Klimazonen einen ähnlich integralen Zeigerwert besitzen, wäre sicherlich wünschenswert.

Literatur

ARBEITSGEMEINSCHAFT BODENKUNDE (1965): Die Bodenkarte 1:25000, Anleitung und Richtlinien zu ihrer Herstellung, Hannover.

ARBEITSKREIS FÜR STANDORTSKARTIERUNG (1966): Forstliche Standortsaufnahme. Begriffe, Definitionen, Einteilungen, Kennzeichnungen, Erläuterungen, 2. Aufl., Hiltrup.

ARBEITSMETHODEN IN DER PHYSISCHEN GEOGRAPHIE (1968): Autorenkollektiv, Berlin.

BECKMANN, W. (1965): Untersuchungen zum Landschaftshaushalt in Auen der Hauensteiner Murg unter besonderer Berücksichtigung der Bodenbildungen; *Hamburger Geogr. Studien*, 19.

EMBERGER, S. (1965): Die Stickstoffvorräte bayrischer Waldböden; Z. Pflanzenern., Dgg. u. Bdkd., 71: 246–252.

HESSELMANN, H. (1926): Studien über die Humusdecke des Nadelwaldes, ihre Eigenschaften und deren Abhängigkeit vom Waldbau; *Meddel. Skogsforsksv.*, 22 (5), Kristiana.

Hock, H. u. F. Kohl (1940): Über die Humusverhältnisse deutscher Böden; *Forschungsdienst* 9: 141–170.

Kopp, D. u.a. (1969): Ergebnisse der forstlichen Standortserkundung in der Deutschen Demokratischen Republik, Bd I, 1, Die Waldstandorte des Tieflandes; VEB Forstprojektierung Potsdam.

Kugler, H. (1970): Rezension von: Arbeitsmethoden in der physischen Geographie, Berlin 1968, in: *Petermanns Mitt.*, S. 46.

Laatsch, W. (1963): Bodenfruchtbarkeit und Nadelholzanbau; München.

Mückenhausen, E. (1962): Enstehung, Eigenschaften und Systematik der Böden der Bundesrepublik Deutschland; Frankfurt.

Müller, E. H. (1956): Die Bodenkartierung zum Zwecke der forstlichen Standorterkundung in Nordrhein-Westfalen; *Allg. Forst- u. Jagdztg.*, 127: 157–164.

Müller, P. E. (1887): Studien über die natürlichen Humusformen und deren Einwirkung auf Vegetation und Boden; Berlin.

Neef, E., G. Schmidt u. M. Lauckner (1961): Landschaftsökologische Untersuchungen an verschiedenen Physiotopen in Nordwestsachsen; Abh. Sächs. Akad. Wiss. Leipzig, Math.-nat. Klasse, 47 (1).

Ramann, E. (1890): Die Waldstreu und ihre Bedeutung für Boden und Wald; Berlin.

Schwanecke, W. (1967): Die forstlich-standorstkundliche Gliederung des Moritzburger Kleinkuppengebietes; *Wiss. Abh. Geogr. Ges. d. DDR*, 5: 257–276.

Wallesch, W. (1963): Der 'Trophie'-Begriff in der Standortskartierung; *Allgem. Forst- u. Jagdztg.*, 134: 238–244.

Wittich, W. (1934): Untersuchungen in Nordwestdeutschland über den Einfluß der Holzart auf den biologischen Zustand des Bodens; *Z. Forst- u. Jagdwes.*, 66: 213–218.

Wittich, W. (1952): Der heutige Stand unseres Wissens vom Rohhumus und neue Wege zur Lösung des Rohhumusproblems im Walde; Sch.-R. forstl. Fak. Univ. Göttingen, 4, 2. Aufl., Frankfurt.

Wittich, W. (1961): Der Einfluß der Baumart auf den Bodenzustand; *Allg. Forstz.*, 16 (2).

Wittich, W. (1963a): Bedeutung einer leistungsfähigen Regenwurmfauna unter Nadelwald für Streuzersetzung, Humusbildung und allgemeine Bodendynamik; Schr.- R. forstl. Fak. Univ. Göttingen, 30: 5–60.

Wittich, W. (1963b): Grundlagen der forstlichen Standortskartierung und Grungzüge ihrer Durchführung; Schr.- R. forstl. Fak Univ. Göttingen, 30: 62–96.

Wittich, W. (1964): Die Bedeutung der Humusform für die Ernährung des Waldes und die Entwicklung seiner Böden; *Allg. Forstz.* 19 (3).

Zezschwitz, E. v. (1965): Biologische Aktivität und Basengehalt des Bodens; *Mitt. deutsch. bodenkundl. Ges.* 4: 281–286.

Zezschwitz, E. v. (1966): Kapitel '325 Humus' in: Forstliche Standortsaufnahme, 2. Aufl., 33–39, Hiltrup.

Zezschwitz, E. v. (1968): Beziehungen zwischen dem C/N-Verhältnis der Waldhumusformen und dem Basengehalt des Bodens. Ein Beitrag zur Kennznis der Trophie: Fortsch. Geol. Rheinld. u. Westf., 16: 143–174.

Zezschwitz, E. v. (1970): Bodengesellschaften und Waldstandorte am Stromberg und Königsberg in der nördlichen Kalkeifel; *Decheniana* 122 (2): 385–393.

Zezschwitz, E. v., Lohmeyer, W. u. Hermann, H.-O. (1967: Bodenkundlich-pflanzensoziologisch-forstökologische Ganztagsexkursion auf der Paderborner Hochfläche am 10. Juni 1965; *Decheniana* 118 (2): 223–234.

Zezschwitz, E. v., Trautmann, W. u. Hermann, H.-O. (1965): Boden-, Vegetations- und Standortskarte des Stromberges/Eifel; *Mitt. deutsch. bodenkundl. Ges.*, 3: 58–74.

Diskussion

HASSENPFLUG:

Sind Kartierungen unter Zugrundelegung der 'Humusform' auf Ackerland durchgeführt?

FINKE:

Wie ich glaubte deutlich gemacht zu haben, ist die Humusform definiert durch die Abfolge und Ausprägung der möglichen L-, F- und H-Lage. Überall dort, wo durch menschliche Maßnahmen, z.B. Pflügen, diese ürsprüngliche Abfolge verändert wurde, kann die Humusform nicht erkannt und somit auch nicht als Kriterium der landschaftsökologischen Kartierung verwendet werden – dies ist nur unter Wald, auf natürlichen Grünland und in Moorgebieten möglich.

Anschrift des Verfassers:

Dr. LOTHAR FINKE, Geographisches Institut der Universität, Bochum.

BODENGEOGRAPHISCHER BEITRAG ZUR QUANTITATIVEN NATURRAUMBEWERTUNG UND IHRE ANWENDUNG IN DER LANDESPLANUNG

Karl-Heinz Schulz

Abstract:

Geography has only partially satisfied the demand of the 'Reichsarbeitsgemeinschaft für Raumforschung' (a working group for regional planning, established by the German Government in 1936), to divide Germany into smaller units which were better to handle and offered an appropriate standard for regional planning. The result, the Classification of the Natural regions of Germany resp. its detailed elaboration, the Geographical Survey of the German 'Länder' (the main administrative subdivisions of Germany) has been given nearly no attention by regional planners.

The main arguments of regional planners are: deductive working methods, no theoretical basis of general validity, a wide range of judgement for the planner in the determination of limits, and unused cartographic representation of consents.

Pedology deals with one of the main methodic mistakes in the planning of natural regions by not considering the geo-factor soil as a partial factor soil texture, but as a part common to all those factors from which the planning of natural regions deducts its ecologically homogeneous units with the help of 'complex analysis'.

A classification of natural regions corrected in this manner has advantages for practical work as it contains half of the number of units.

1. inductive working methods.
2. accurate determination of limits; the reasons for limit determinations de not remain hidden.
3. representation of the unit contents by soil associations.
4. evaluation by standard values (structure of yields; yields/ha; crop distribution patterns).
5. the contents offer an adequate basis for further practical or scientific questioning.

The correctness of this concept is proved with practical examples from the area covered by the topographical sheet Braunschweig, scale 1:200000.

Die Möglichkeiten, den Naturraum zu bewerten, steigen in dem Maße, wie es gelingt, ihn auf der Grundlage einheitlicher und objektiver Prinzipien in kleine Einzelräume aufzulösen. Die hier vorgeschlagene Methode versucht eine Bewertung auf der Basis einer korrigierten Naturräumlichen Gliederung und der bodenkundlichen Inhalte der einzelnen Einheiten. Es ist deshalb erforderlich, zunächst näher auf deren Problematik einzugehen.

Das Bedürfnis, Deutschland in kleinere und überschaubare Einheiten aufzugliedern, um sie als geeignete Bezugsbasis für landesplanerische Fragen verwenden zu können, entstand bereits in den 30er Jahren durch den sich damals abzeichnenden schnelleren Wandel im Wirtschafts- und Sozialbereich. Die Geographie hat den Auftrag der damaligen Reicharbeitsgemeinschaft für Raumordnung, eine solche Gliederung zu erstellen, nur bedingt erfüllt.

Das Ergebnis, die Naturräumliche Gliederung Deutschlands bzw. die Geographische Landesaufnahme als deren Detaillierung, ist von der landesplanerischen Praxis nahezu unbeachtet geblieben.

Aus allen Diskussionen des Personenkreises der vorgesehenen Benutzer geht hervor, daß die Gliederung und ihre beschreibende Art eine Entscheidungshilfe für landesplanerische Fragen nicht sein kann.

Vertreter der Landesplanung (SICKENBERG, 1960; WITT, 1960; BRÜNING, 1961; MEYER, 1969) erkennen zwar methodische Anfangserfolge an, vermissen jedoch jede auf die Praxis wirksamen Fortsetzungen und Verbesserungen. So ist es nicht gelungen, die einzelnen Naturräume in ihrer verschiedenen Wertigkeit für bestimmte Funktionen herauszustellen. Auf der 4. Tagung des Seminars für Raumordnung und Landespflege 1969 in Bad Godesberg, wird der Arbeit noch großer Fleiß und Aufwand bescheinigt; für eine Gebietstypisierung aber schon von der Methode her für nicht geeignet erklärt, da sie über die natürliche Ausstattung des Raumes nicht mehr aussagt, als der topographischen Karte ohnehin zu entnehmen ist. Die umfangreichen Begleittexte sind kein vollwertiger Ersatz, denn die Planer erwarten von Karten, daß kartographische Gestaltung und Legende allein den Planungsraum hinreichend charakterisieren.

Es sei auch auf die Kritik von UHLIG (1967) während des Symposiums in Leipzig 1967 hingewiesen: 'Es wurde der kühne Versuch unternommen, zunächst quasi den Oberbau zu konstruieren, noch bevor die Fundamente fertig gestellt wurden'.

Infolge dieser Nachteile drängt sich die Frage auf, was die Ursachen der Mängel sind und welche Verbesserungen möglich sind, die praktische Anwendbarkeit zu verbessern.

1. Der erste Mangel liegt im methodischen Ansatz, also dem Ausgang von vorgefaßten übergeordneten Großräumen, aus denen durch fortlaufende Teilung Untergliederungen gewonnen werden. Selbst wenn man annimmt, daß die Grenzgürtelmethode eine nicht nur nachträgliche Rechtfertigung darstellt, sondern konsequent angewendet wurde, kann unterstellt werden, daß die Grenzfindung sehr viel Spielraum für subjektive Beurteilungen bietet und verschiedene Bearbeiter gleiche Objekte verschieden abgrenzen werden.

2. Eine allgemeingültige und tragfähige theoretische Absicherung ist bisher nicht entwickelt worden. Es gibt keine konkreten Regeln für die Formen der Verallgemeinerung, die des Typisierens als auch die des Generalisierens.

3. Die vielerseits angestellten taxonomischen Überlegungen lassen vergessen, daß die Ordnungsstufen nur abstrakten Wert haben können, ebenso wie die ihr zugrunde gelegten geographischen Objekte.

4. Der schwerwiegendste methodische Fehler wird jedoch dadurch begangen, daß der Geofaktor Boden nur nach seiner Körnung beurteilt wird. Daß er bereits Durchdringungskörper aller Geofaktoren ist, und die Kartierung einer genetischen Bodeneinheit eindeutigen Aufschluß über den ökologischen bzw. naturbedingten Gesamthaushalt gibt, bleibt unberücksichtigt.

In einer Reihe ergänzender landschaftsökologischer Detailuntersuchungen konnten HAASE (1964), NEEF (1963), SCHMIDT (1964) RICHTER (1967) und KLINK (1964) diese Mängel größtenteils überwinden. Aber abgesehen von der äußerst fachspezifischen Gestaltung ist der Praxis eine unmittelbare Hilfe nicht in die Hand gegeben; bei der kosten- und zeitintensiven Arbeitsweise wäre die Fertigstellung eines Kartenwerkes allein für die Bundesrepublik in 60 bis 90 Jahren zu erwarten (MAAS, 1969).

An die aufgeführten Unsicherheiten und Mängel in der Gesamtheit knüpft die Lösungshilfe der der Bodenkunde mit dem Ziel an, die Geographische Landesaufnahme mit bodenkundlichen Methoden so zu verbessern, daß durch größere Grenzgenauigkeit und Kennzeichnung des ökologischen Inhaltes eine erhöhte der Praxiswirksamkeit erreicht werden kann.

Wie die folgende Gegenüberstellung zeigt, wird die Lösung durch bereits vorhandene enge Zusammenhänge zwischen Boden- und Naturräumlichen Einheiten erleichtert:

Faktoren der Bodengenese nach SCHEFFER-SCHACHTSCHABEL (1966)	Faktoren der Naturräumlichen Einheiten nach BUNDESANSTALT FÜR LANDESKUNDE (1962)
Klima	Klima
Ausgangsgestein	Geologie/Boden
Relief	Relief/Oberflächenformen
Wasser: Stauwasser, Grundwasser	Hydrologie
Fauna/Flora	Vegetation/Lebewelt
Mensch	Mensch
Zeit	

Aus der Ähnlichkeit der Faktoren kann geschlossen werden, daß auch Boden- und Naturräumliche Einheiten sich einander entsprechen müssen. Danach ist es möglich, die Naturräumlichen Einheiten nicht mehr nach einer mehr oder weniger subjektiven 'Komplexanalyse' ermitteln zu müssen, sondern mit Hilfe der Bodenkartierung. Gemäß dem vorgegebenen Maßtab 1:200000 müßte das auf der Basis des Typs erfolgen.

Weitere Stützen der Bodenkunde sind, daß eine verschieden starke Intensität oder Kombination der Einzelfaktoren zu einer spezifischen Profilausbildung führt, und daß sich die genetischen Entwicklungsstadien in einem in Theorie und Praxis bewährten System ordnen lassen.

Die Methode setzt induktive Arbeitsweise voraus. Das heißt, Ausgangspunkt ist eine absolute Grundeinheit in Form des einzelnen Bodenprofils oder Pedon (HAASE, 1968). Aus diesem wird die kleinste kartierbare Einheit, die Bodenform oder das Pedotop abgeleitet. Durch Integration bzw. Verallgemeinerung der Inhalte werden sie zu größeren bodengeographischen Raumeinheiten, Pedotopgefüge, Pedotop-Gefügetyp, Pedoprovinz, Pedoregion, Pedozone zusammengesetzt. So ist es möglich, jede beliebige Einheit auf die jeweils niedere bis auf die Grundeinheit zurückzuführen. Die Inhalte erlauben also gezielte Ansätze für weitere praktische oder wissenschaftliche Fragestellungen. Da die Naturräume (= Bodenräume) im Gelände real vorhanden, erkennbar und in ihrer flächenmäßigen Ausdehnung exakt begrenzbar sind, wird die persönliche Entscheidungsfreiheit des Bearbeiters auf ein Minimum reduziert bzw. ist die Entscheidung von jedermann nachvollziehbar bzw. korrigierbar. Weitere Vorteile sind, daß die Fläche neben der äußeren Umgrenzung inhaltlich durch eine quantifizierbare Bodendecke gekennzeichnet ist, und die genetischen Bodeneinheiten geeignete Bezugsflächen für Bewertungsmerkmale (Roherträge, Rohertragsstruktur, Kulturartenverhältnisse) sind.

Für den Regionalraum Braunschweig, der auch wiederholt raumplanerisch bearbeitet wurde (GUTACHTEN SON, 1965; LANDESAMT, 1964, 1965; BUNDESMINISTER FÜR STÄDTEBAU, 1970) ist eine bodenkundlich begründete Naturraumgliederung durchgeführt worden. Die Einheiten haben die Wertigkeit eines Pedotop-Gefügetypes. Hier zeigt sich, daß die aufgrund der Faktorengleichheit eigentlich zu erwartende Identität der Räume nicht vorhanden ist. Gegenüber der Geographischen Landesaufnahme geht die Zahl der Einheiten um 23 auf 10 zurück. Daß trotz dieser Reduzierung der Aussagewert steigt, soll an Einzelbeispielen nachgewiesen werden.

Elm

Die Grenze ist hier zugunsten der Bodengrenze Erodierte Parabraunerde zu Parabraunerde der umgebenden Lößmulden korrigiert worden. Sie ist jetzt identisch mit der Wirtschaftsgrenze Wald/Acker, der physiologischen Klimagrenze und dem Planungsraum 'Elm'. Ein Blick auf die Kulturartenverhältnisse zeigt die Größe der Korrektur:

Einheit der Geographischen Landesaufnahme				Einheit des Bodengefügetyps Erodierte Parabraunerde			
Acker	Wald	Grünland	km²	Acker	Wald	Grünland	km²
39	58	3	150	—	98	2	83

Der Grund der Abweichungen ist, daß die Geographische Landesaufnahme den Höhenzug nach orographischen Gesichtspunkten abgrenzt und dadurch erheblich größere Flächen erfaßte. Beim Elm folgte sie der 160 m Höhenlinie bzw. dem Absinken des Böschungswinkels auf unter 3°. Bis in die Zeit der jüngeren mittelalterlichen Rodeperiode war die Linie gleichlaufend mit der damaligen Wirtschaftsgrenze Wald/Acker. Dieser Saum zwischen historischer und heutiger Wirtschaftsgrenze wird seit der Rodung ackerbaulich genutzt. Fruchtartenverhältnisse, Rohertragsstruktur und ha-Erträge sind denen der umliegenden Lößmulden nahezu gleich. Die Hangneigungen sind so flach, daß der Einsatz technischer Geräte ungehindert möglich ist. Nach den Richtwerten (HAHN, 1959) sind Hangneigungen erst dann nachteilig, wenn folgende Neigungen überschritten werden:

Pflügen	15%
Kartoffelbau	10%
Mähdrusch	15%

Der Saum, wenn er auch vom tektonisch-morphologischen Standpunkt dem 'Elm' zuzuordnen wäre, ist dennoch durch anthropogenen Einfluß auch im Sinne von GELLERT (1958, S. 323) zu 'einem Teil der betreffenden Örtlichkeit' geworden. Diese Örtlichkeit kann nicht der Elm, sondern nur die angrenzenden Lößmulden sein.

Hier werden u.a. auch Unsicherheiten des Begleittextes deutlich. Der Elm wird einerseits als unbesiedelt beschrieben (MÜLLER, 1952, S. 16). Folgt man jedoch der Grenzlinie, dann schließt sie sechs Siedlungen mit ca. 6000 Bewohnern ein, welches eine Dichte von ca. 40/km^2 ergibt.

Während sich die Grenzführung bei den Höhenzügen durch die bestehende homogene Boden- und Vegetationsdecke geradezu anbietet, bedarf es in Bereichen mit stärker heterogenem Gefüge einer intensiveren Bearbeitung.

Schwarzerdegefügetyp

Hier müssen die vorkommenden Flächen soweit einander zugeordnet werden, bis die Dominanz eines Typs so augenfällig ist, daß eine sichere Abgrenzung zu Nachbarbereichen mit andersartigen Verhältnissen möglich ist. Dabei ist es zunächst ohne Bedeutung, ob der dominierende Typ (= Leittyp) eine zusammenhängende Fläche bildet oder aufgelöst in vielen Einzelflächen vorkommt.

Auf der somit umschlossenen Struktur der Bodendecke beruht die quantitative Bewertung der jeweiligen Einheit. Dazu stehen neben den Bodentypen an sich, deren Anzahl und Flächengrößen zur Verfügung. Im wesentlichen Anzeichen, die PAFFEN (1953), SCHWICKRATH (1954) und HAASE (1964) in großmaßstäbigen Arbeiten (bis 1:10000) anwandten und von SCHAFFER (1970) für den Maßstab 1:200000 vorgeschlagen wurden.

Diese formalen Kennzeichen sind durchaus für eine quantitative Bewertung geeignet; allein durch den Fächer der vorkommenden Typen werden die mögilchen ökologischen Inhalte wiedergegeben.

Die Flächenmerkmale, aufgelöst nach der absoluten Größe und dem relativen Anteil an der Gesamtfläche des Gefügetyps (= Deckungsgrad) geben genauen Aufschluß über den erreichten Grad der inneren Homogenität bzw. He-

Für den Schwarzerde-Gefügetyp ergeben sich folgende Verhältnisse:

Bodentypgefüge	Anzahl absolut	Anzahl in %	Fläche km^2	Fläche in %	Zerteilungsgrad
Schwarzerde	5	8	167.0	74	33.4
Parabraunerde	26	44	35.1	16	1.3
Rendzina	16	27	12.0	5	0.7
Erodierte Parabraunerde	8	14	7.2	3	0.9
Auenboden und Gley	4	7	5.0	2	1.2
	59	100	226.3	100	

terogenität. Letztere Eigenschaften werden noch ergänzt durch die Angabe des Zerteilungsgrades, des Quotienten aus der jeweiligen Fläche und der Anzahl ihrer Typen.

Hier ist ein Raum abgegrenzt, für den die Schwarzerde einen Deckungsgrad von 74% erreicht. Rechnet man die genetisch und ökologisch nahestehende Parabraunerde hinzu, wird ein Deckungsgrad von 90% erzielt, der als ökologisch homogen anzusprechen ist.

Ein Vergleich der Grenzführung der Geographischen Landesaufnahme mit der hier vorgeschlagenen zeigt wiederum große Divergenzen. Die Landesaufnahme ordnet einen ökologisch einheitlichen Raum im Zuge einer tektonischen Linie zwei Teilräumen, der Remlinger- und Schöppenstedter Lößmulde, zu. In beiden Fällen handelt es sich um geologische Mulden, deren Grenzen weder einen Wechsel der Bodendecke verursacht noch morphologisch oder vegetationskundlich wirksam ist. Die mit 3 km^3 (Ösel) und 15 km^2 (Heeseberg) ausgeschiedenen Naturräume können zurückgeführt werden auf die Bodenbereiche der erodierten Parabraunerde und der flachgründigen Rendzina mit zusammen nur 4 km^2. Nur hier wären separate Naturräume durch Relief (Schichtkämme, Schichtrippen), Vegetation (Trockenrasengesellschaften) und Bodenverhältnisse zu rechtfertigen.

Die erhöhte Praxiswirksamkeit der hier vorgelegten korrigierten Naturräumlichen Gliederung gegenüber der 'klassischen Form' (Uhlig, 1967, S. 162) hat ihren Ausgang in zwei Verbesserungen: die der Grenzen und der inhaltlichen Kennzeichnung der Einheiten.

Mit Hilfe der Bodenkartierung konnten die Einheiten exakt abgegrenzt werden, wobei die verschiedene Wertigkeit der Grenzen ebenso aufgehoben wurde wie die Unsicherheit durch 'nicht linienhaft festlegbare Grenzen'. Darüberhinaus bleiben die Entscheidungsgründe offengelegt und nachvollziehbar.

Da die Böden real vorhanden sind, sind sie ebenso wie die durch sie gebildeten Einheiten im Gelände auffindbar.

Die inhaltliche Kennzeichnung durch ein Bodentypgefüge erlaubt neben quantitativen auch verbesserte qualitative Beurteilungen. Repräsentative Angaben für die jeweilige Einheit über Ausgangsgestein, Ökologie, natürliche Vegetation, geeignete Feldfrüchte, Ertragsverhältnisse, Roherträge und Klima können einer tabellarischen Legende entnommen werden. Außerdem erlauben die Inhalte gezielte Ansätze für weitere praktische und wissenschaftliche Fragestellungen.

Literatur

Akademie für Raumforschung und Landesplanung (1970): Handwörterbuch für die Raumforschung und Raumordnung, 2. Auflage, Hannover.

Brüning, K. (1955): Der deutsche Planungsatlas; In: Arbeitsbericht 1954, Hrsg. Akademie für Raumforschung und Landesplanung, Hannover.

Bundesminister für Städtebau und Wohnungswesen (1970): Informationen Nr. 22, Stadt- und Regionalplanung, Braunschweig, Bonn.

GELLERT, F. (1958): Entwicklung und Problematik der naturräumlichen Gliederung (phys.-geogr. Rayonierung) Deutschlands, Forschungen und Fortschritte, 32 (11): 321–327, Berlin.

GEOGRAPHISCHE Landesaufnahme 1:200.000 (1959–1964): Die Naturräumliche Einheiten, in der Reihe: Naturräumliche Gliederung Deutschlands, Hrsg. Institut für Landeskunde, Bad Godesberg.

GUTACHTEN SON (1965): Raumplanungsgutachten Südostniedersachsen, Braunschweig.

HAHN, T. (1959): Bewertungsgrundsätze und Schätzungsmethoden in der Flurbereinigung und deren Folgemaßnahmen, Schriftenreihe für Flurbereinigung, 25, Stuttgart.

HAASE, G. (1964): Landschaftsökologische Detailuntersuchungen und Naturräumliche Gliederung, *Peterm. Geogr. Mitt.* 108: 9–30.

HAASE, G. (1968): Pedon und Pedotop – Bemerkungen zu Grundfragen der regionalen Bodengeographie, Landschaftsforschung, *Peterm. Geogr. Mitt.* Erg. H. Nr. 271: 57–76.

HAASE, G., und R. SCHMIDT (1970): Die Struktur der Bodendecke und ihre Kennzeichnung, Albrecht-Thaer-Archiv, 14 (5): 399–412.

KLINK, H. J. (1964): Naturräumliche Gliederungen des Ith-Hils-Berglandes, Math.-Nat. Diss., Göttingen.

LANDESAMT Hannover (1964): Landesplanerische Untersuchung Raum um Braunschweig, Schriften der Landesplanung Nieders., 29.

LANDESAMT Hannover (1965): Grundlagen und Hinweise für ein Landes-Raumordnungsprogramm, Schriften der Landesplanung Nieders., 31.

MAAS, H. (1969): Bodenkarten als Hilfsmittel in Landesplanung und Raumordnung, Mitt. aus dem Institut für Raumforschung, H. 66, Bonn-Bad Godesberg, S. 153–160.

MEYER, K. (1969): Raumordnung und Landespflege, Mitt. aus dem Institut für Raumordnung, H. 66, Bonn-Bad Godesberg, S. 5–25.

MEYNEN, E., u.a. (1960): Handbuch der Naturräumlichen Gliederung Deutschlands, Lfg. 1–9 mit Karte 1:1 Mio., Remagen, Bad Godesberg.

MÜLLER, TH. (1952): Ostfälische Landeskunde, Braunschweig.

NEEF, E. (1963): Topologische und chorologische Arbeitsweisen in der Landschaftsforschung, *Peterm. Geogr. Mitt.*, 107: 249–259.

NEEF, E. (1964): Zur großmaßstäbigen landschaftsökologischen Forschung, *Peterm. Geogr. Mitt.*, 108: 1–7.

PAFFEN, K. H. (1968): Die natürlichen Landschaften und ihre räumliche Gliederung, eine methodische Untersuchung am Beispiel der Mittel- und Niederrheinlande, Forschung zur deutschen Landeskunde.

RICHTER, H. (1967): Naturräumliche Ordnung, Wiss. *Abh. der Geographischen Gesellschaft der DDR*, 5: 129–160.

SCHAFFER, G. (1968): Der Beitrag der Bodenkunde für die Naturräumliche Gliederung der Landschaft, *Mitt. der deutschen Bodenkundlichen Gesellschaft*, 8: 299–305.

SCHAFFER, G. (1968): Die Bodenkarte. Ein Hilfsmittel zur Naturräumlichen Gliederung und Landesplanung, Veröffentl. der Akademie für Raumforschung und Landesplanung, Forschungs- und Sitzungsberichte, 41: 29–40.

SCHAFFER, G. (1970): Gedanken zur Bildung von Bodengesellschaften, *Mitt. der deutschen Bodenkundlichen Gesellschaft*, 10: 282–288.

SCHEFFER, F., und P. SCHACHTSCHABEL (1966): Lehrbuch der Bodenkunde. Stuttgart.

SCHMIDT, G. (1964): Zur landschaftsökologischen Kartierung im norddeutschen Jungmoränenland, *Peterm. Geogr. Mitt.* 108: 193–200.

SCHWICKERATH, M. (1954): Die Landschaft und ihre Wandlung auf geobotanischer und geographischer Grundlage entwickelt und erläutert am Beispiel des Meßtischblattes Stolberg.

SICKENBERG, O. (1960): Landschaften, Boden, Lagerstätten, Raumforschung, Bremen, S. 195–220.

UHLIG, H. (1967): Die Naturräumliche Gliederung – Methoden, Erfahrungen, Anwendungen und ihr Stand in der Bundesrepublik Deutschland, *Wiss. Abh. der Geographischen Gesellschaft der DDR*, 5: 161–215.

WITT, W. (1960): Thematische Kartographie und Raumforschung, Raumforschung, Bremen, 179–194.

BODENKUNDLICHER Atlas von Niedersachsen, 1:100.000 (1937–1940): Veröffentl. der Wirtschaftswissenschaftlichen Gesellschaft zum Studium Niedersachsens e. V., Teil A und B, Oldenburg/O.

BODENKUNDLICHE Karte von Südniedersachsen, von M. Sellke (1934): Veröffentl. der Wirtschaftswissenschaftlichen Gesellschaft zum Studium Niedersachsens e. V., Reihe C, Kartenwerk 12.

BODENKUNDLICHE Übersichtkarte im Raumplanungsgutachten Südostniedersachsen, von G. Schaffer (1964): Braunschweig, 1964.

Diskussion

KAYSER:

Herr SCHULZ, Sie gehen in Ihrer Gliederung allein von dem Geofaktor Boden aus. Wir wissen aber, daß—wie auch Herr FINKE betont hat, z.B. Vegetation und Wasserhaushalt in ebenso komplexer Abhängigkeit zu den anderen Geofaktoren stehen. Würde sich unter Berücksichtigung dieser Faktoren ein ebenso grobmaschiges Gliederungsnetz ergeben oder würde ein differenzierteres Bild entstehen? Ist es gerechtfertigt, in diesem Fall noch von einer ökologischen Gliederung zu sprechen?

CZAJKA:

Die drei Nachmittagsvorträge bemühten sich einerseits um eine vereinfachte Arbeitsweise zur Aufnahme der naturräumlichen Gliederung, in dem einen Fall mit Hilfe der Humusformen, und andererseits um eine möglichst quantitative Kontrolle der kleinsten Einheiten bei ihrem Zusammentreten zu größeren landschaftlichen Einheiten im Sinne der Hierarchie des Gesamtsystems der physischen Landschaftsordnung nach Ökologie und Verteilungsmuster.

Zu Punkt 1 kann man zunächst auf eine Äußerung in dieser Diskussion zurückgreifen. Es wurde gesagt, daß Humusformen als Weiser nur bei Gelände verwendbar sind, die heute noch unter Wald liegen. Nach den am Geographischen Institut der Universität Göttingen durchgeführten landschaftsökologischen Untersuchungen (KÖLLNER, KLINK, DIERSCHKE, WERNER, JUNG) ergab sich, daß die Dominanz eines Geofaktors nicht eine endgültige ist sondern je nach dem Landschaftstyp wechselt. Einmal hat das Relief, einmal das Bodenwasser, wiederum ein andermal die schnelle Veränderung (vulkanische Ausbrüche z.B.) ausschlaggebende Bedeutung für die ökologischen Zusammenhänge. Die Verwendung nur eines Anzeigers erscheint daher problematisch.

Hinsichtlich der Kontrolle der Ergebnisse für die Auswechselbarkeit, Größenordnung und Anordnung der Ökotope führte KÖLLNER auf meine Anregung das Ökotopenspektrum ein, das in gewisser Weise quantitativ bezogen ist. Die Fortführung dieses Gedankenganges und die weitere Erprobung des Spektrenschemas in der nächst höheren Stufe des hierarchischen Landschaftssystems war das Anliegen der Arbeit von JUNG über das mittlere Leinetal.

Anschrift des Verfassers:

Dr. KARL-HEINZ SCHULZ, Universität, Braunschweig.